智能制造类产教融合人才培养系列教材

VisualOne 智能工厂仿真案例教程

主　编　贺　玮　徐安林
副主编　伞红军　高贯斌
参　编　李　凯　陈佳彬　胡宗政　刘　飞
马文金　耿东川　金巍巍

机 械 工 业 出 版 社

SAIDE VisualOne 软件是国际领先的全方位智能工厂虚拟仿真系统，可对智能制造过程进行仿真、数据收集和分析，可用于智能制造生产线规划和数字化车间布局设计。SAIDE VisualOne 软件可根据工业机器人的仿真轨迹生成离线程序，经过后置处理即可应用到实际的工业机器人中。

本书共 11 个单元，以典型案例为线索，详细介绍了 SAIDE VisualOne 中文版软件的基本功能、使用方法及应用技巧。本书内容丰富、步骤明确、图表详尽，注重实用性和可操作性，并以二维码的形式链接了大量视频，可使初学者在短时间内理解 SAIDE VisualOne 软件的基本概念和功能，提高学习效率，快速掌握软件的使用方法。

本书可作为职业院校智能制造相关专业的教材，也可作为工程技术人员的参考书。

为了方便教学，本书配套有相关教学资源，包括全书案例操作过程的教学视频文件和素材文件，可登录 www.cmpedu.com 网站，注册并免费下载。

图书在版编目（CIP）数据

VisualOne 智能工厂仿真案例教程/贺玮，徐安林主编. —北京：机械工业出版社，2020.7（2022.1 重印）

智能制造类产教融合人才培养系列教材

ISBN 978-7-111-65656-2

Ⅰ. ①V… Ⅱ. ①贺… ②徐… Ⅲ. ①智能制造系统－系统仿真－应用软件－教材 Ⅳ. ①TH166-39

中国版本图书馆 CIP 数据核字（2020）第 087728 号

机械工业出版社（北京市百万庄大街 22 号　邮政编码 100037）
策划编辑：齐志刚　责任编辑：王莉娜　齐志刚　赵文婕
责任校对：王　延　封面设计：张　静
责任印制：李　昂
北京捷迅佳彩印刷有限公司印刷
2022 年 1 月第 1 版第 3 次印刷
184mm×260mm · 12 印张 · 281 千字
3801—5300 册
标准书号：ISBN 978-7-111-65656-2
定价：42.00 元

电话服务　　　　　　　　网络服务
客服电话：010-88361066　机　工　官　网：www.cmpbook.com
　　　　　010-88379833　机　工　官　博：weibo.com/cmp1952
　　　　　010-68326294　金　书　网：www.golden-book.com

机工教育服务网：www.cmpedu.com

前　言

SAIDE VisualOne 软件是国际领先的全方位智能工厂虚拟仿真系统，可对智能制造过程进行仿真、数据收集和分析，可用于智能制造生产线规划和数字化车间布局设计。SAIDE VisualOne 软件可根据工业机器人的仿真轨迹生成离线程序，经过后置处理即可应用到实际的工业机器人中。该软件还集成了 PLC 功能，可以实现控制器的验证并能与 PLC 实时连接、协同工作。SAIDE VisualOne 软件拥有丰富的模型库，包含 FANUC、KUKA、ABB、Yaskawa 等 34 个世界主流机器人品牌的 1200 多种机器人模型及 AGV、数控机床、传送带等仿真模型，并且还在不断增加中，现总模型数量已达到 2300 多个。

本书共 11 个单元。单元 1～单元 8 的主要内容为搭建一条大型生产线——轮毂装配线，将其分为不同模块对应到各个单元中，主要包括：创建柔性制造单元，创建工业机器人上、下料，创建人工搬运线，AGV 物料运输，智能仓储，创建虚拟智能工厂。单元 8 是将前面的内容应用于装配线的搭建。单元 9～单元 11 为软件的建模模块，通过建立机器人导轨、变位机与手爪三个模型的关节、限位、信号等相应组件设置，生成可仿真的运动组件，主要讲述建立私有模型库的操作方法，便于自行设计并导入模型组件。

本书由贺玮、徐安林任主编，伞红军、高贯斌任副主编，李凯、陈佳彬、胡宗政、刘飞、马文金、耿东川、金巍巍参与编写。在本书编写过程中，编者参考了国内外相关的技术文献和视频，得到了北京中机赛德科技有限公司的大力支持，在此一并表示感谢。

由于编者水平有限，书中难免存在不足或疏漏，恳请广大读者批评指正。编者衷心希望本书能推动智能制造虚拟仿真技术的推广及应用，为智能制造技术的更进一步发展贡献力量。

编　者

二维码索引

（续）

序号	名称	二维码	页码	序号	名称	二维码	页码
15	模块化指令调用——输出与接收		48	23	组件导入与布局定位		80
16	人工搬运场景应用		55	24	智能仓储的远程连接		82
17	零件的偏移设置		59	25	智能仓储场景应用		89
18	AGV 组件导入		65	26	利用模块化指令制作智能仓储		92
19	模拟验证		67	27	零件供给输出		97
20	充电站及路径设置		70	28	AGV 运输		98
21	AGV 场景应用		74	29	人工搬运注意事项		104
22	模块化指令生成路径		77	30	柔性上、下料		110

（续）

序　号	名　称	二　维　码	页　码	序　号	名　称	二　维　码	页　码
31	装配线供给		113	39	导轨模型导入设置		133
32	人工装配		115	40	拆分导轨模型		134
33	分度台旋转		119	41	定义导轨运动方式		135
34	机器人装配		121	42	创建导轨信号控制属性内容		137
35	人工装配		123	43	导轨信号控制验证		139
36	机器人紧固		125	44	导入并拆分变位机模型		142
37	成品输出（单工位输出）		128	45	定义变位机运动方式		144
38	多工位装配方法		130	46	创建变位机属性并验证		147

（续）

序　号	名　　称	二　维　码	页　码	序　号	名　　称	二　维　码	页　码
47	手爪模型导入及拆分		151	50	手爪信号控制验证		162
48	定义手爪运动方式		155	51	手动控制创建		165
49	创建手爪信号控制属性内容		158	52	手动控制验证		166

目　录

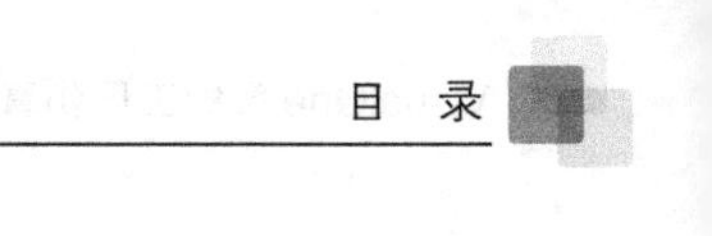

单元1　基本操作

学习导航

本单元主要介绍 VisualOne 的基本操作方法，包括组件的导入方法、视图方位的变换方法，在“PnP”和“移动”状态下以及利用“组件属性”面板移动和旋转组件的方法。

1.1　SAIDE VisualOne 软件界面

SAIDE VisualOne 软件的主界面如图 1-1 所示。工作界面菜单分类放置，利用不同的选项卡对软件的主要功能进行划分。各选项卡位于软件工作界面上方，每个选项卡用于进入不同操作模式及工作界面。在选项卡中包含相应分类的相关命令，各命令详细说明参见附录 B。

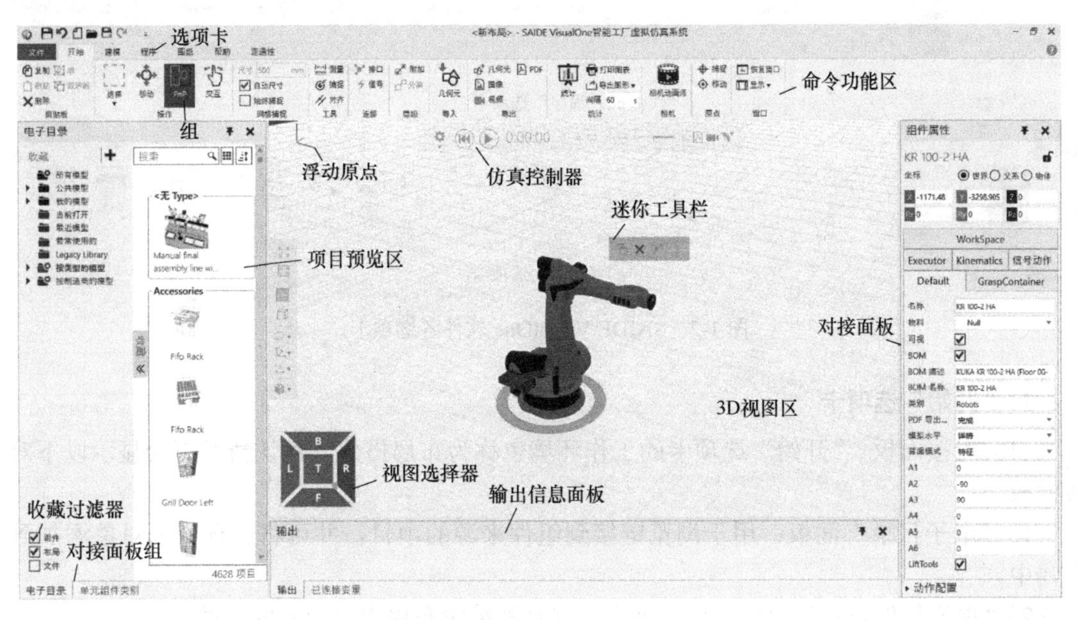

图 1-1　SAIDE VisualOne 软件主界面

一、选项卡

SAIDE VisualOne 软件界面

SAIDE VisualOne 软件各选项卡内的不同选项内容将命令划分为不同模块。

“开始”选项卡如图 1-2a 所示，用于布局的搭建及组件的设置，完成布局内组件之间的功能动作协调。

“建模”选项卡如图 1-2b 所示，可对外部导入的模型进行轴运动、信号和脚本等组件功能的定义。

“程序”选项卡如图 1-2c 所示，可对机器人路径进行示教定义。

“图纸”选项卡如图 1-2d 所示，用于定义软件内组建或布局的视图，绘制选择区域的二维图形。

“帮助”选项卡可对软件内的操作及命令提供帮助和参考。

“连通性”选项卡可先对外部 PLC 进行连通性连接，然后对接变量接口。在“文件”→“选项”→“附加”命令中可调用显示该选项卡。

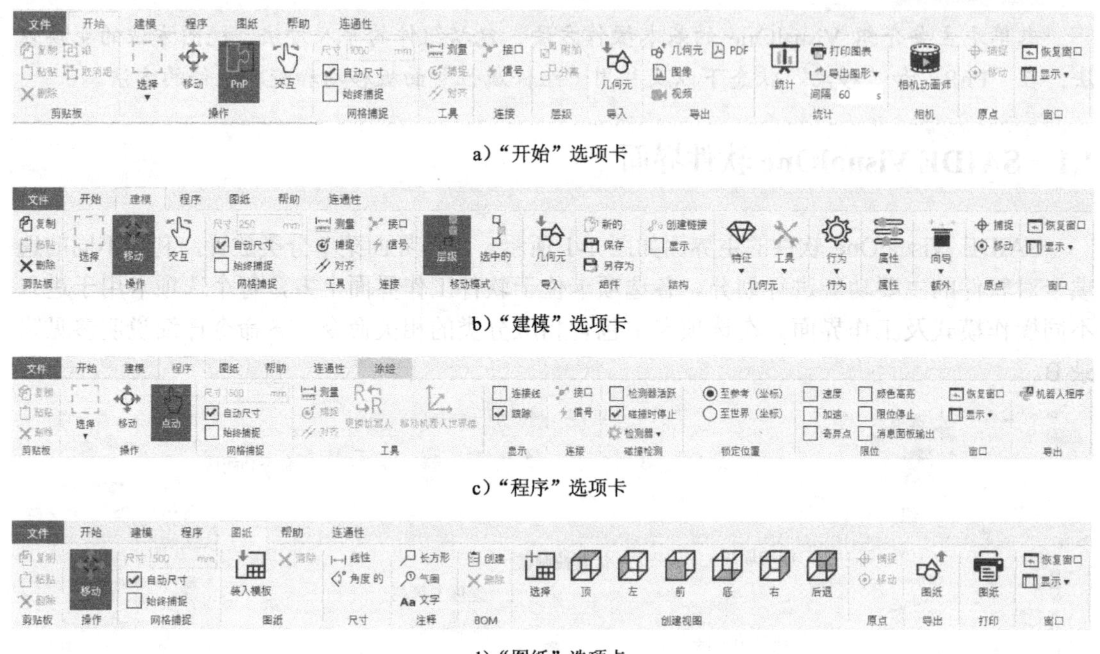

a）“开始”选项卡

b）“建模”选项卡

c）“程序”选项卡

d）“图纸”选项卡

图 1-2　SAIDE VisualOne 软件各选项卡

1.“开始”选项卡

（1）对接面板　“开始”选项卡的工作环境也称为布局搭建，默认情况下会显示以下对接面板。

1）“电子目录”面板：用于浏览链接到组件来源的项目，并可将所选择的对象添加到布局中。

2）“单元组件类别”面板：用于列出、选择和编辑布局中已导入的组件。

3）“组件属性”面板：用于编辑布局中选中组件的属性。

（2）功能　“开始”选项卡的主要操作功能如下。

1）打开、保存和创建新的布局。

2）添加、选择、编辑和操作组件。

3）运行仿真并对仿真导出 PDF（三维数据化显示）、图片、视频和几何模型等格式文件。

4）在不同环境中设置组件的显示方式和渲染模式。

5）针对布局进行产量、时间和信号等多种项目统计。

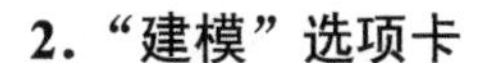

2.“建模”选项卡

（1）对接面板 “建模”选项卡的工作环境也称为建模视图，默认情况下会显示以下对接面板。

1）“组件图形”面板：用于查看和编辑选中组件的数据结构。面板本身由两个窗格组成，上部窗格（组件节点树）显示组件的节点结构，以及组件的属性和行为；下部窗格（节点特征树）显示组件中选中节点的特征结构，可能包含基元、来自 CAD 文件中的几何元、物理元素，以及转换和操作的其他特征结构。

2）“组件属性”面板：用于读取或写入组件中选中对象的属性，包括节点、行为和特征。“组件属性”面板拥有其自身的属性集合，在“属性任务”面板中列出。

（2）功能 “建模”选项卡用来创建新组件或为已有组件添加特征，其主要功能如下。

1）创建、编辑和链接节点，以形成一个关节运动链。

2）创建和连接行为，以执行和仿真内外部任务及动作。

3）在特征中包含、创建和操纵 CAD 文件中的几何元及拓扑，包括对 CAD 文件中几何元的数据进行分析、清理、重组和简化，用于小、中和大型布局中。

4）创建和引用组件属性，以控制和限制组件中其他属性的值。

5）使用数学方程式和表达式定义属性，使组件参数化。

6）创建静态、动态的物体及实体，用于模拟物理现象，包括还原、硬度和弹性。

7）使用 Python 2.7 和 API 实施脚本，定义组件特征和逻辑，以及任务、动作和事件处理的自动化。

3.“程序”选项卡

（1）对接面板 “程序”选项卡的工作环境也称为机器人视图，默认情况下会显示以下对接面板。

1）“程序编辑器”面板：用于读取、写入和编辑布局中的机器人和其他组件的程序。

2）“点动”面板：用于在一个布局中示教选中的机器人。

3）“组件属性”面板：用于读取或写入布局中选中对象的属性，包括组件、机器人控制器数据，以及机器人运动，如动作语句。

（2）功能 “程序”选项卡用来进行机器人编程，其主要功能如下。

1）对选中的机器人及任何外部关节示教定位、路径和其他动作。

2）读取、写入和编辑机器人程序以及控制器数据。

3）执行离线编程、碰撞检测、限位测试、校准以及优化。

4）显示和编辑机器人 I/O 端口连线。

5）选择、编辑和操纵机器人的动作位置。

4.“图纸”选项卡

“图纸”选项卡的工作环境也称为图纸视图，默认情况下会显示“图纸属性”面板，用于在工程图中读取或写入选中对象的属性，包括注释、尺寸和投影视图等布局项目。

“图纸”选项卡用来创建工程图，其主要功能如下。

1）导入图纸模板和准备可打印的文档。

2）手动创建或使用标准正交视图指令自动创建 3D 空间的二维视图。

3）使用注释、尺寸和物料清单来表达视图的比例、大小和标注。

4）将图纸导出为矢量图形和 CAD 文件。

二、快速访问工具栏

在 SAIDE VisualOne 软件中，用户可以利用快速访问工具栏控制标准命令的可用性，以及其在工作空间中的位置。

在快速访问工具栏的右边，单击“Customize Quick Access Toolbar（自定义快速访问工具栏）”下拉箭头▼，展开其命令列表，如图 1-3 所示，可执行以下一项或全部操作。

1）如果要使命令可用，则将光标指向未标记的命令，然后单击该命令。

2）如果要使命令不可用，则将光标指向已标记的命令，然后单击该命令。

3）如果要更改快速访问工具栏的位置，则根据快速访问工具栏的当前位置，选择“Show Below the Ribbon（在功能区下方显示）”或“Show Above the Ribbon（在功能区上方显示）”命令，而“Minimize the Ribbon（最小化功能区）”命令将把命令功能区折叠起来。

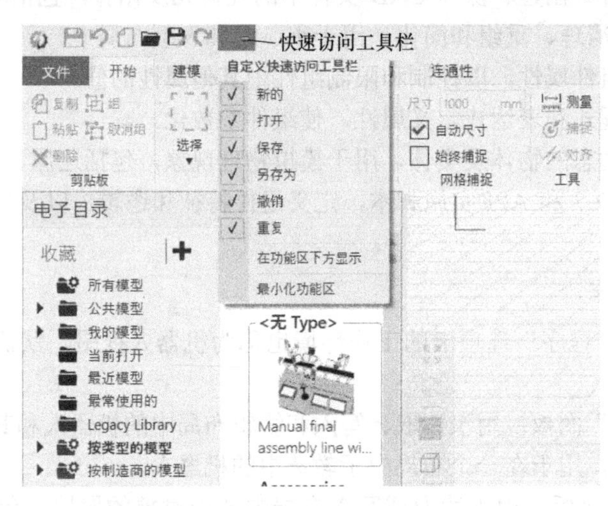

图 1-3　快速访问工具栏

三、迷你工具栏

当在 3D 视图中选择一个组件时，会短暂显示一个迷你工具栏，如图 1-4 所示，利用它可以快速执行复制、删除、接口、信号命令。

图 1-4　迷你工具栏

1.2　导入组件

导入组件

组件是各种生产要素的模型，是构成布局的最基本单元。组件也被称为“项目”。通常，用户通过“电子目录”面板将模型库中的组件导入 3D 视图中，然后经过排列组合构成布局。

例如铣床组件的导入，在“电子目录”面板的“收藏”窗格中选择“所有模型”选项，然后在“搜索”文本框中输入关键词“mill”，在“项目预览区”中会显示与该关键词有关的模型项目，如图 1-5 所示。

双击“Process Machine-ProMill”模型项目，可将其添加到 3D 视图的世界坐标原点处，如图 1-6 所示。也可以按住鼠标左键直接将选定的模型项目从“项目预览区”中拖到 3D 视图区的任意位置。

图 1-5　搜索铣床组件

图 1-6　导入铣床组件

1.3　变换视图方位

变换视图方位与组件显示方式

在三维空间中可以使用鼠标改变观察视角，具体操作方法如下。

1）滚动鼠标滚轮可缩放视图；按住<Shift>键的同时按住鼠标右键并拖动鼠标，可快速缩放视图，如图 1-7 所示。

2）按住鼠标右键并拖动鼠标可旋转视图，如图 1-8 所示。

3）同时按住鼠标左键和右键并拖动鼠标可平移视图，如图 1-9 所示。

图 1-7　缩放视图

图 1-8　旋转视图

图 1-9　平移视图

4）右击组件，在弹出的快捷菜单中选择“3D 视图的中心”命令，或者按住<Ctrl>键的同时右击组件，可将组件或组件上指定的部位显示在 3D 视图区的中心。

5）运用“视图选择器”可旋转 3D 视图方位，快速到达标准视图方向。

3D 视图区左下角的“视图选择器”呈现出 5 个标准视图（F 表示前视图、L 表示左视图、B 表示后视图、R 表示右视图、T 表示顶视图）控件，它们连接在一起形成一个交互式的导航控件。单击“视图选择器”上的某个控件，可将 3D 视图快速变换到该控件表示的标准方向，而与当前 3D 视图方位相似的标准视图控件则会突出显示，如图 1-10 所示。

底视图与顶视图拥有相同的“T”标准视图控件，如图 1-11 所示。单击“T”标准视图控件转为顶视图，双击“T”标准视图控件转为底视图。在顶视图中，每单击一次“T”标准视图控件都会使顶视图按顺时针方向旋转 90°。

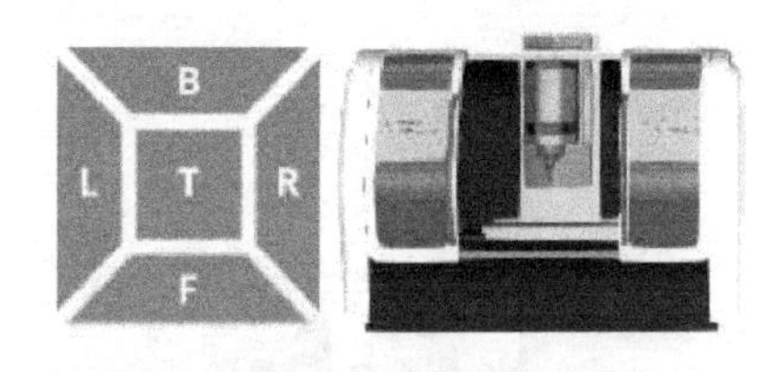

图 1-10　单击“F”控件转为前视图

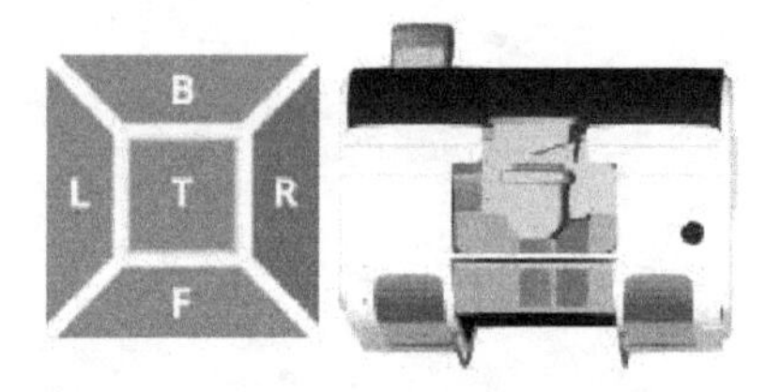

图 1-11　单击“T”控件转为顶视图

单击两个标准视图控件之间的边线，可使视图转到由该相邻标准视图决定的轴测方向，如图 1-12 所示。

单击 3 个标准视图控件之间的角点，可使视图转到由该 3 个相邻标准视图决定的轴测方向，如图 1-13 所示。

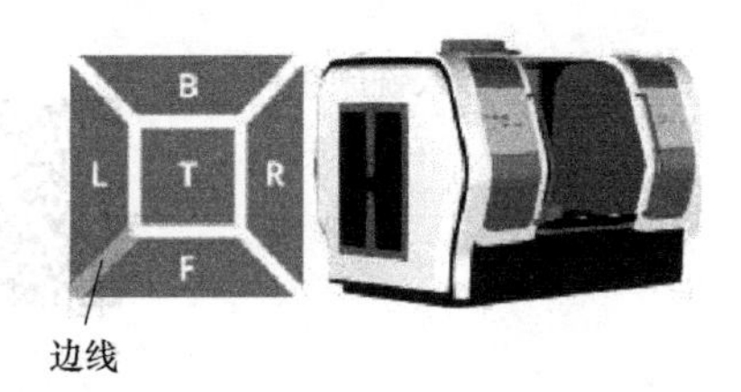

图 1-12　边线与视图

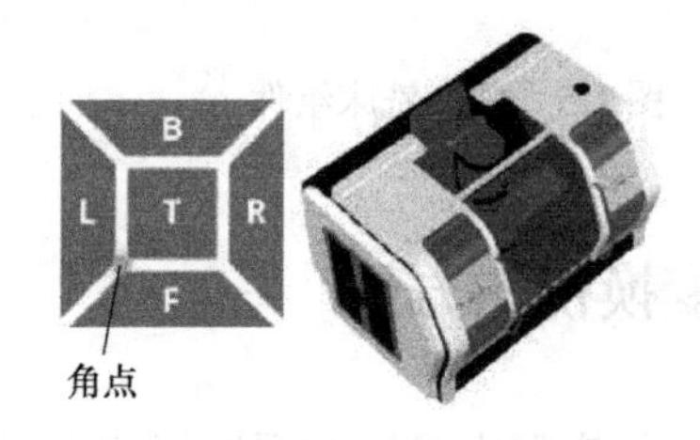

图 1-13　角点与视图

1.4　变换组件显示方式

“视图显示控制”工具栏提供了与 3D 视图和场景相关的选项，如图 1-14 所示，各命令按钮可以用于改变组件显示的视觉效果，例如呈现各种渲染模式。

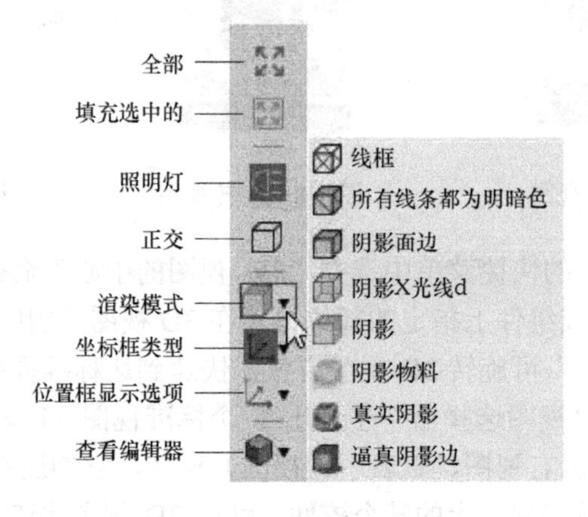

图 1-14　“视图显示控制”工具栏

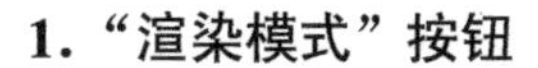

1.“渲染模式”按钮

单击图 1-14 所示的“渲染模式”按钮旁的小箭头▼，从弹出的列表中选择一种渲染模式，可以定义 3D 视图中组件的渲染方式和显示质量。各种渲染模式的效果如图 1-15 所示。

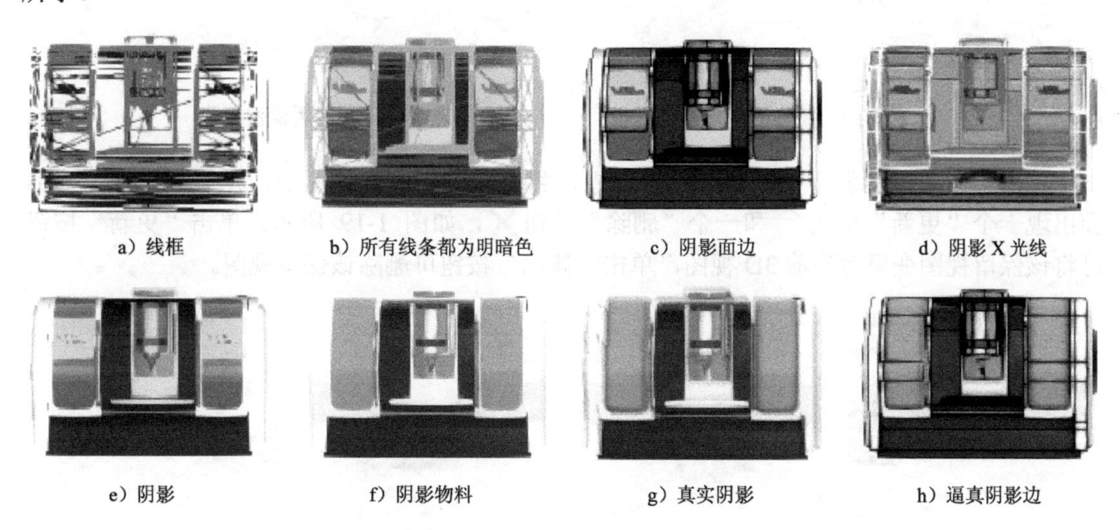

a）线框　b）所有线条都为明暗色　c）阴影面边　d）阴影 X 光线

e）阴影　f）阴影物料　g）真实阴影　h）逼真阴影边

图 1-15　各种渲染模式的效果

设计布局时，推荐采用“阴影面边”或“阴影”渲染模式。

2.“查看编辑器”按钮

使用“查看编辑器”命令可以通过一个布局创建、编辑、选择和保存当前的 3D 视图。

单击“查看编辑器”按钮展开编辑面板，然后单击面板上的“+（加号）”按钮，可以将当前 3D 视图创建为一个保留视图，如图 1-16 所示。

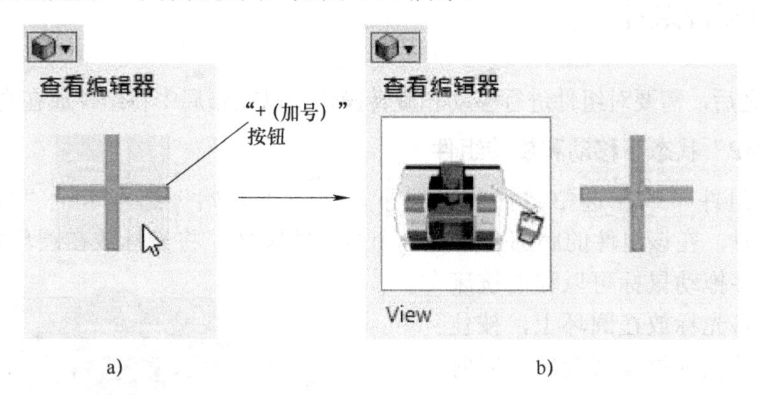

a)　b)

图 1-16　创建保留视图

单击“查看编辑器”按钮，展开编辑面板，然后单击面板上保留视图下方的“View”，可以重命名该视图，如图 1-17 所示。

单击“查看编辑器”按钮展开编辑面板，然后单击面板上的保留视图，如图 1-18 所示，可以将当前 3D 视图变更为该保留视图。

图 1-17　重命名保留视图

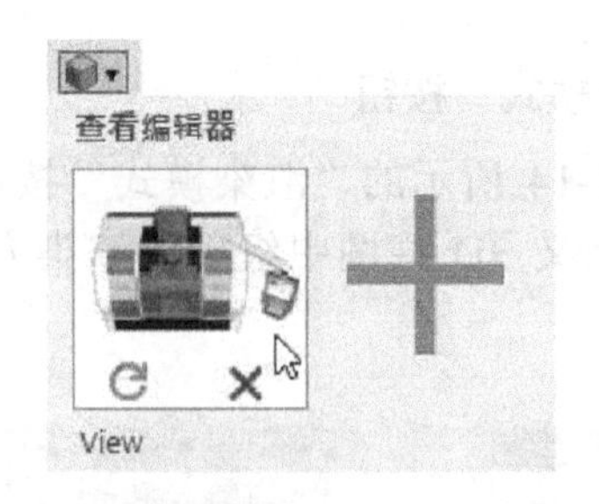

图 1-18　选择和使用保留视图

单击“查看编辑器”按钮展开编辑面板，将光标移到保留视图上，在该保留视图下部会出现一个“更新”按钮和一个“删除”按钮，如图 1-19 所示。单击“更新”按钮可将该保留视图变更为当前 3D 视图，单击“删除”按钮可删除该保留视图。

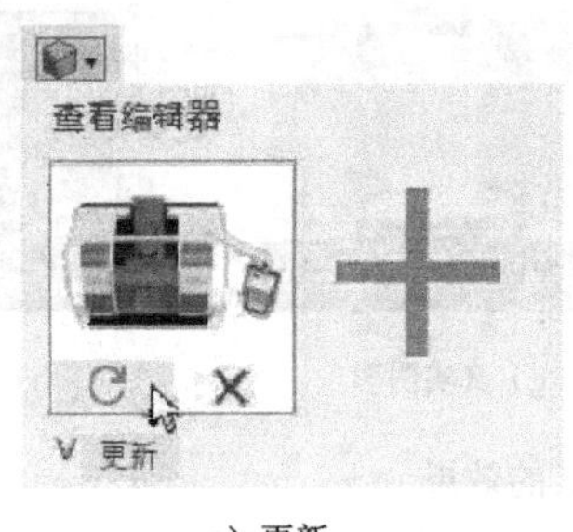

a）更新

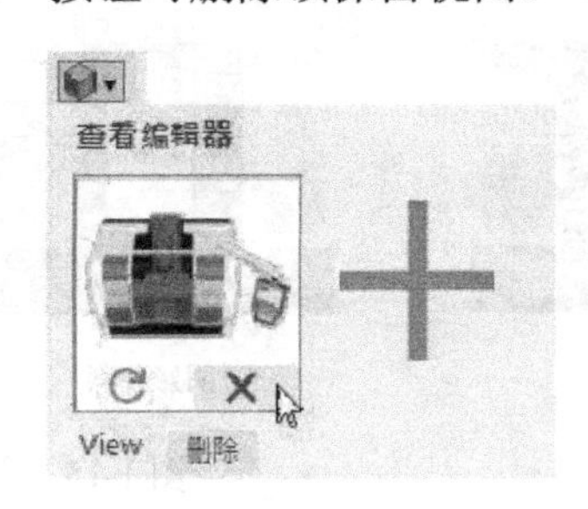

b）删除

图 1-19　更新和删除保留视图

保存 3D 视图的当前布局后，保留视图会自动通过该布局保存，并且每当布局在 3D 视图中打开时都可以使用。

移动和旋转组件

1.5　移动和旋转组件

导入组件之后，需要对组件进行移动和旋转操作，以在布局中将组件放在合适的位置。

1. 在“PnP”状态下移动和旋转组件

导入铣床组件（或在选中组件的情况下，单击“开始”选项卡上“操作”组中的“PnP”按钮）时，在该组件的底部会出现一个蓝色的圆环，将光标放在圆环内部或外部，按住鼠标左键并拖动鼠标可以移动铣床组件的位置；将光标放在圆环上，按住鼠标左键并拖动鼠标可使其旋转，同时会显示一个角度刻度盘，以指示该组件绕 Z 轴转动时与 X 轴正向的夹角。

在旋转组件的过程中，将光标移到角度刻度盘上，可以以最小刻度为单位精确旋转组件。图 1-20 所示为将铣床组件旋转 180°，使其正面朝向用户。

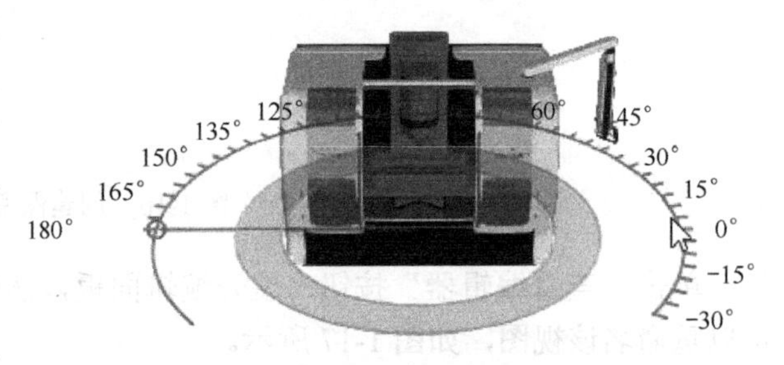

图 1-20　精确旋转铣床组件

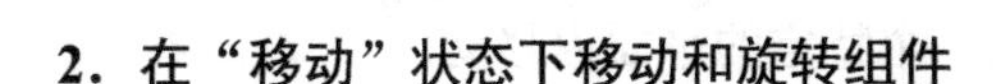

2．在“移动”状态下移动和旋转组件

选中铣床组件，单击“开始”选项卡上“操作”组中的“移动”按钮，在铣床组件的原点上会出现一个操纵器（坐标系），如图 1-21 所示，使用该操纵器可改变机器人的位置。

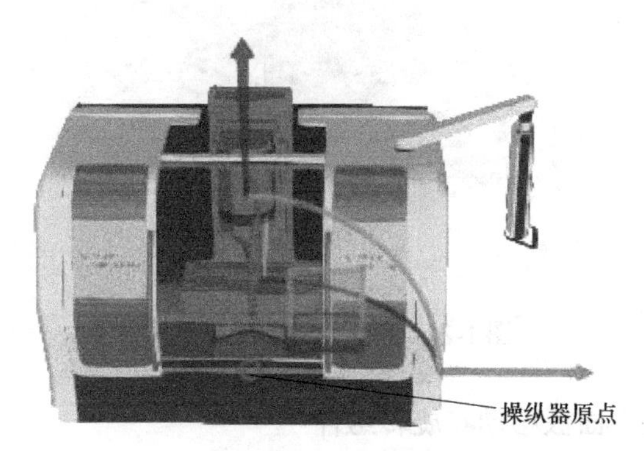

图 1-21　“移动”操纵器

单击并拖动操纵器原点，可将组件移到三维空间的任意位置；单击并拖动操纵器的某个坐标轴，沿着该轴方向移动铣床组件时，在其轴向会出现一个带刻度的标尺，如图 1-22 所示。

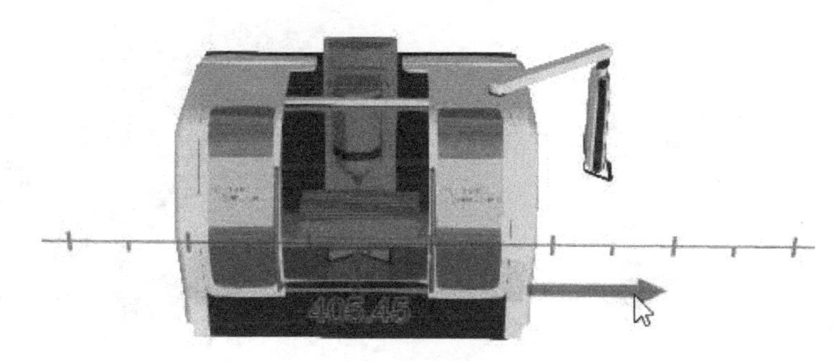

图 1-22　沿 X 轴方向拖动铣床组件

在拖动铣床组件的过程中，如果将光标移到标尺上，可以以最小刻度为间距精确移动组件。在“开始”选项卡上“网格捕捉”选项组中的“尺寸”文本框中定义了标尺刻度的最小间距，如图 1-23 所示。

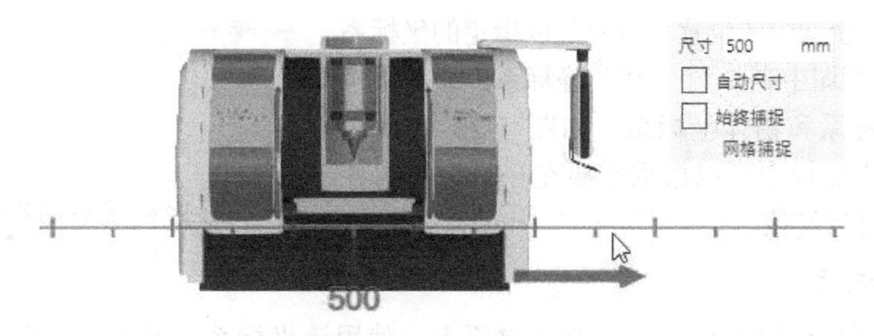

图 1-23　精确移动组件

单击并拖动操纵器的小平面可使铣床组件在一个特定的平面内移动。

单击并拖动操纵器的弧形环可使铣床组件绕着一个特定的轴旋转，如图 1-24 所示。

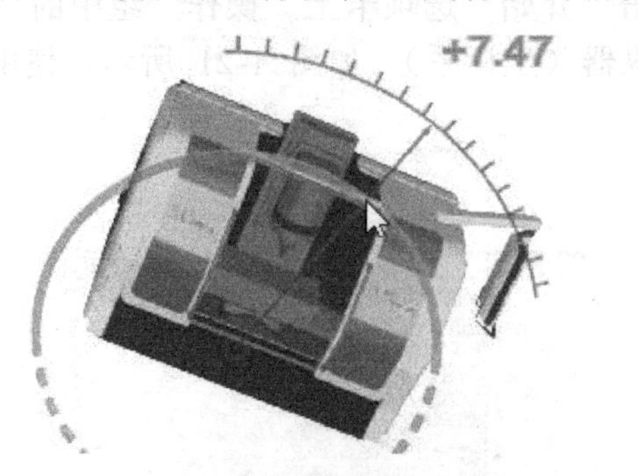

图 1-24　使用操纵器旋转组件

3．通过“组件属性”面板移动和旋转组件

在“组件属性”面板中，显示着组件在当前坐标系中的坐标值（X，Y，Z），组件的方向由绕各坐标轴的旋转角度（Rx，Ry，Rz）表示，可以通过单击其字段数值直接进行输入与编辑，以设定选定组件的方位，如图 1-25 所示。而单击“X”“Y”“Z”“Rx”“Ry”“Rz”按钮可将其值重置为零。

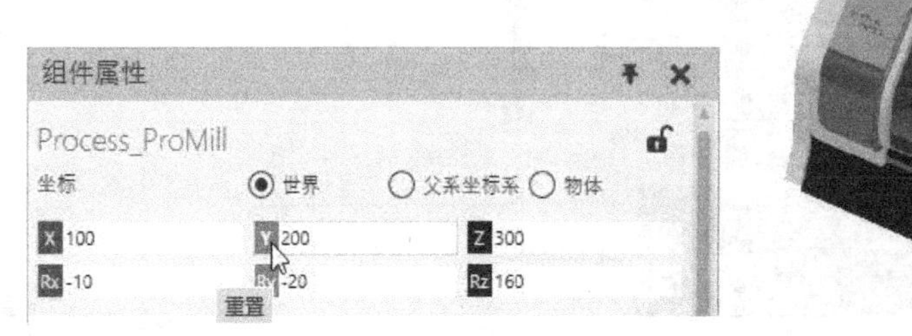

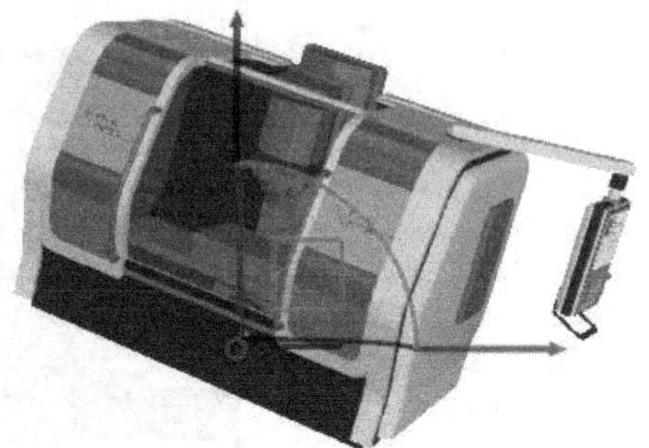

图 1-25　“组件属性”面板

1.6　不同坐标系的应用

组件在三维空间中的位置和方向是以指定的坐标系为参考的，3D 视图中有 3 个可用的坐标系，即世界坐标系、父系坐标系和物体坐标系。如图 1-26 所示，在“组件属性”面板中可以根据需要在一个组件的各个坐标系之间进行切换。

图 1-26　组件的各个坐标系

1．世界坐标系

世界坐标系是全局坐标系，具有固定原点。使用该坐标系可对在三维和二维空间中选中的对象进行全局定位。该坐标系是其他坐标系的基础。

2．父系坐标系

父系坐标系是选中对象加入到一个场景中时的目标坐标系。一个对象只能拥有一个父系坐标系，选中对象的父-子关系决定其父系坐标系。如果组件未依附另一个组件中的节点，那么选中组件的父系坐标系便是 3D 视图（模拟根节点），在这种情况下，世界坐标系和父系坐标系将拥有相同的原点。如果一个组件依附另一个组件中的节点，那么该组件的位置可以通过相对于其父系节点的原点位置进行确定。这意味着，当父系节点移动时，子系组件将随其移动，以维持与父系原点的相对位置。

3．物体坐标系

物体坐标系是选中对象自身的坐标系，具有一个相对于其当前状态的原点。当选中对象移动时，物体坐标系会记录该对象相对于自身初始状态的偏移量。转换坐标系或单击并拖动坐标系原点都可以重置对象的物体坐标系，即 X、Y、Z 值归零。

1.7　与组件交互

与组件交互

组件可以具有交互式活动部件，例如机器人的关节可以基于其约束移动和旋转。通常，交互式活动部件都有极限位和自由度（DOF），以约束和限定其活动范围。

单击“开始”选项卡上“操作”选项组中的“交互”按钮，如图 1-27 所示，在3D 视图区将光标指向铣床组件的门，此时光标就会变为手形图标，单击并拖动门可将其闭合。

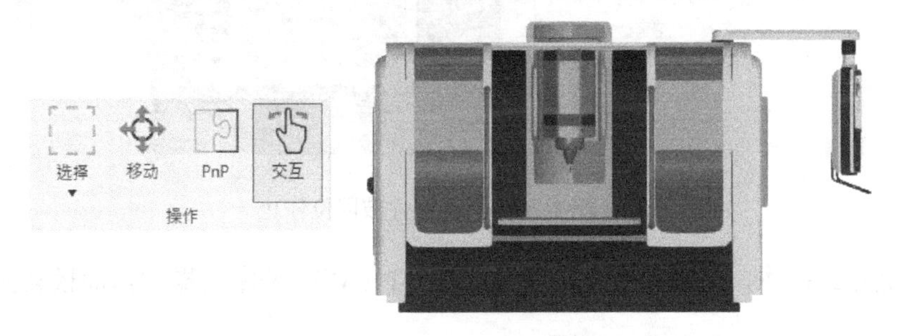

图 1-27　拖动铣床的活动部件

在铣床的“组件属性”面板中，“Doors（门板运动限位）”属性很可能被突出显示为红色，以指示门的闭合已经超出了界限，左、右两边的门出现了交叉重合，如图 1-28 所示。

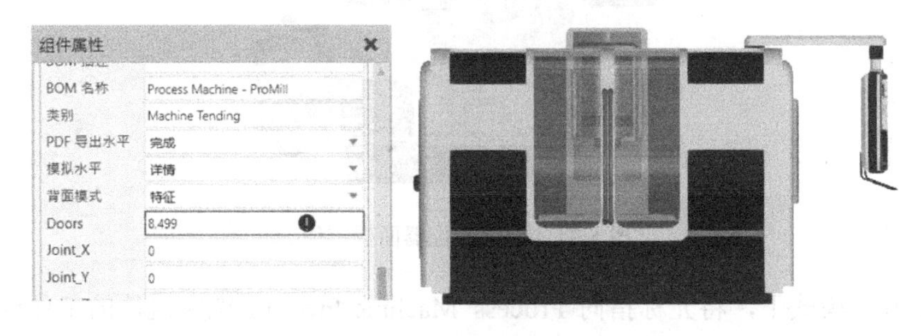

图 1-28　活动部件超出界限

如果在“程序”选项卡上的“限位”选项组中勾选“颜色高亮”复选框，则当门的活动超出其界限时，该活动部件将会以红色高亮显示，如图 1-29 所示。

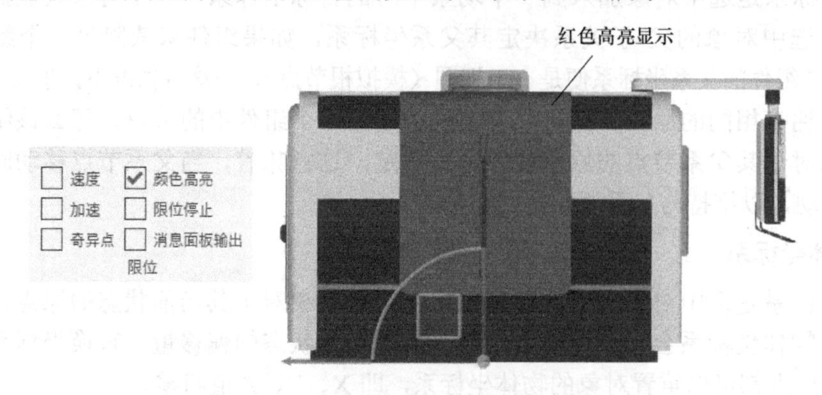

图 1-29　高亮显示活动部件超出界限

如果在“程序”选项卡上的“限位”选项组中勾选“限位停止”复选框，则拖动门至完全闭合时会自动停止，这样就不会出现超出界限的错误，如图 1-30 所示。

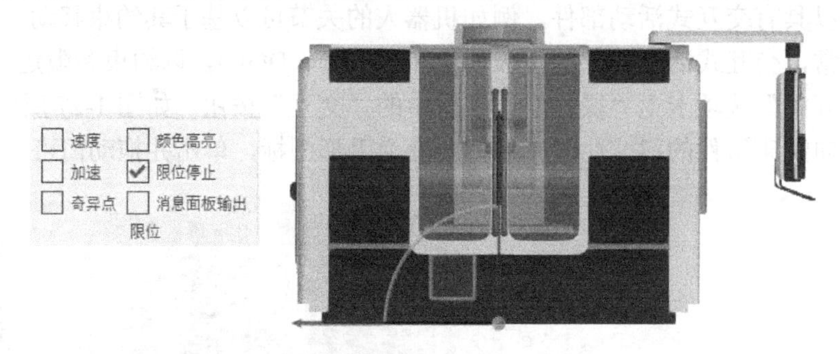

图 1-30　活动部件被限位停止

通过交互式操作，可以将 Process Machine-ProMill 铣床的操控器面板转到图 1-31 所示位置。

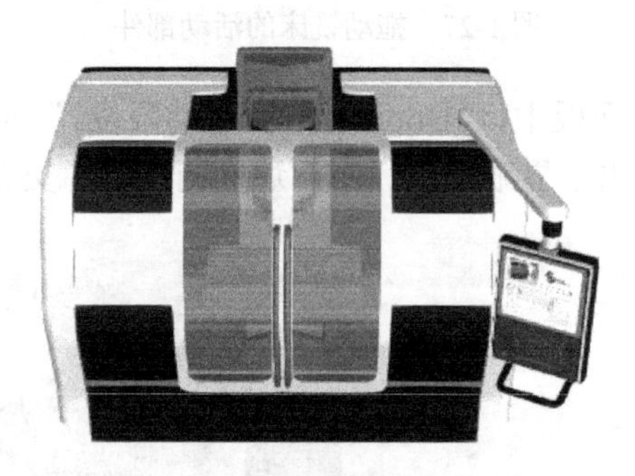

图 1-31　铣床操控器面板定位

在“交互”模式下，将光标指向 Process Machine-ProMill 铣床组件的工作台、滑台、立柱、刀架等部件，当光标变为手形图标时可单击并拖动这些活动部件进行移动或旋转操作。

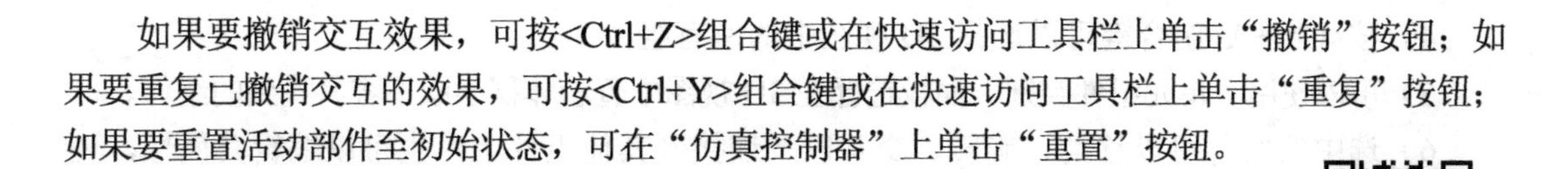

如果要撤销交互效果，可按<Ctrl+Z>组合键或在快速访问工具栏上单击“撤销”按钮；如果要重复已撤销交互的效果，可按<Ctrl+Y>组合键或在快速访问工具栏上单击“重复”按钮；如果要重置活动部件至初始状态，可在“仿真控制器”上单击“重置”按钮。

1.8　父子关系的建立

父子关系的建立

在“电子目录”面板的“收藏”窗格中选择并展开“按类型的模型”选项，单击打开“Interior Facilities（室内设施）”文件夹，在文件夹内双击“ErgoTable（桌子）”“Printer（打印机）”“Keyboard（键盘）”“PC（主机）”“Monitor（显示器）”文件，将其导入布局内，如图1-32所示。

1）单击选中“ErgoTable（桌子）”组件，该组件以蓝色突出显示并出现一个交互式蓝色圆环和包含快速命令的迷你工具栏，如图1-33所示。

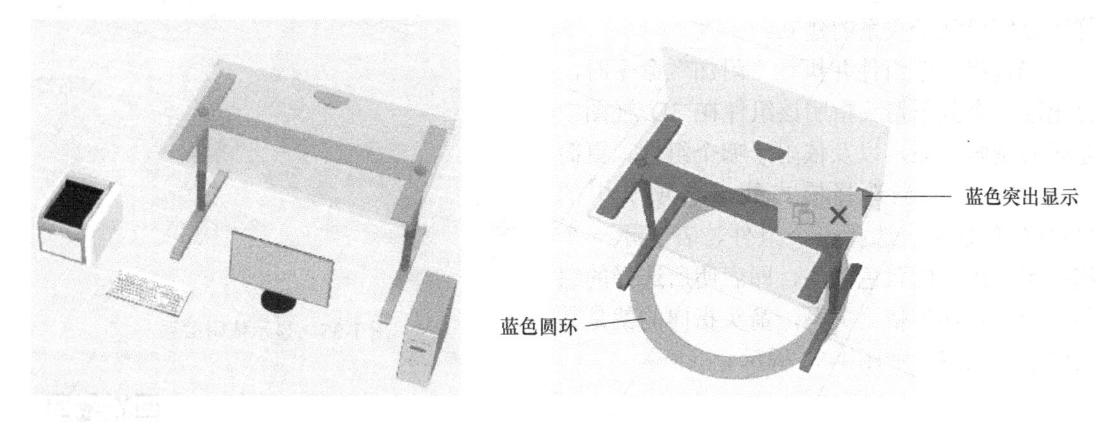

图1-32　导入组件　　　　图1-33　选择组件

2）按住<Ctrl>键的同时单击一个组件，可将该组件添加至当前选择集。

3）在多数选项卡的“操作”组中都有“选择”命令，单击其下的箭头▼，在展开的命令列表中选择其中的命令，按住鼠标左键并拖动鼠标可在视图区内绘制一个区域以选择组件或间接选择组件。图1-34所示的方法可以一次选择多个组件。

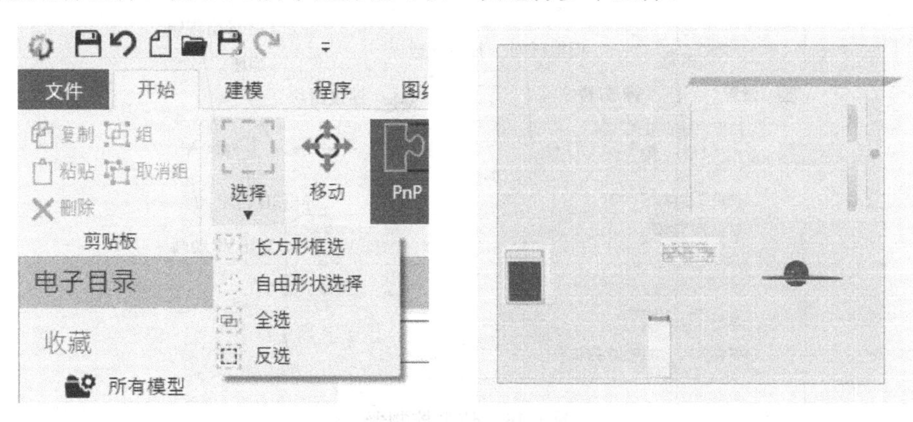

图1-34　选择“长方形框选”命令绘制长方形选择区域

4）按<Ctrl+A>组合键可以选择 3D 视图中的所有组件。

5）可以使用“单元组件类别”面板选择在 3D 视图中查看体积小或不容易找到的组件。

6）选中的组件可以移动、旋转、交互以及连接到其他组件上，也可以编辑其属性，还可以被剪切、复制、粘贴和删除。

7）按住<Ctrl>键的同时单击已选择的组件，可以从当前选择集中移除该组件。在 3D 视图中的空白区域单击也可清除选择。

在本例中，单击选中“Monitor（显示器）”组件，然后按住<Ctrl>键的同时单击“Keyboard（键盘）”组件，可以实现多个组件的选择。接着单击“附加”按钮，在“附加至父系体系”任务面板中的“Node”选项的下拉列表选择“ErgoTable”选项，也可实现依附关系的添加。利用<Ctrl>键选择打印机（Printer）、键盘（Keyboard）、主机（PC）和显示器（Monitor）组件，单击“附加”按钮，在 3D 视图区内单击“ErgoTable（桌子）”组件，同样可以完成父子关系的建立。

当选择一个组件并执行“附加”命令时，会出现一个蓝色箭头指明该组件在 3D 视图中是否有依附关系，以及依附于哪个组件。更简单的方法是，当选择模式处于选项卡中的“PnP”命令时，选择一个组件，若显示一个指向另一组件的蓝色箭头，即表明所选择的组件已经被添加过依附关系，箭头指向的就是其父组件的原点，如图 1-35 所示。

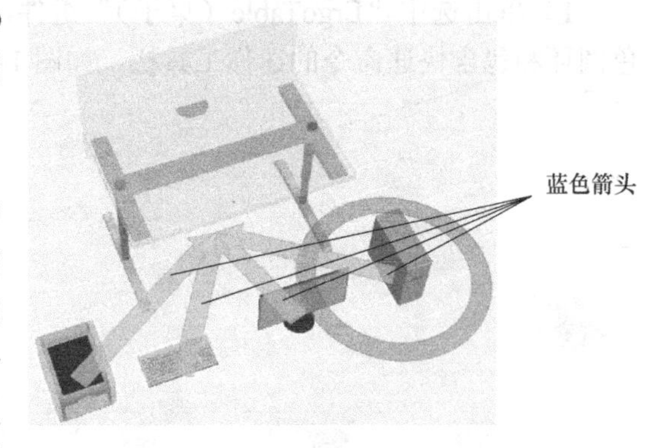

图 1-35　显示依附关系

1.9　仿真控制器

仿真控制器

1. 仿真控制器的控制面板

仿真控制器位于 3D 视图区正上方，如图 1-36 所示，主要用于设置及操作布局仿真效果，可针对布局进行开始和停止仿真，还可以控制布局的仿真速度、仿真时间及初始状态。

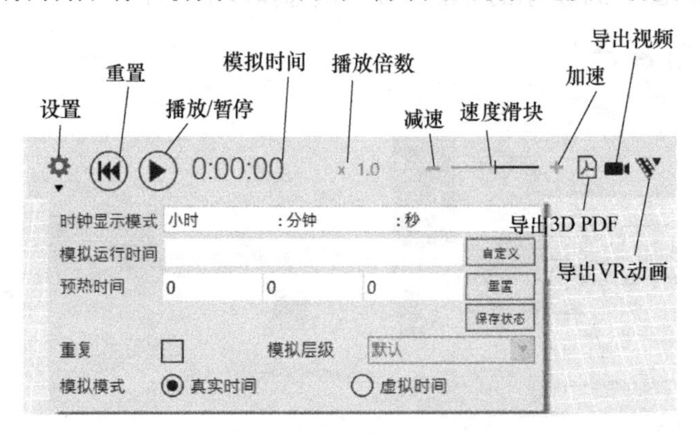

图 1-36　仿真控制器

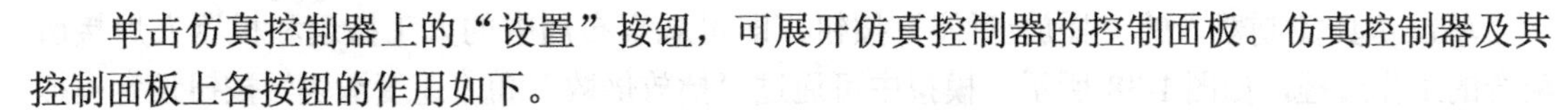

单击仿真控制器上的“设置”按钮，可展开仿真控制器的控制面板。仿真控制器及其控制面板上各按钮的作用如下。

1）“时钟显示模式”列表框：定义仿真时间的计算单位。

2）“模拟运行时间”文本框：定义仿真运行模拟时间。

3）“自定义”按钮：更改仿真时间模式，可在“自定义模拟运行时间”和“无穷模拟运行时间”之间切换。

4）“预热时间”文本框：定义开始仿真的时间，可定义布局在某个时间段开始模拟。

5）“重置”按钮：将预热时间（仿真开始时间）重置为零。

6）“保存状态”按钮：保存 3D 视图中所有组件的当前位置和配置。默认情况下，会在仿真开始时自动完成，以便重置组件时能回到其初始仿真状态。

需要注意的是，如果中途停止仿真并修改组件状态，没有重置就再次启动仿真，那么组件的当前状态就会被作为初始状态自动保存。

7）“重复”复选框：如果选中该复选框，则循环运行仿真，即仿真在运行一次后自动回到初始位置重新进行模拟。

8）“模拟层级”列表框：表示组件运动模拟的全局精度设置。

①“默认”选项：精度由组件定义。

②“详情”选项：尽可能精确地模拟组件运动，即模拟出组件运动的整个过程。

③“均衡”选项：以合适的性能模拟组件运动，组件可以从一个点直接移动到另一个点，无须模拟不必要的关节动作。

④“快速”选项：尽可能快速地模拟组件运动，使组件可以快速达到关节配置或从一个点直接跳至另一个点。

2．案例：布局模拟检验

（1）执行布局模拟目　在“电子目录”面板的“收藏”窗格中选择并展开“按类型的模型”选项，找到“Damo Layouts（布局方案）”文件夹，选择“ABB Turntable Works Demo”布局并拖拽至 3D 视图区内进行布局导入，如图 1-37 所示。

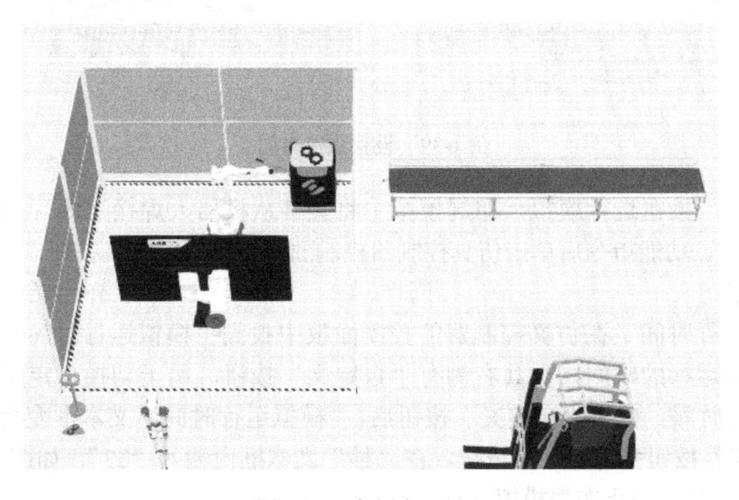

图 1-37　案例布局导入

单击仿真控制器内的“播放/暂停”按钮，即可观察布局中的人工搬运和机器人焊接所配合的工作过程，如图 1-38 所示。模拟中可通过“播放倍数”和“速度滑块”按钮设定模拟倍数和速度的增加或减少。当需要结束模拟时，可单击仿真控制器的“重置”按钮结束并回到初始状态。

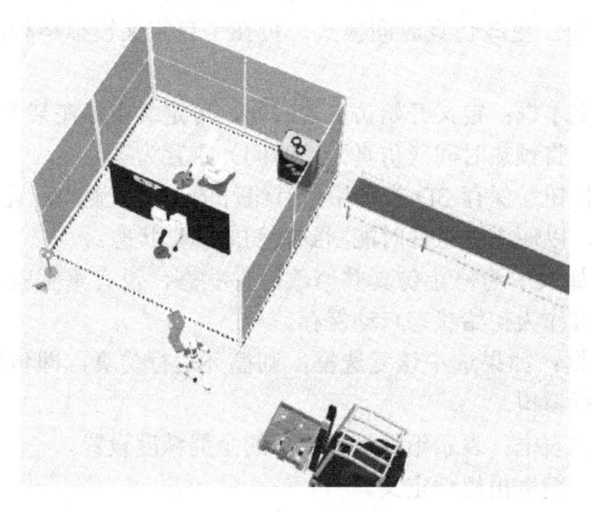

图 1-38　布局运行模拟

（2）预热时间　布局重置好后单击仿真控制器上的“设置”按钮，在“预热时间”文本框中按照图 1-39 所示时间进行预热设置，即在“预热时间”的“秒”文本框内输入“33”，代表布局将从 33s 后开始模拟，便于自定义设置布局的模拟起始位置。

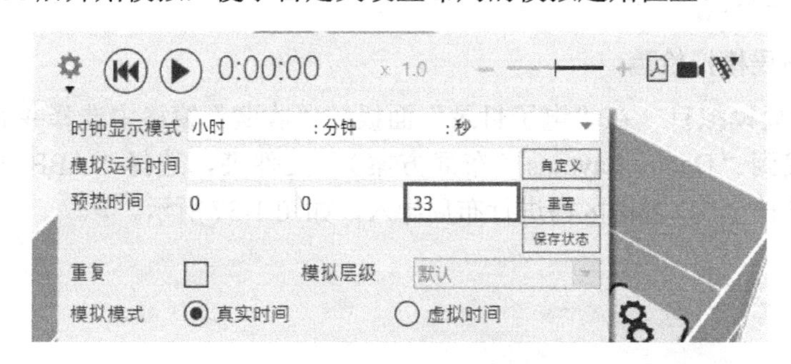

图 1-39　设置预热时间

单击“播放”按钮进行模拟，布局模拟中将直接从机器人焊接工序开始进行模拟，如图 1-40 所示。验证功能指令后单击仿真控制器控制面板中的“重置”按钮，使之前设置的预热时间自动置零。

（3）模拟运行时间　在仿真控制器的控制面板中找到“模拟运行时间”文本框，此文本框可指定布局运行的时间，在其右侧有“自定义”按钮，用于切换自定义模拟运行时间和无穷模拟运行时间。单击“自定义”按钮后，“模拟运行时间”文本框变为可编辑状态，单击后“自定义”按钮变为“∞”按钮，在“秒”文本框内输入“33”，如图 1-41 所示，布局将模拟至 33s，然后停止布局模拟。

图 1-40　机器人焊接

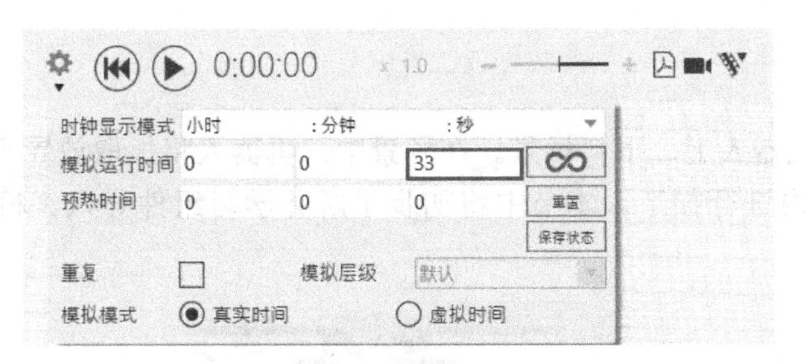

图 1-41　定义模拟运行时间

单元2　创建柔性制造单元

学习导航

柔性制造单元是由一台或数台数控机床或加工中心构成的加工单元，该单元根据需要可以自动更换刀具和夹具，加工不同的工件。本单元以加工中心、机器人等为载体，展示导入组件及定位、手爪控制方式、坐标系设定、示教机器人及编程等内容。

2.1　导入组件并定位

导入组件并定位

一、场景概述

图2-1所示为机器人上、下料场景。在场景中，机器人将抓取放置于木板上的圆柱形零件，将其放至机床内进行加工。本节中将初步了解并学习组件导入、机器人手动示教和组件属性更改操作。

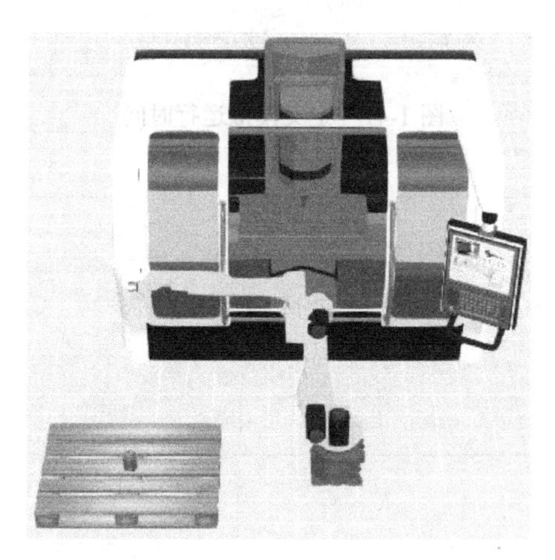

图2-1　机器人上、下料场景

二、组件列表

机器人上、下料场景组件列表见表2-1。

表2-1　机器人上、下料场景组件列表

组件名	数量	组件名	数量
Euro Pallet	1个	Vacuum Gripper	1个
Process_ProMill	1个	Part	1个
arcMate_120iC10L	1个		

三、场景搭建

1. 导入组件

参考表 2-1 中给出的组件名以及数量，选择“电子目录”面板中的“按类型的模型”选项，在“电子目录”面板中的“搜索”文本框中输入组件名进行搜索，如图 2-2 所示。单击并拖动搜索出的组件至 3D 视图区。

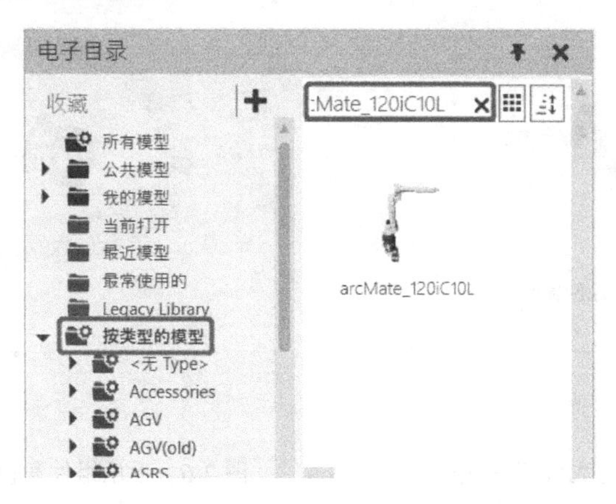

图 2-2　搜索组件

2. 摆放机器人组件

按照相同方法将组件依次导入 3D 视图区，导入布局后将机器人摆放到 3D 视图区的空白位置，如图 2-3 所示，以机器人为中心摆放和安装所需组件。

3. 连接组件

在“PnP”状态下（“开始”选项卡上“操作”组中的“PnP”按钮处于被选择状态），选择机器人“Vacuum Gripper（手爪）”组件。手爪组件被选择后其周边出现蓝色圆环，如图 2-4 所示。

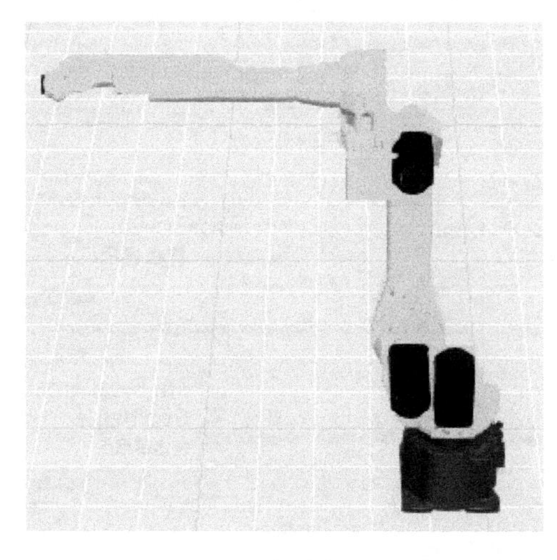

图 2-3　摆放机器人

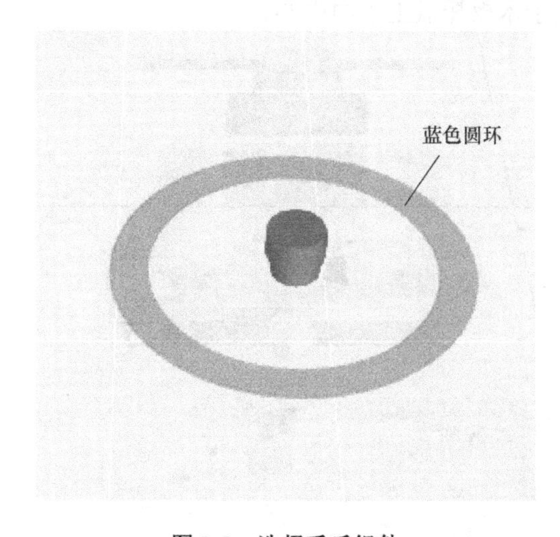

图 2-4　选择手爪组件

单击并拖动“Vacuum Gripper（手爪）”组件至机器人末端附近，两组件接近一定距离后，在手爪和机器人末端之间会出现一个绿色箭头，如图 2-5 所示，表示二者属于可建立连接关系。继续沿绿色箭头所指方向拖动手爪组件，直至手爪组件被吸附至机器人末端为止，此时松开鼠标，手爪组件和机器人组件建立组件连接，如图 2-6 所示。

图 2-5　触发“PnP”命令

图 2-6　手爪组件和机器人组件建立连接

4．摆放机床、木板托盘和零件

单击并拖动“Process-ProMill（机床）”组件至机器人前方，作为机器人上料加工位置。

单击并拖动“Euro Pallet（木板托盘）”组件至机器人左侧，作为待加工零件的储放位置，如图 2-7 所示。

选择“Part（零件）”组件，单击“开始”选项卡上“工具”组中的“捕捉”按钮，将光标放置于木板托盘上平面的正中心位置，如图 2-8 所示，“Part（零件）”组件会随着光标移动并呈半透明化显示，将光标放置于木板托盘上平面时会呈绿色显示，代表位置选择，按照图 2-8 所示位置进行校准移动，然后单击确认捕捉放置位置，将“Part（零件）”组件放置于木板托盘上平面中心。

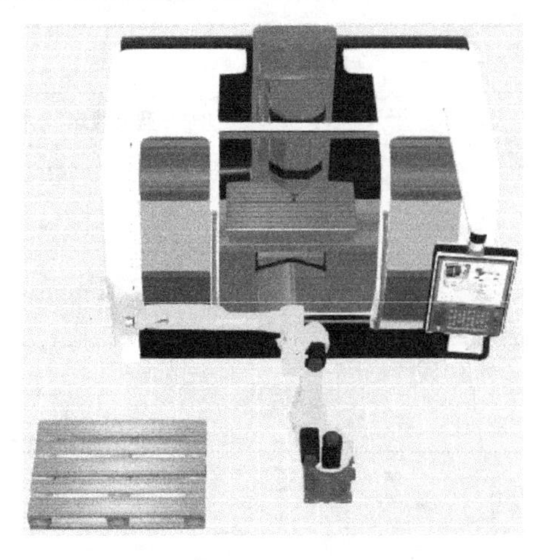

图 2-7　摆放机床和木板托盘

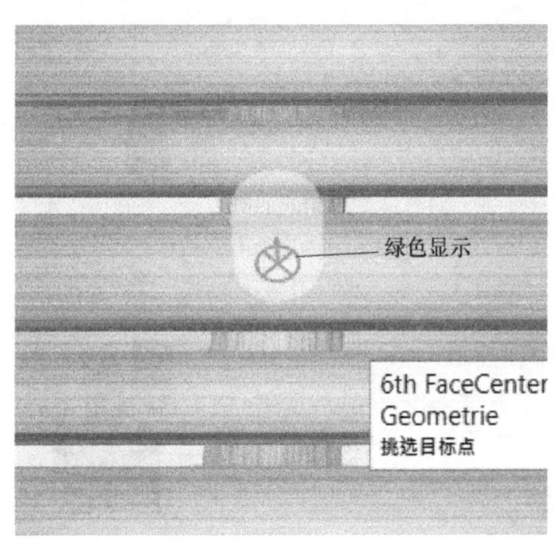

图 2-8　零件捕捉摆放

选择“arcMate_120iC10（机器人）”组件，在“组件属性”面板中选择“WorkSpace”选项卡，勾选“Envelope”复选框，以直观的方式显示机器人可达工作空间，即机器人手臂末端能够到达的空间范围。将机床、木板托盘和零件移到机器人的工作范围之内，如图 2-9 所示。位置确认后取消勾选“Envelope”复选框。

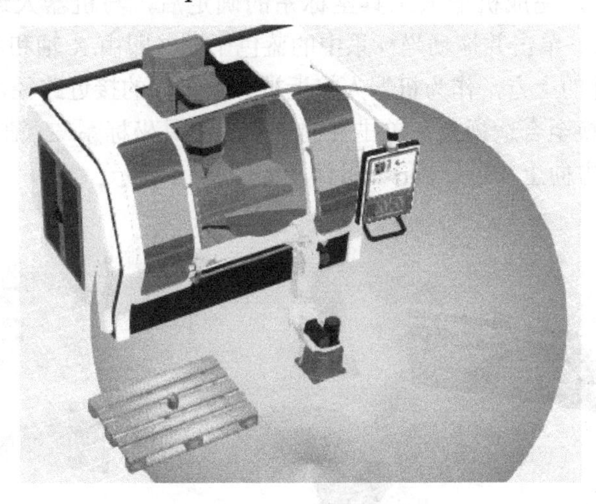

图 2-9　检测机器人范围

2.2　示教机器人及编程

选择“程序”选项卡，进入机器人编程界面，选择布局内的“arcMate_120iC10（机器人）”组件，右侧出现组件属性面板，单击“程序”选项卡上“操作”组中的“点动”按钮或选择“组件属性”面板右下角的“点动”面板，在“工具”下拉列表框中选择“GripperTCP（工具坐标系）”选项，如图 2-10 所示，完成机器人末端坐标系位置的确定。工具坐标系为手爪组件自带的坐标系，主要用于机器人在安装手爪后定义路径坐标点。

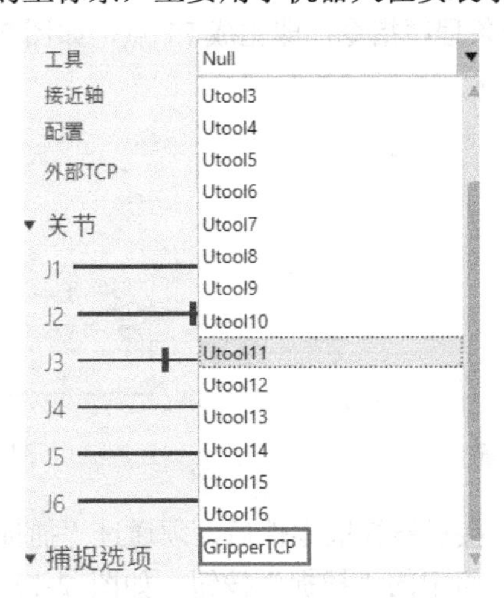

图 2-10　定义工具坐标系

一、抓取零件

1. 定义机器人姿态

在 3D 视图区内，完成机器人工具坐标系的确定后，与机器人连接的手爪末端显示“GripperTCP”坐标系。单击并拖动坐标系中的蓝色平面（即由 X 轴和 Y 轴所形成的平面）至被抓取“Part”组件的上方，作为机器人接近被抓取零件的接近路径，如图 2-11 所示。完成后通过鼠标右键切换至合适视角，单击并向下拖动工具坐标系 Z 轴，即蓝色轴线至一段距离，使机器人在 Z 方向上靠近“Part”组件，如图 2-12 所示。

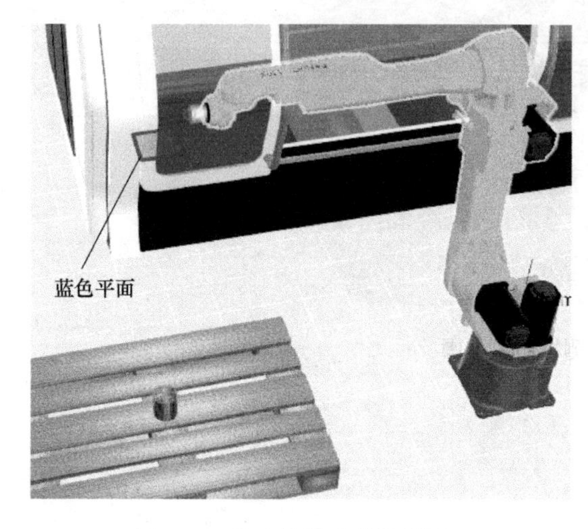

图 2-11　单击并拖动蓝色平面

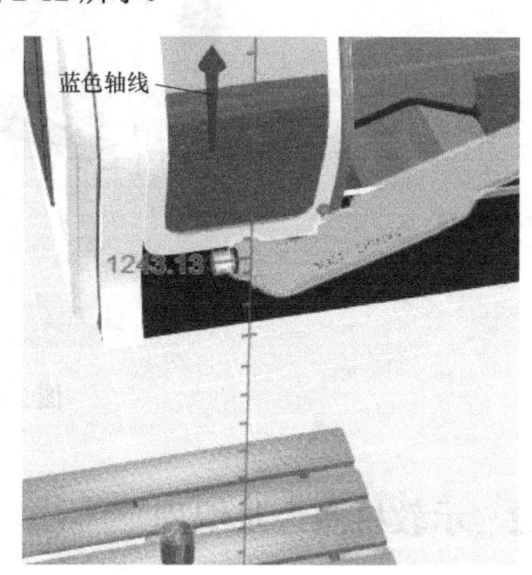

图 2-12　单击并拖动 Z 轴

2. 记录移动坐标点位置

（1）生成 P1 点　完成手动定义机器人姿态后，须记录机器人第一个移动坐标点位置。在左侧的“程序编辑器”面板内单击“点对点运动动作”按钮，如图 2-13 所示，此时在“程序编辑器”面板出现第一条程序指令，即生成 P1 点，如图 2-14 所示，该指令记录 P1 点的位置移动。

图 2-13　指令位置

图 2-14　程序记录

（2）生成 P2 点　机器人接近被抓取零件后，须通过“捕捉”命令准确设置抓取点。单击“程序”选项卡上“工具”组中的“捕捉”按钮，如图 2-15 所示，此时手爪呈半透明显示，并跟随光标移动。将光标移至“Part（零件）”组件上表面，可自动识别平面中心位置，中心以“×”标识。将光标靠近标识，光标会被自动吸附至中心，此时单击确认定位，如图 2-16 所示。继续选择“点对点运动动作”命令，在程序编辑器中生成 P2 点。

图 2-15 “捕捉”按钮

图 2-16　捕捉上表面

3. 定义抓取动作的信号段

此时机器人已到达抓取点位置，须给定一个抓取信号。在“程序编辑器”面板内单击“设置二元输出动作”按钮，在“动作属性”面板中设置输出信号。在 SAIDE VisualOne 软件中，各信号段的作用不尽相同，可自定义或按照系统给定任务执行。关于系统给定信号段定义详见表 2-2。

表 2-2　系统给定信号段定义

信号段	作用	信号段	作用
1-16	发送抓握和释放动作信号	33-48	用于发送安装和卸载工具动作信号
17-32	用于发送跟踪动作信号		

在本单元中，由于机器人需要抓取“Part（零件）”组件并放置在机床内加工，因此涉及的信号段为 1-16。单击“设置二元输出动作”按钮，在软件界面右侧出现“动作属性”面板，在“输出端口”文本框中输入针对 1-16 信号段所选数值。本例以输出信号“1”为例，在“输出端口”文本框中输入“1”。勾选“输出值”复选框，对应零件抓取动作；否则，对应零件释放动作。由于此时机器人到达抓取点需要对零件进行抓取，因此勾选“输出值”复选框，如图 2-17 所示，完成抓取程序指令的创建，如图 2-18 所示。

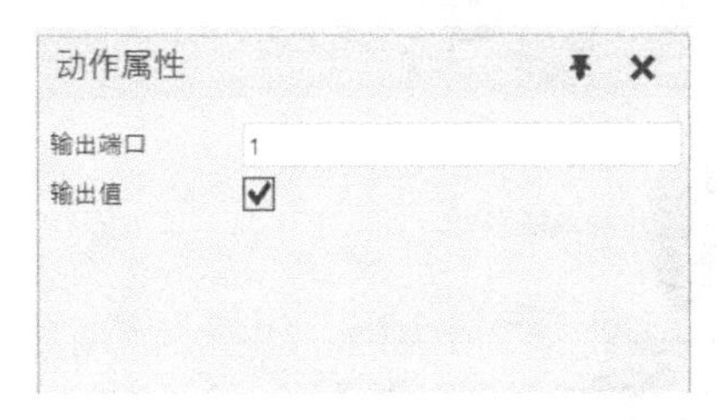

图 2-17 “动作属性”面板

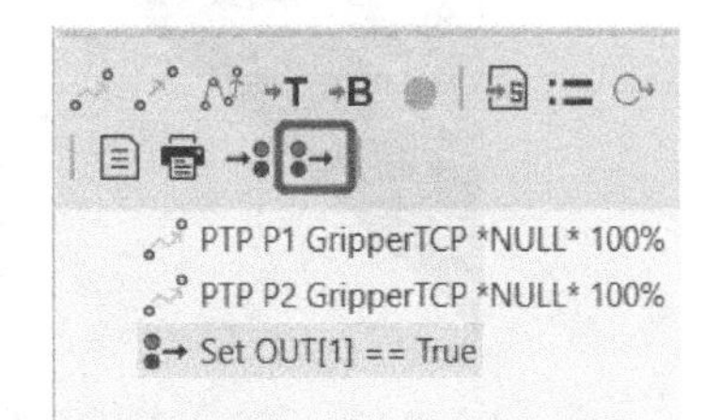

图 2-18　抓取程序指令

设置上料路径

4．生成 P3 点和 P4 点

单击并拖动 Z 轴使之向上移动，远离抓取点，如图 2-19 所示。单击“点对点运动动作”按钮和“线性运动动作”按钮，创建 P3 点和 P4 点，分别作为接近点和逃离点。

5．调整程序指令的位置

在“程序编辑器”面板中对 P3 点的程序指令的位置进行调整。P3 点作为接近点应位于 P1 点与 P2 点之间，在模拟时机器人先到达零件正上方，然后到达抓取点，使模拟出的路径更具真实性。

在“程序编辑器”面板内单击拖动 P3 点的程序指令至 P1 点与 P2 点程序指令之间，待光标呈手掌图标显示并附带定位标识线（定位标识线处于 P1 点与 P2 点程序指令之间，如图 2-20 所示）时松开鼠标，完成 P3 点程序指令的位置移动。

图 2-19　使 Z 轴远离抓取点

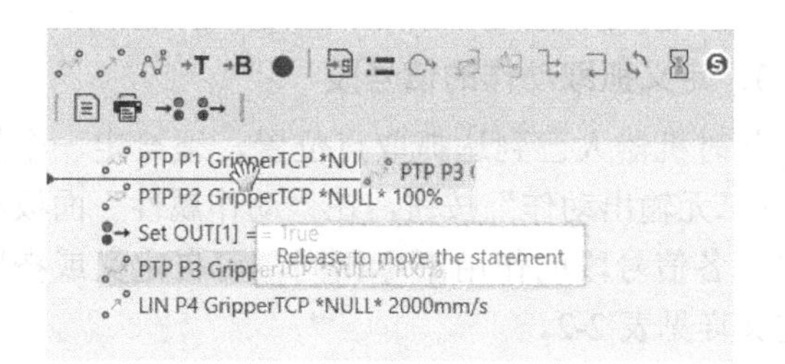

图 2-20　更改程序指令位置

在“程序编辑器”面板内选择 P4 点程序指令，此后的程序指令会在 P4 点之后进行创建。

6．生成 P5 点

在 3D 视图区内 P4 点的基础上单击并拖动点动坐标系的 XOY 平面至机床门前，如图 2-21 所示。在“程序编辑器”面板内单击“点对点运动动作”按钮，完成 P5 点的创建与记录。

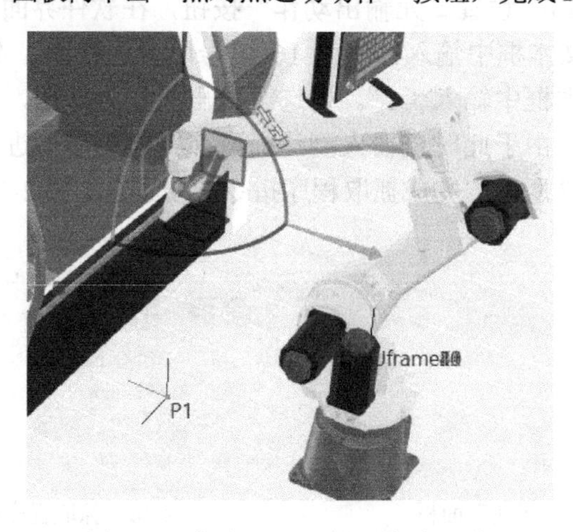

图 2-21　拖动 XOY 平面至机床门前

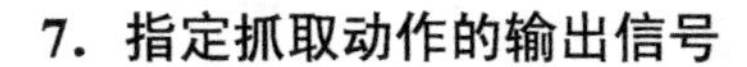

7. 指定抓取动作的输出信号

选择机器人组件，软件界面右侧出现机器人“组件属性”面板，在面板底部展开“动作配置”选项区域，此选项用于定义机器人发送和接收的信号属性。此前程序内设置了抓取“Part（零件）”组件的“1”信号输出，需要在“动作配置”选项区域内进行定义。在“信号动作”选项区域内的“输出”列表框中选择已用到的信号“1”，在“抓取”选项区域内的“使用工具”列表框中，选择“GripperTCP”选项，如图 2-22 所示。此项设置为指定输出信号值所对应的操作手爪，“GripperTCP”为手爪工具坐标系，代表手爪本身。

8. 模拟路径

单击 3D 视图区正上方仿真控制器内的“重置”按钮，使布局回到初始位置。单击“播放”按钮，检验已创建程序指令形成的路径。布局模拟后机器人姿态停留在已创建的 P5 点位置，同时零件被吸附至手爪末端，如图 2-23 所示。

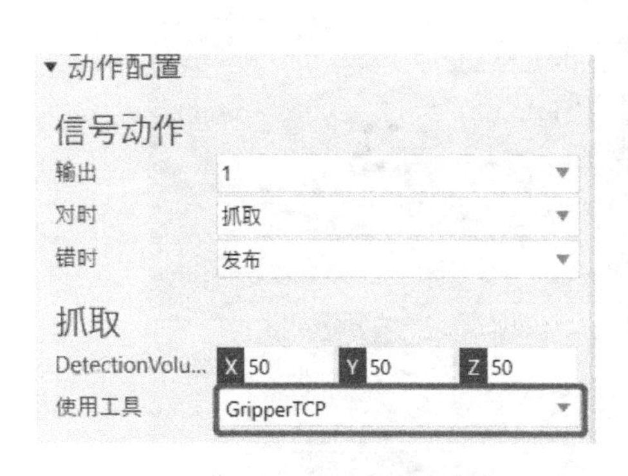

图 2-22　设置信号对应工具坐标系

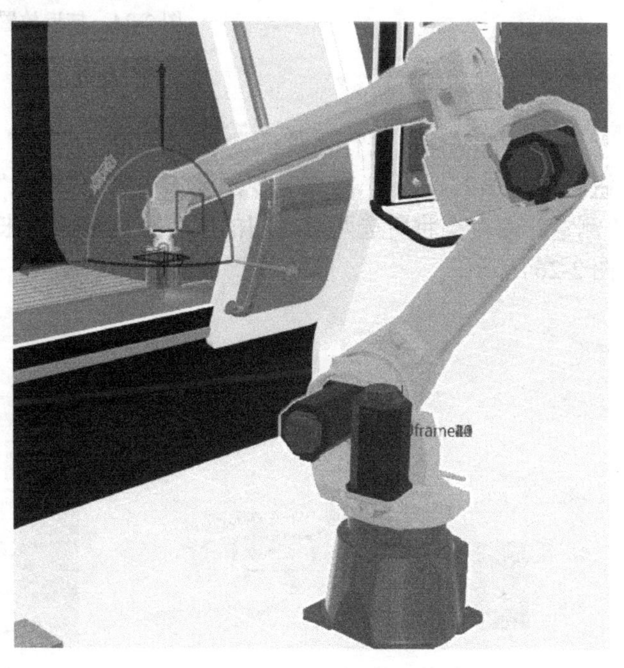

图 2-23　模拟程序运行

运行完成后单击“程序编辑器”面板内已创建的 P5 点的程序指令，继续创建程序指令。

二、放置零件

1. 生成 P6 点

单击并拖动点动坐标系中的 YOZ 平面至机床内，使机械臂进入机床内部，如图 2-24 所示。单击“程序编辑器”面板上的“点对点运动动作”按钮，完成 P6 点的创建。

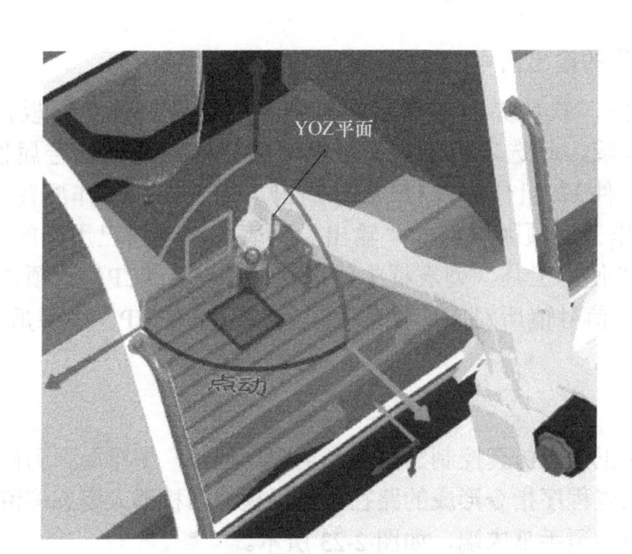

图 2-24 接近放置点

2. 测量零件

在放置零件前进行零件的测量。单击“程序”选项卡上“工具”组中的“测量”按钮，如图 2-25 所示。在 3D 视图区依次单击“Part”组件的上端面和下端面进行高度测量，“测量”命令会将所选两点之间的所有距离显示出来，找到显示的垂直距离（100mm），如图 2-26 所示。

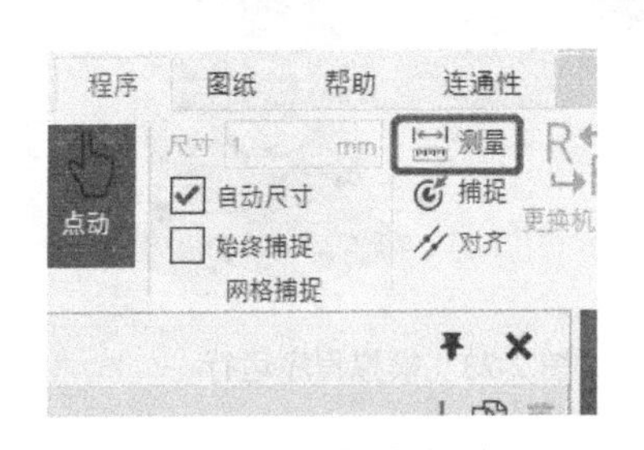

图 2-25 “测量”命令

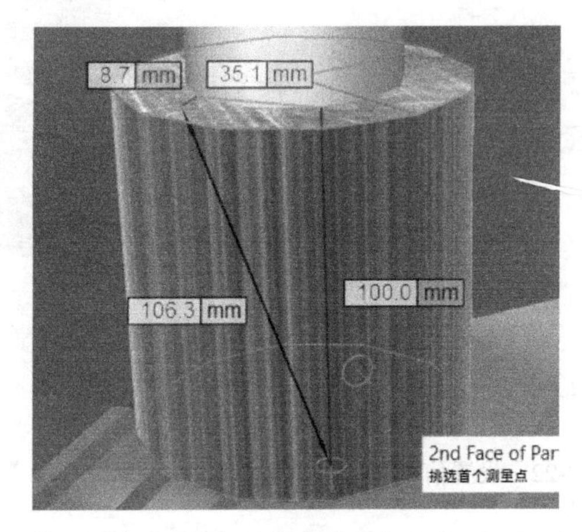

图 2-26 测量高度

3. 生成 P7 点

在软件界面右下角关闭“测量”命令。单击“程序”选项卡上“工具”组中的“捕捉”按钮，利用“捕捉”命令捕捉机床工作台中心位置，如图 2-27 所示，单击确认位置，使放置点定位在工作台中心位置。单击“点对点运动动作”按钮，创建放置点 P7。此时已创建的 P7 点的位置为放置点，因使用“捕捉”命令，手爪紧贴机床工作台，而放置点需要预留零件位置，所以在“程序编辑器”面板内选择 P7 点，在右侧的“动作属性”面板内

“Z”文本框原有数值的基础上加上 100mm 的高度值（100mm 为此前测量零件高度所得），如图 2-28 所示。按<Enter>键确认数值，完成 P7 点的精确创建。

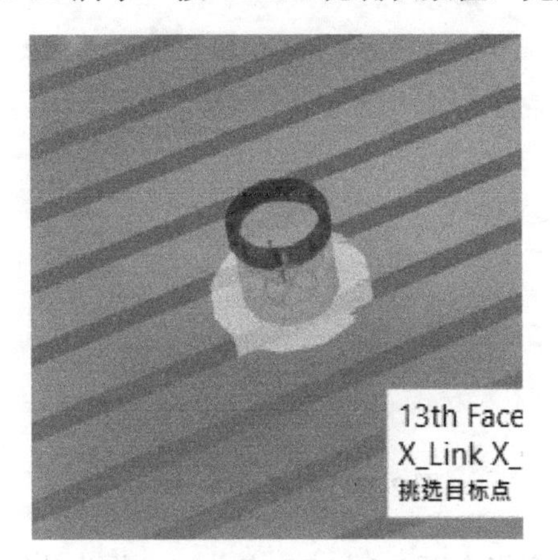

图 2-27　捕捉工作台中心位置

图 2-28　更改点位高度

4．定义放置动作的输出信号

至此，零件被机器人搬运至放置点（加工位置），可将手爪松开，使零件放置于工作台上。在“程序编辑器”面板内单击“二元输出动作”按钮，设置放置信号。在右侧“动作属性”面板内的“输出端口”文本框中输入“1”（放置时所用信号与抓取时信号相同），放置零件时取消选中“输出值”复选框，如图 2-29 所示。

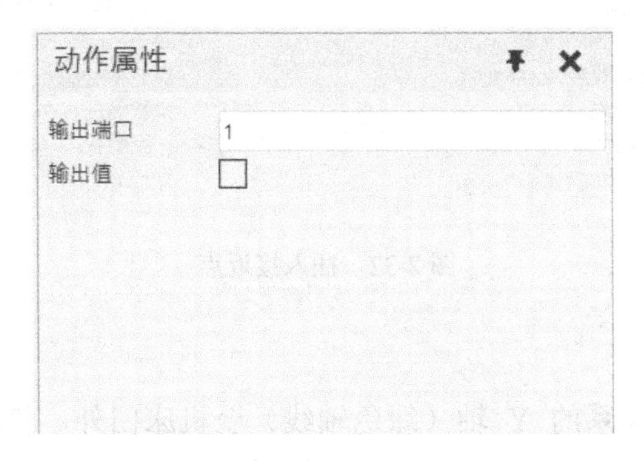

图 2-29　设置放置零件的输出信号

5．生成 P8 点和 P9 点

单击并拖动点动坐标系的 Z 轴，使其向上移动，如图 2-30 所示，使机器人手臂向上移动一段距离，远离放置点即可。因编辑状态处于模拟过程中，此前布局在验证抓取程序模拟后自动暂停，零件处于被手爪抓取状态，在点动坐标系拖动手臂向上移动时零件会继续吸附于手爪，此现象为正常现象，可不予理会。

单击“线性运动动作”按钮和“点对点运动动作”按钮，创建 P8 点和 P9 点，作为放置零件时的接近点与逃离点，如图 2-31 所示。

图 2-30　远离放置点

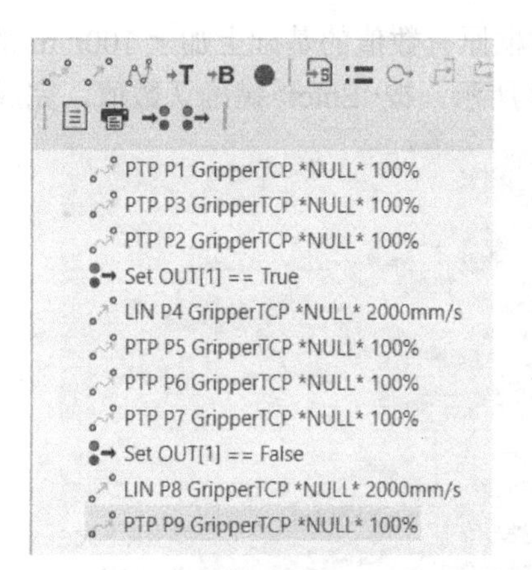

图 2-31　程序指令

在“程序编辑器”面板中单击并拖动 P9 点程序指令至 P6 与 P7 点之间，作为放置零件时的接近点，如图 2-32 所示。完成 P9 点程序指令位置移动后选择 P8 点程序指令，继续创建逃离点。

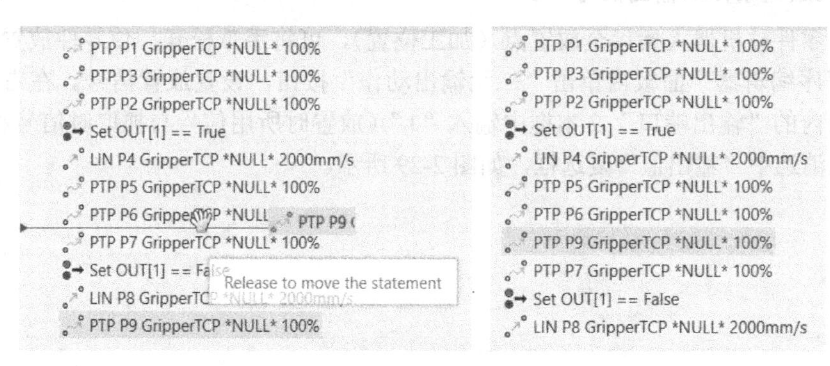

图 2-32　插入接近点

6. 模拟路径

单击并拖动点动坐标系的 Y 轴（绿色轴线）至机床门外，使机器人离开机床工作范围，如图 2-33 所示。单击“点对点运动动作”按钮记录动作。

至此完成机器人程序编辑，单击仿真控制器内的“重置”按钮，使布局回到初始位置。（每次布局准备模拟前都需要进行重置，以防丢失初始状态。）

选择布局内机床组件，在“组件属性”面板内找到对应的“SetUpTime”“CycleTime”“SetDownTime”三个时间参数，设置机床工作时间，如图 2-34 所示，图中为示例，可自行定义。

在仿真编辑器内单击“播放”按钮，机器人将抓取零件放置在机床内，机器人手臂回退，机床自动加工。需要注意的是，若出现机器人手臂未完全退出，机床已关门加工的情况，可适当延长关门时间。

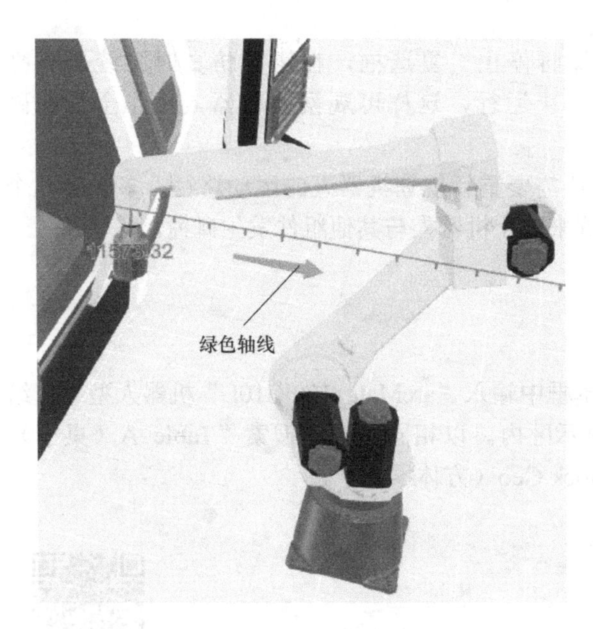

图 2-33　退出机床外

Joint_C	0
WindowMat...	ReflectiveGlass
SetUpTime	4.000 s
CycleTime	8.000 s
SetDownTime	2.000 s
ShowPanel	☑
ShowBeacon...	☑

图 2-34　设置机床时间参数

2.3　碰撞检测

碰撞检测

在“程序”选项卡上的“碰撞检测”组中勾选“检测器活跃”和“碰撞时停止”复选框，以执行“碰撞检测”命令，如图 2-35 所示。单击“检测器”按钮展开“Options（选项设置）”选项区域，选中“全部”单选按钮。如果要检测选中组件和 3D 视图中其他组件之间的碰撞，可勾选“选择 vs 世界”复选框，然后在 3D 视图中选择想要与其他组件进行比较的组件。只要持续在 3D 视图中选择该组件，碰撞检测就持续有效，因为检测器会针对其他组件对选中的组件进行测试。

例如选择“arcMate_120iC10L（机器人）”组件，检测机器人与其他组件有无碰撞情况。在运行仿真时可以看到机器人与“Process-ProMill（机床）”组件发生了碰撞并停止，并且机器人手臂和机床左边安全门（即碰撞部件）都以黄色高亮显示，如图 2-36 所示。

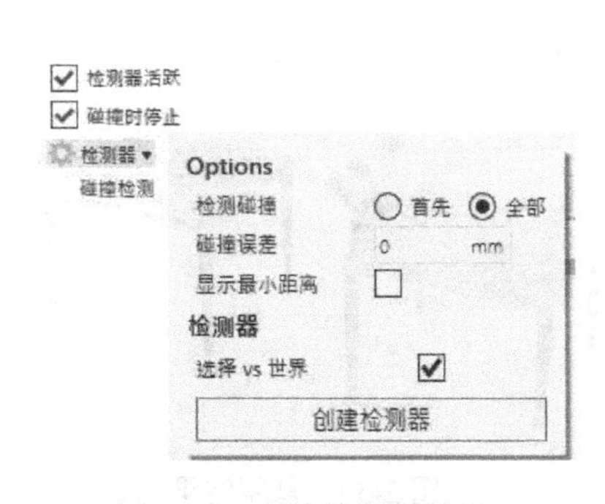

图 2-35　碰撞检测参数设置

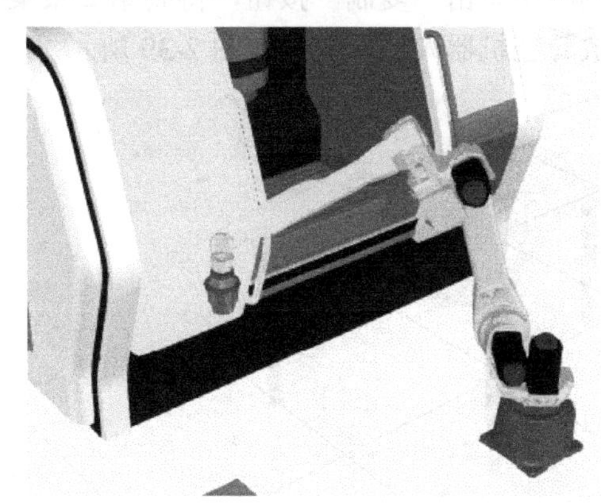

图 2-36　碰撞检测

需要注意的是，可以取消勾选“碰撞时停止”复选框，在运行仿真时系统会高亮显示发生了碰撞的部件，但机器人不会停止运行，这样可观察到机器人工作全程的碰撞情况。

在本例中，为了避免组件发生碰撞，还需要重新规划机器人的运动路径，多设置几个机器人位置控制点，即通过调整机器人位置来防止机器人与其他组件发生碰撞。

2.4 知识拓展——创建零件搬运

在“电子目录”面板上的“搜索”文本框中输入“arcMate_120iC10L”机器人型号，结果如图 2-37 所示，单击并拖动其至 3D 显示区内。以相同的方法搜索“Table A（桌子）”“Generic Vacuum Gripper（真空手爪）”“Block Geo（方体零件）”。

图 2-37 检索组件

知识拓展——创建零件搬运

在“PnP”状态下单击并拖动 3D 显示区内的“Generic Vacuum Gripper（真空手爪）”组件至“arcMate_120iC10L（机器人）”法兰上。选择桌子“Table A（桌子）”组件，在弹出的迷你工具栏中单击“复制”按钮，得到第二张桌子，如图 2-38 所示。利用“PnP”命令将桌子分别放置在机器人的两侧，如图 2-39 所示。

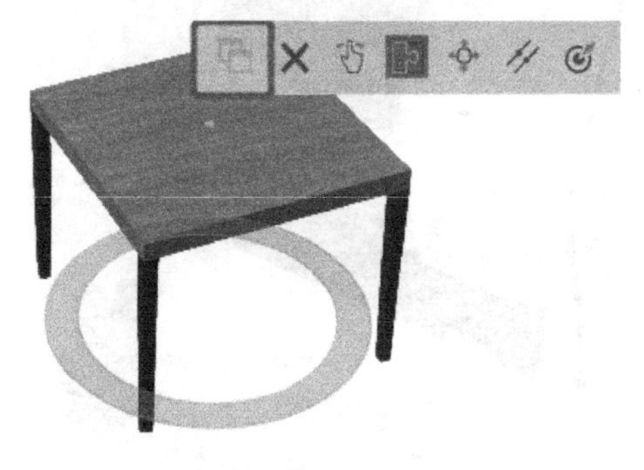

图 2-38 复制组件

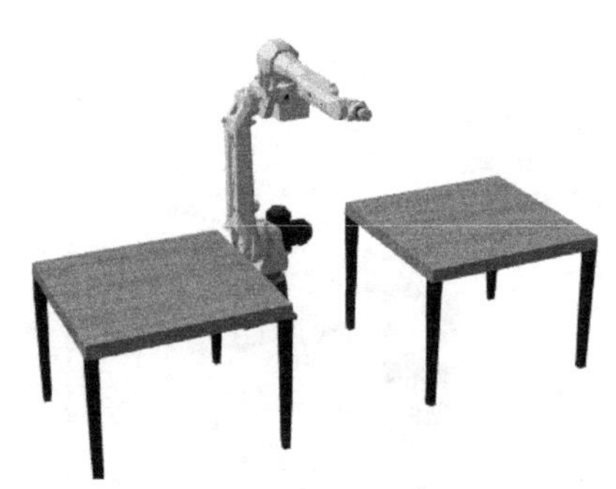

图 2-39 复制结果

单击“Block Geo（方体零件）”组件，单击“开始”选项卡上“工具”组中的“捕捉”按钮，选中“1 点”单选按钮，设置“捕捉类型”为“面”，如图 2-40 所示。将光标移至左侧桌子表面中心并单击，将方体零件放在上面，如图 2-41 所示。

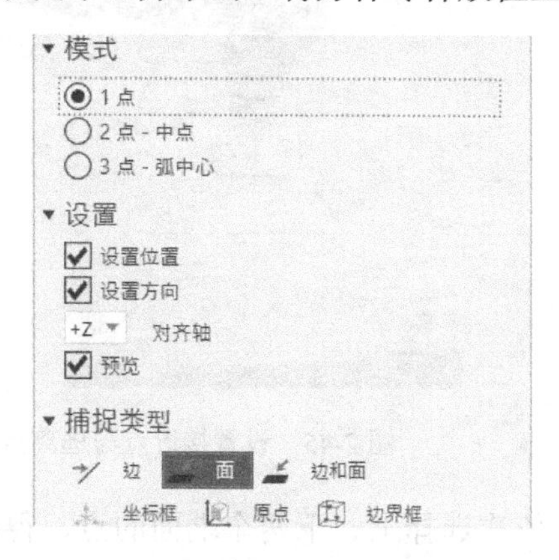

图 2-40　捕捉设置

图 2-41　位置捕捉

选择“程序”选项卡，在 3D 视图区中选择“arcMate_120iC10L（机器人）”组件，在右侧“点动”选项卡内的“工具”下拉列表框中选择“GripperTCP（工具坐标系）”选项，可看到工具坐标系自动移动到手爪末端正中心，如图 2-42 所示。

运用“点动”命令拖动机器人“J1”轴，使机器人手臂位于方体零件上方，如图 2-43 所示。单击“点对点运动动作”按钮记录该点移动。

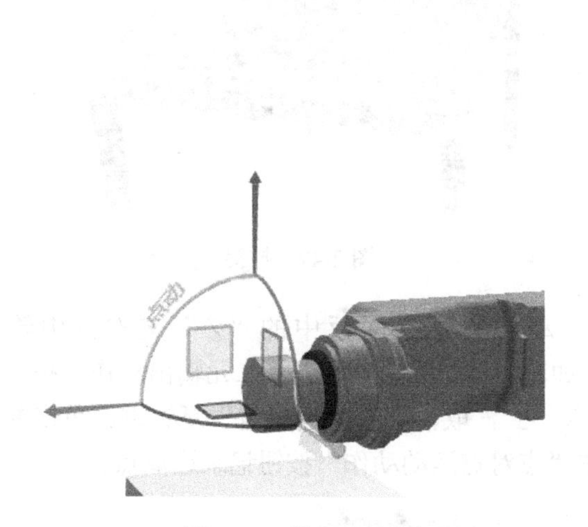

图 2-42　设定工具坐标系

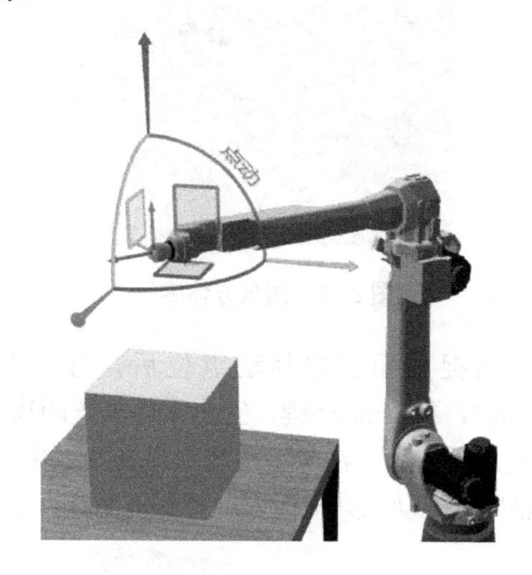

图 2-43　关节移动

运用“捕捉”命令使手爪与方体零件接触。单击“点对点运动动作”按钮，记录该点移动，如图 2-44 所示，单击“二元输出动作”按钮，设置抓取信号，在“输出端口”文本框中输入“3”，勾选“输出值”复选框。单击并沿 Z 轴向上拖动工具坐标系，得到接近点与逃离点，记录两点，如图 2-45 所示，将两点程序指令中的其中一句拖至接触零件点位置的下面。

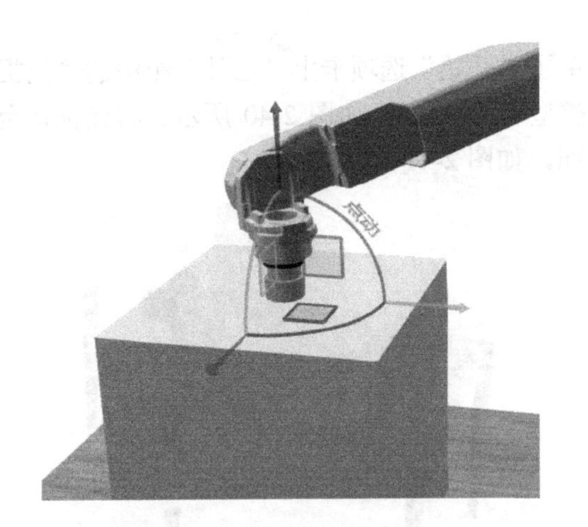

图 2-44　接触零件

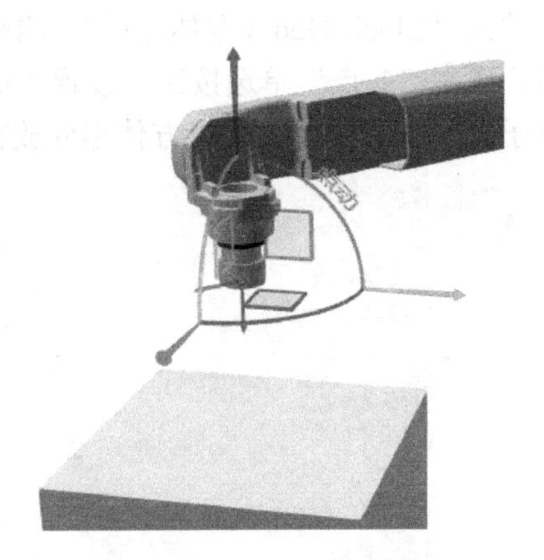

图 2-45　设置接近点与逃离点

选择“测量”命令，测量方体零件的高度，依次选择上、下两个端面的点，得出值为 400mm，如图 2-46 所示。通过“点动”命令拖动机器人“J1”轴，使机器人手臂位于另一张桌子上方，单击“点对点运动动作”按钮记录该点。选择“捕捉”命令，使机器人手爪与桌面接触，如图 2-47 所示，单击“点对点运动动作”记录该点。

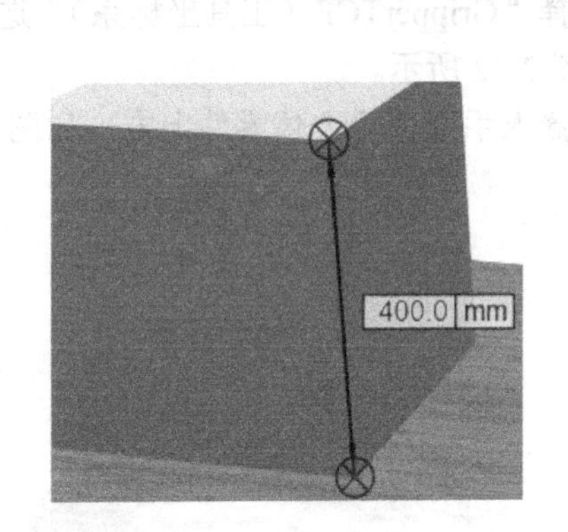

图 2-46　测量方体零件

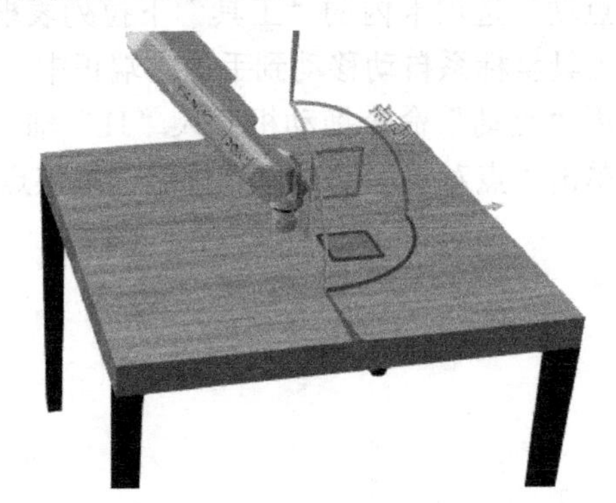

图 2-47　捕捉

捕捉桌面创建移动点位后，在右侧“动作属性”面板中的“Z”文本框中输入“+400”，按<Enter>键，空出零件放置距离，如图 2-48 所示。单击“二元输出动作”按钮，设置放置信号。在“输出端口”文本框中输入“3”，取消勾选“输出值”复选框。单击并沿 Z 轴向上拖动工具坐标系，得到逃离点，单击“点对点运动动作”按钮记录逃离点。

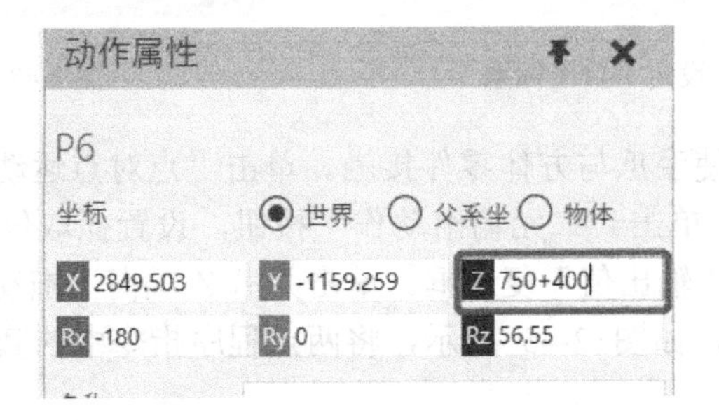

图 2-48　差值运算

选择“arcMate_120iC10L（机器人）”组件，在右侧“组件属性”面板中的“动作配置”选项区域设置“输出”信号为“3”，在“UsingTool”列表框中选择“GripperTCP”选项，如图2-49所示。

运行仿真，程序指令如图2-50所示。

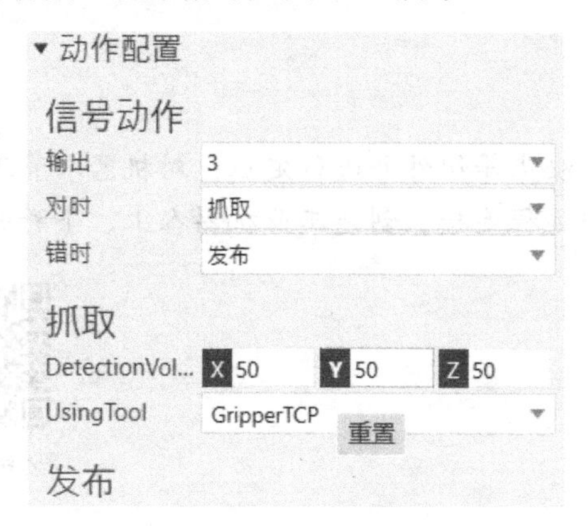

图2-49　信号设置

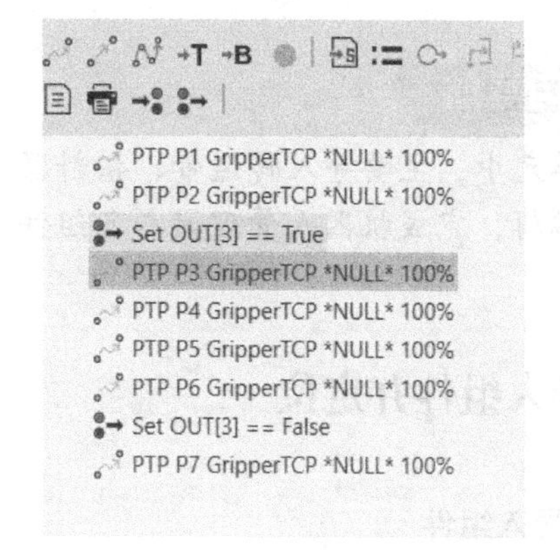

图2-50　程序指令

单元3　创建工业机器人上、下料

学习导航

本单元中，主要导入传送带、供料器、机床等组件并进行定位，对机器人管理器的接口进行编辑，完成机器人管理器与各组件的远程连接，创建工业机器人上、下料并进行布局测试。

3.1　导入组件并定位

导入组件并定位

1. 导入组件

在“电子目录”面板上的“收藏”窗格中，展开“按类型的模型”下的“Conveyors（传送带）”选项，在“项目预览区”中找到“Conveyor（传送带）”组件并将其拖入 3D 视图区内。在 3D 视图区内单击传送带后可以看到其顶面两端各有一个黄色三角箭头，如图 3-1 所示，这表明它有两个接口，箭头方向指向传送带的一端为输入接口，另一端为输出接口。

再展开“按类型的模型”下的“Feeders（供料器）”选项，在“项目预览区”中找到供料器“Basic Feeder（供料器）”组件并将其拖入 3D 视图区内。在供料器“组件属性”面板中的“背面模式”下拉列表中选择“开启”选项，以改善其视觉效果。此时在 3D 视图区中可以看到，供料器组件顶面有一个方向向外的黄色三角箭头，如图 3-2 所示，表明它有一个输出接口。

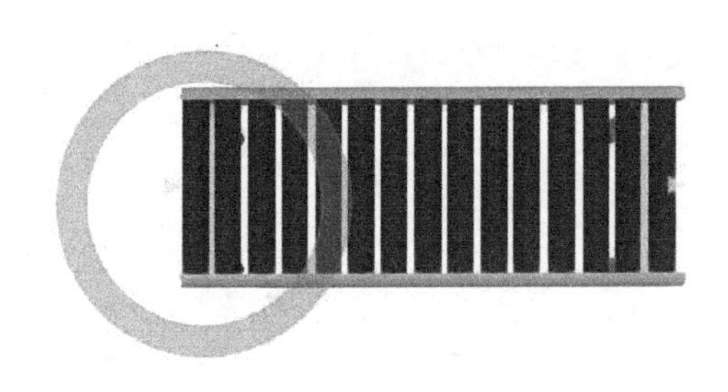

图 3-1　传送带

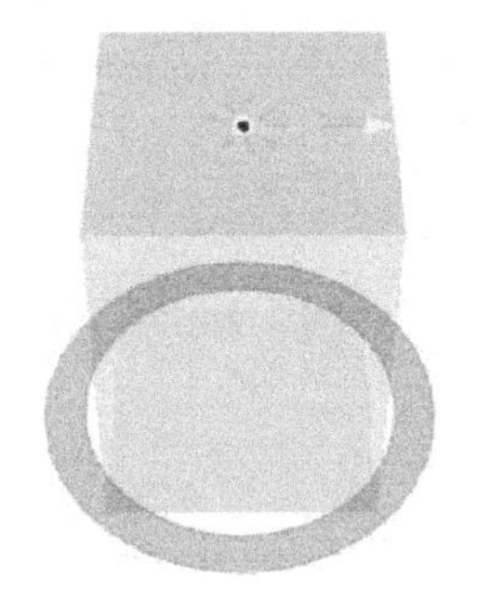

图 3-2　供料器

在 3D 视图区内调整供料器与传送带的方向，使供料器的输出接口与传送带的输入接口相对。单击并拖动传送带靠近供料器时会看到两者之间有一个绿色箭头，表示传送带在该方向上有一个有效连接，如图 3-3 所示。顺着绿色箭头方向继续拖动传送带靠近供料器，当距离足够接近时传送带就自动吸附到供料器上。传送带与供料器连接在一起后，供料器上的黄色三角箭头就变成了绿色，如图 3-4 所示。

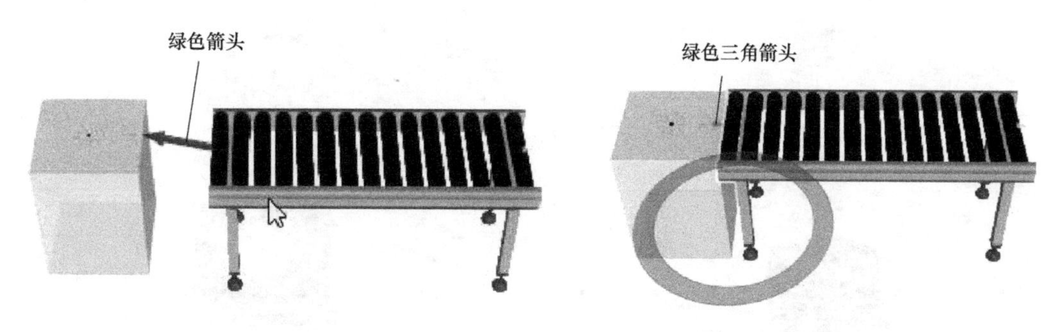

图 3-3 将传送带靠近供料器　　　　图 3-4 传送带与供料器连接

运行仿真可以看到，供料器会不断地自动产生原料组件，通过连接的传送带向外输送，如图 3-5 所示。

供料器能够提供的原料组件由其相关属性决定，有的供料器具有一个原料组件的选择清单；有的供料器要求输入原料组件的 URI、VCID 或名称；有的供料器需要指明原料组件的文件路径。在“Basic Feeder（供料器）”的“组件属性”面板中的“部件”文本框所列的内容即为原料组件“Cylinder（圆筒）”的文件路径，而“时间间隔”文本框用于控制原料组件产生的间隔时间。

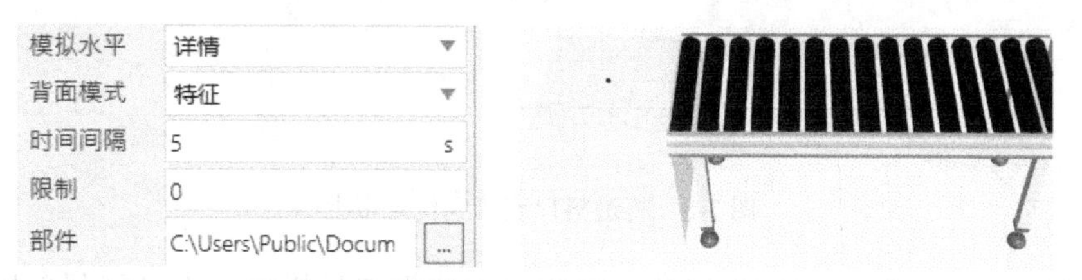

图 3-5 运行仿真后供料器产生原料组件

在“电子目录”面板上的“收藏”窗格中，展开“按类型的模型”下的“Machine Tending”选项，单击“Visual Components”按钮，在“项目预览区”中找到“MachineTending RobotManager v4（机器人管理器）”组件并双击，使其自动调入并定位至 3D 视图区的原点处。

在“电子目录”面板上的“收藏”窗格中继续查找并导入进料口“MachineTending Inlet（进料口）”“MachineTending Outlet（出料口）”“Process Machine-ProLathe（车床）”“Process Machine-ProMill（铣床）”“Single Gripper（手爪）”组件。

再展开“按类型的模型”下的“Robots”选项，单击“Visual Components”按钮，在“项目预览区”中将机器人“Generic Articulated Robot v3（机器人）”组件拖入 3D 视图区内。在 3D 视图区内单击并拖动机器人靠近机器人管理器，此时会看到两者之间有一个绿色箭头，如图 3-6 所示，顺着绿色箭头方向继续拖动机器人，可将使自动放置在机器人管理器正上方。将机器人绕 Z 轴旋转 180°（逆/顺时针皆可），单击并拖动“Single Gripper（手爪）”组件靠近机器人手臂末端时，会看到两者之间有一个绿色箭头，如图 3-7 所示，顺着绿色箭头方向继续拖动手爪，直到它被自动吸合到机器人手臂末端的法兰上。

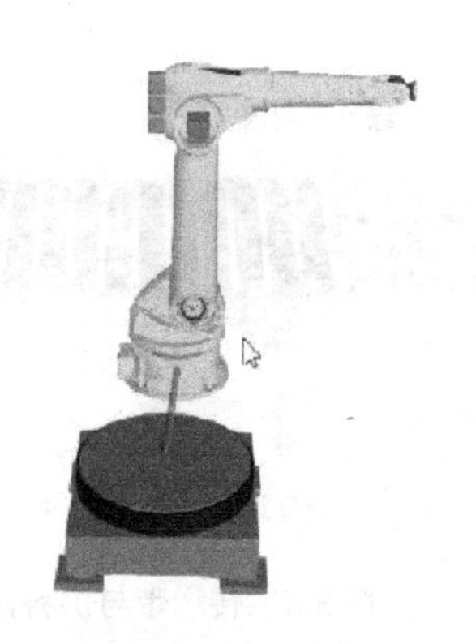

图 3-6　将机器人放置到机器人管理器上

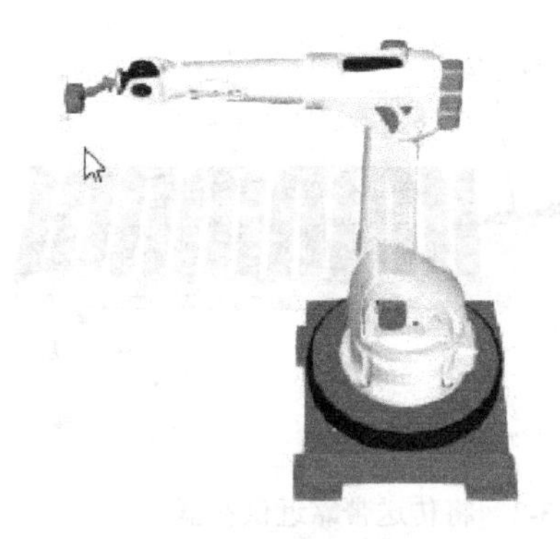

图 3-7　将手爪安装到机器人手臂上

在 3D 视图区单击并拖动“MachineTending Inlet（进料口）”组件，将其连接到“Conveyor（传送带）”组件的输出接口上，如图 3-8 所示。

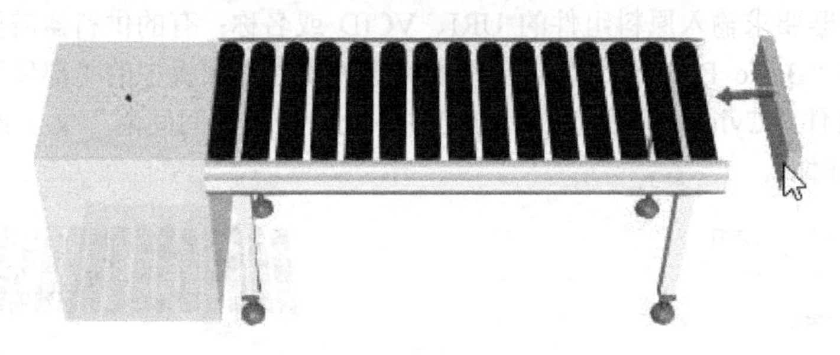

图 3-8　将进料口连接到传送带上

单击“Conveyor（传送带）”组件，在弹出的迷你工具栏中单击“复制”按钮，即在旁边复制出一个“Conveyor（传送带）#2”组件。单击并拖动出料口“MachineTending Outlet（出料口）”组件，将其连接到“Conveyor（传送带）#2”组件的输入接口上，如图 3-9 所示。

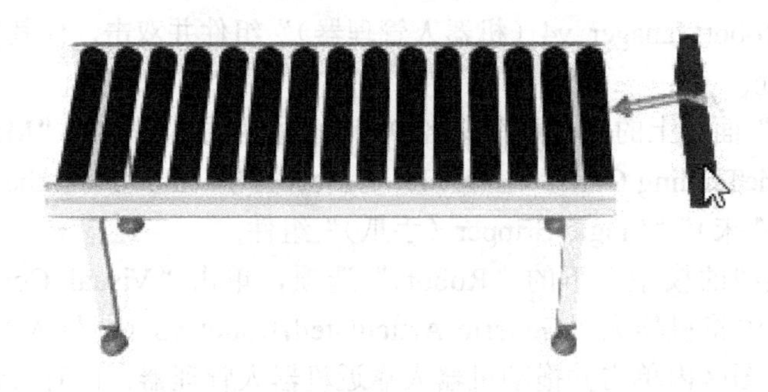

图 3-9　将出料口连接到传送带上

在“开始”选项卡上的“操作”组中单击“选择”按钮，在 3D 视图区内框选供料器、传送带和进料口组件，如图 3-10 所示，再单击“开始”选项卡上“剪贴板”组中的“组”按钮，将所选组件合并为一个组。使用相同的方法，将“Conveyor（传送带）#2”组件和“MachineTending Outlet（出料口）”组件也合并为一个组。

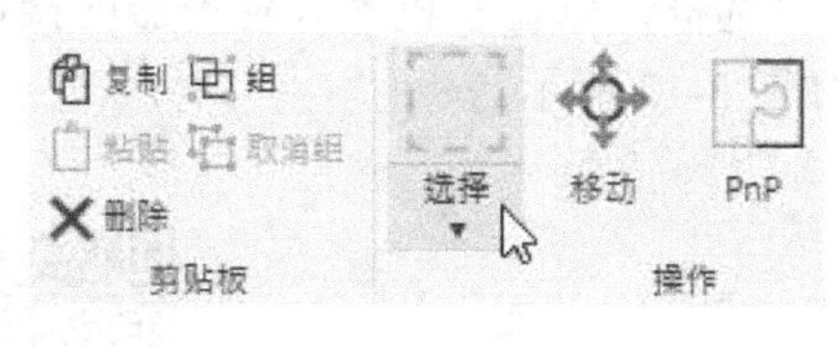

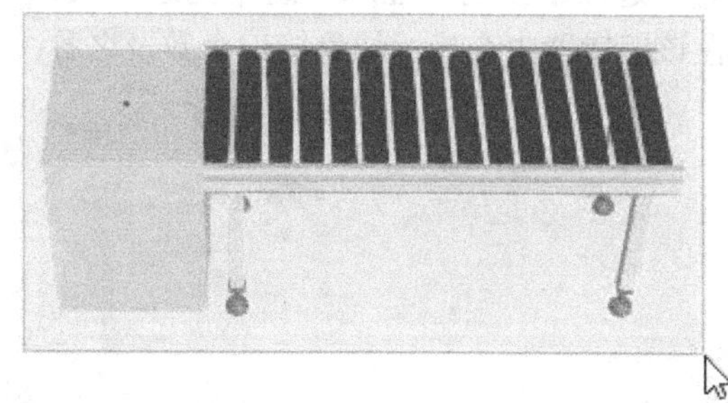

图 3-10　选择多个组件将其合并为一个组

2．定位

在 3D 视图区中选择机器人，在“组件属性”面板中勾选“Envelope”复选框，以直观的方式显示机器人在 3D 空间的工作范围。单击并拖动供料器、传送带和进料口组合，将其移至机器的左侧，并使进料口位于机器人的工作范围之内。单击并拖动传送带和出料口组合，将其移至机器人的前方，并使出料口位于机器人的工作范围之内。将铣床移动到机器人后方，并使铣床工作台位于机器人的工作范围之内。将车床移至机器人的右侧，并使其装夹卡盘位于机器人的工作范围之内，以便机器人能够装上和卸下工件，如图 3-11 所示。

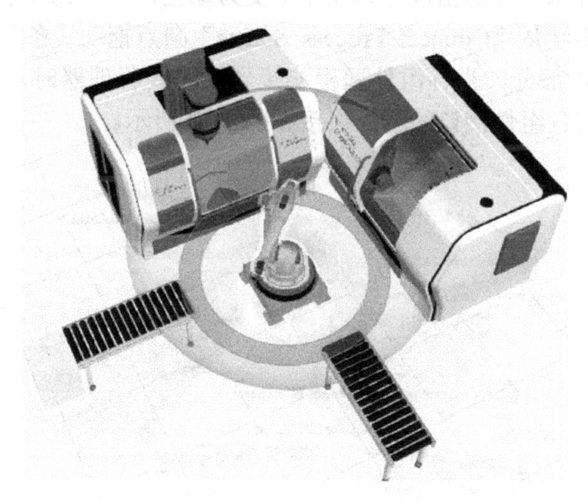

图 3-11　设备组合布局

在 3D 视图区选择机器人，在“组件属性”面板中取消勾选“Envelope”复选框。

3.2　组件的远程连接

机器人管理器可以通过抽象接口远程连接到进程中各个阶段的设备上，从而控制加工过程自动运行。

在 3D 视图区中选择“MachineTending RobotManager v4（机器人管理器）”组件，然后

在“开始”选项卡上的“显示”组中勾选“接口”复选框，以显示机器人管理器的接口编辑器，在该编辑器中会显示抽象接口个数及名称，如图 3-12 所示。

图 3-12　机器人管理器的接口编辑器

将光标移至机器人管理器接口编辑器上的“Connect Process Stages”圆点，当出现手形图标时单击拖出一条连线，继续向铣床组件拖动时，铣床组件就会黄色高亮显示。在铣床组件上松开鼠标，即与铣床组件的“Add or Remove Process Manager”接口之间自动连接了一条淡蓝色的连线，铣床组件则由黄色高亮显示变为绿色，此时完成了接口的连接。

以相同的方法，继续从“Connect Process Stages”圆点拖动线条分别到车床、进料口、出料口的黄色高亮显示部分，当各组件远程连接到机器人管理器时，它们都将突出显示为绿色。机器人管理器与各组件接口的远程连接如图 3-13 所示。

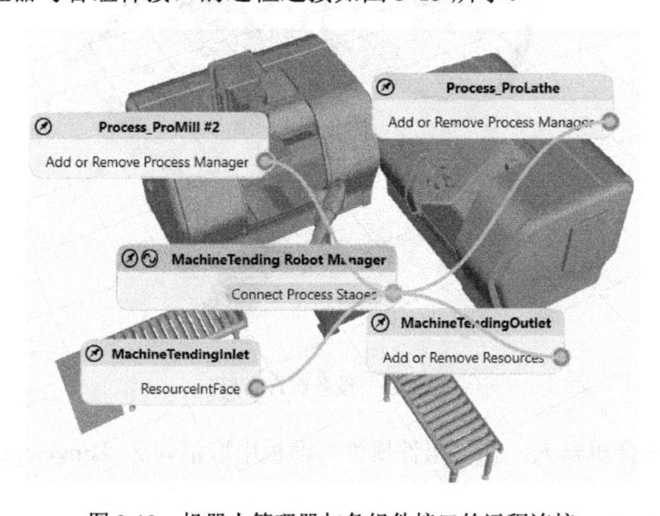

图 3-13　机器人管理器与各组件接口的远程连接

在某些情况下，如果选中的组件没有显示接口编辑器，则说明该组件不具有任何抽象接口。

要移除远程连接，须将光标放在连接线上，当连接线变成深蓝色时单击以切断连接。

在“开始”选项卡上的“显示”组中，取消勾选“接口”复选框，可以隐藏接口编辑器。

3.3 测试布局

该布局现在已经配置为可自动执行上下料操作的状态，下面可运行仿真以验证上下料过程。

首先，机器人从进料口拾取工件并将其放置在铣床工作台上，待铣床运行一段时间完成加工后，机器人从铣床中取出工件再放到车床卡盘中继续加工，加工好后从车床中取出工件放到出料口，最后由传送带输出，此后不断循环这一加工过程。图 3-14 所示为机器人正在将加工好的工件放到出料口。

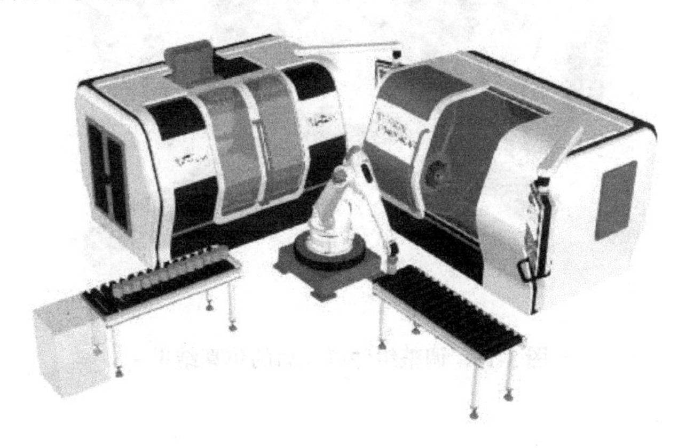

图 3-14 机器人将工件放到出料口

在“程序”选项卡上的“碰撞检测”组中勾选“检测器活跃”和“碰撞时停止”复选框，以启用碰撞检测功能，选择机器人然后运行仿真，可以看到机器人与车床发生了碰撞并停止，同时机器人手臂和车床左边安全门（即碰撞部件）都以黄色高亮显示，如图 3-15 所示。

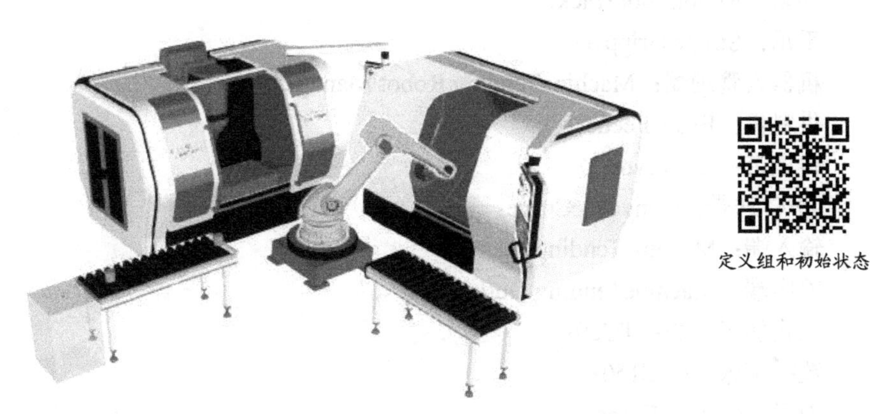

图 3-15 碰撞检测

调整车床组件的位置，以避免发生碰撞。

在 3D 视图区中选择供料器、传送带和进料口组合，然后在激活的组中直接选择供料器，就可以在其“组件属性”面板中将“Interval”属性值由 5s 更改为 15s，即延长原料组件产生的间隔时间。

在 3D 视图区中选择出料口和传送带组合，然后在激活的组中直接选中传送带，在“交互”模式下拖动传送带输出端，可直接拉伸其长度，即改变其“ConveyorLength”属性值。

在 3D 视图区中选择铣床，在其“组件属性”面板中将“CycleTime”属性值由 35s 修改为 10s，即缩短铣床的加工时间。

运行仿真结果如图 3-16 所示。

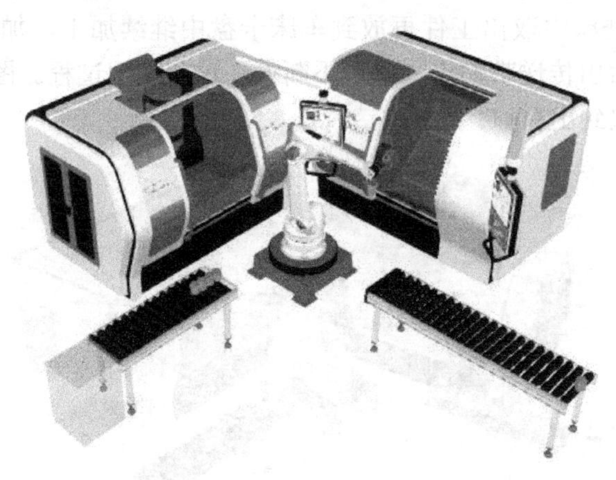

图 3-16 调整组件属性后的仿真结果

3.4 知识拓展

制作本书智能工厂大布局第一工序

利用搜索功能分别将以下组件导入 3D 视图区。

机器人：arcMate_120iC10L；

导轨：RobotFloorTrack；

手爪：Single Gripper；

机器人管理器：MachineTending Robot Manager v4；

供料机：Basic Feeder；

传送带：Conveyor；

90°传送带：ConveyorCurve；

输入端：MachineTending Inlet；

输出端：MachineTending Outlet；

立式加工中心：TC20；

数控车床：FTC150；

围栏：GenericFence。

在 3D 视图区选择“RobotFloorTrack（导轨）”组件，在“组件属性”面板中找到“StrokeX（长度设置）”文本框，将默认数值改为 5000，在“PnP”状态下单击并拖动“MachineTending Robot Manager v4（机器人管理器）”组件，将其连接至已导入的“RobotFloorTrack（导轨）”组件，如图 3-17 所示。在“组件属性”面板内将 Z 值归零，如图 3-18 所示。

图 3-17　连接机器人管理器

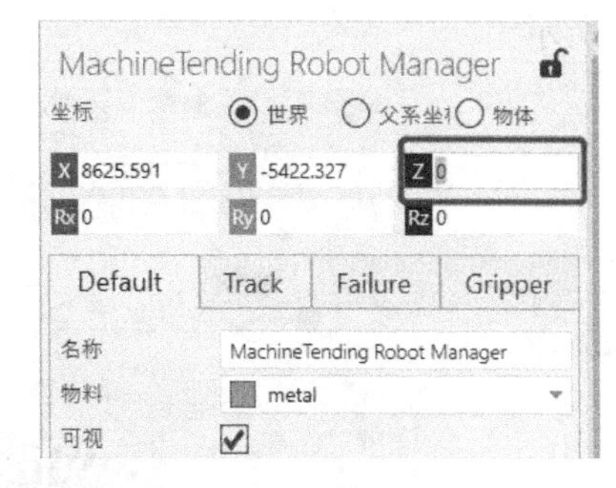

图 3-18　将 Z 值归零

将手爪与机器人法兰端连接，将机器人连接至导轨上，如图 3-19 所示。完成机器人外部运动轴的连接。

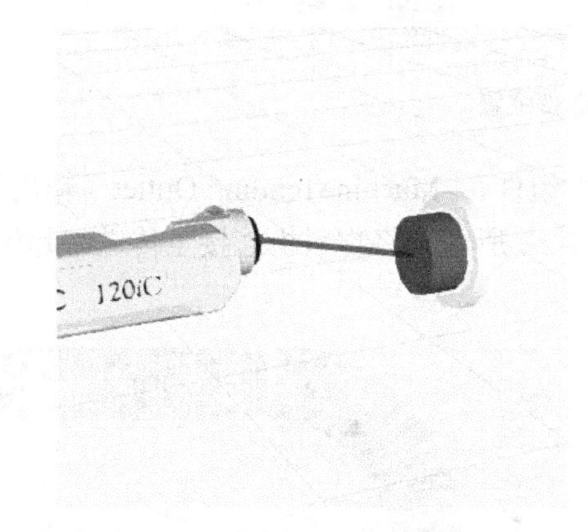

图 3-19　完成机器人相关连接

将车床和铣床放在导轨一侧，如图 3-20 所示。

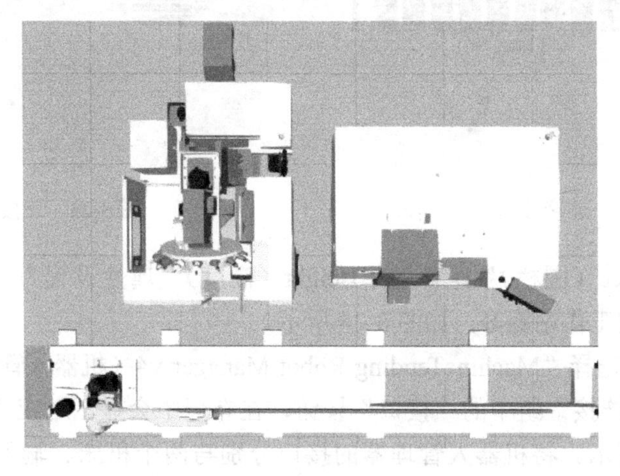

图 3-20　移动机床位置

将传送带放在导轨另一侧。导入三组直线传送带，将三组直线传送带的尺寸设置成两组长度为 1000mm、一组长度为 1500mm，与 90°传送带进行 PnP 连接，形成一个“U”形，如图 3-21 所示。

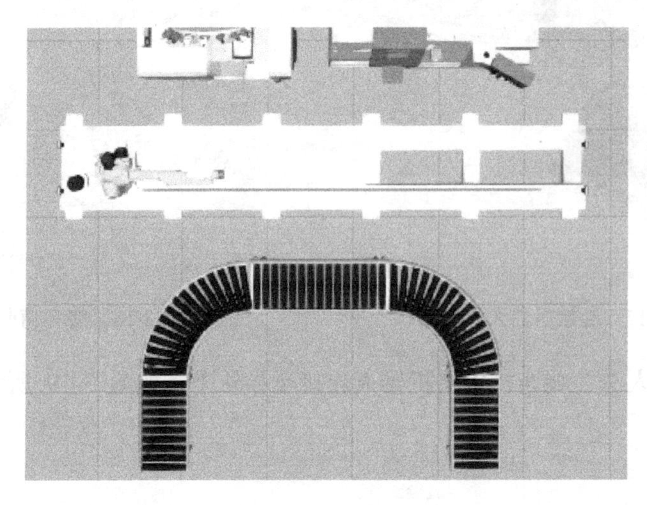

图 3-21 传送带位置

将导入的“MachineTending Inlet（输入端）”组件、“MachineTending Outlet（输出端）”组件连接至长度为 1500mm 的传送带内，如图 3-22 所示。将物料机连接至传送带起始端，如图 3-23 所示。

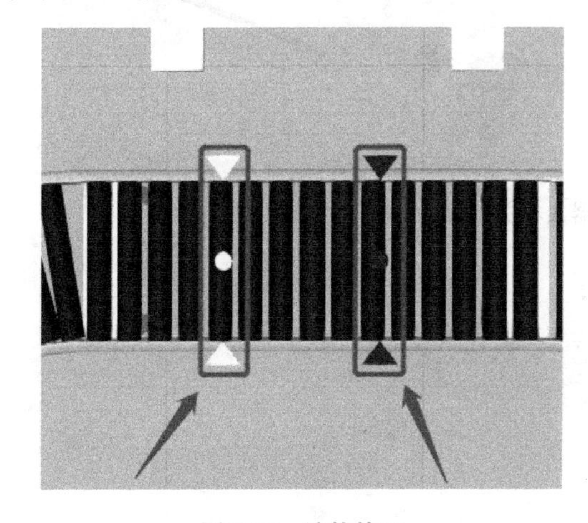

图 3-22 连接接口

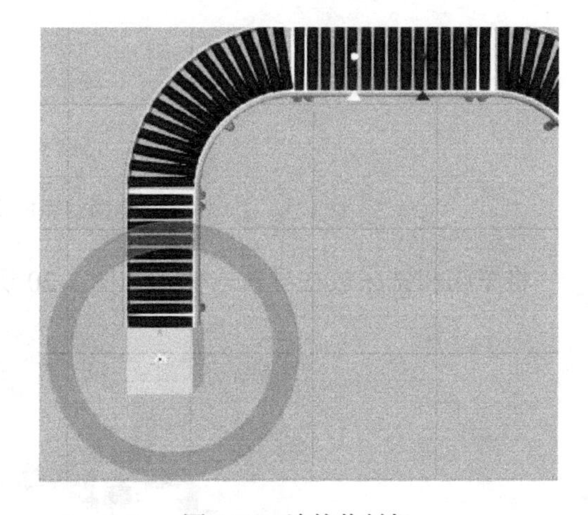

图 3-23 连接物料机

将“GenericFence（围栏）”组件的“Height（高度）”属性设置为 1500mm，并将围栏复制多个，将摆放的工作站圈好，如图 3-24 所示。

在 3D 视图区中选择“MachineTending Robot Manager v4（机器人管理器）”组件，单击“开始”选项卡上“连接”组中的“接口”按钮，在布局中会显示对应的可进行接口连接的选项，如图 3-25 所示。将机器人管理器的接口分别与两个机床、输入端与输出端进行连接，如图 3-26 所示。连接完成后再次单击“接口”按钮，关闭接口显示。

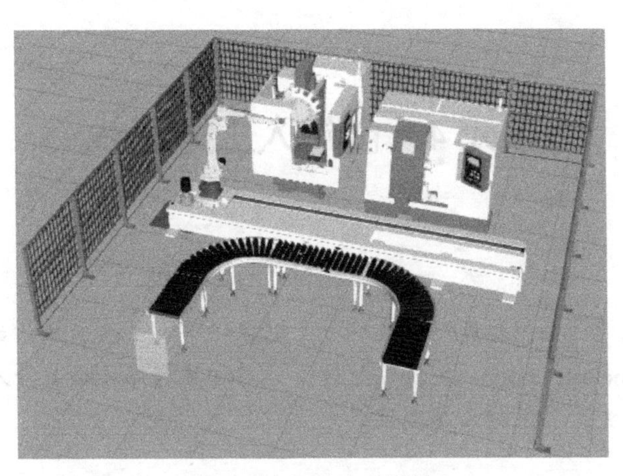

图 3-24　摆放安全围栏

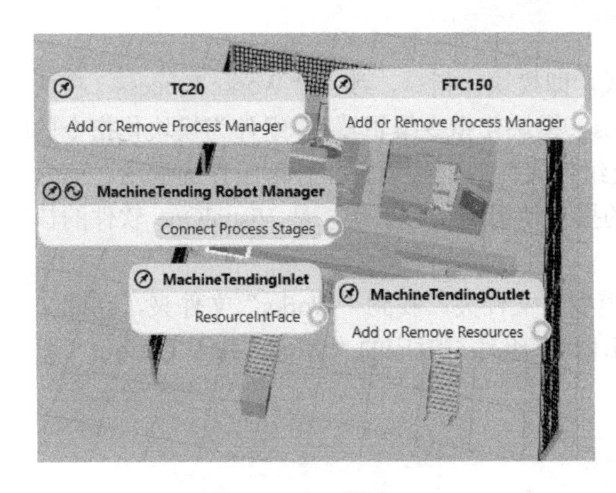

图 3-25　打开接口

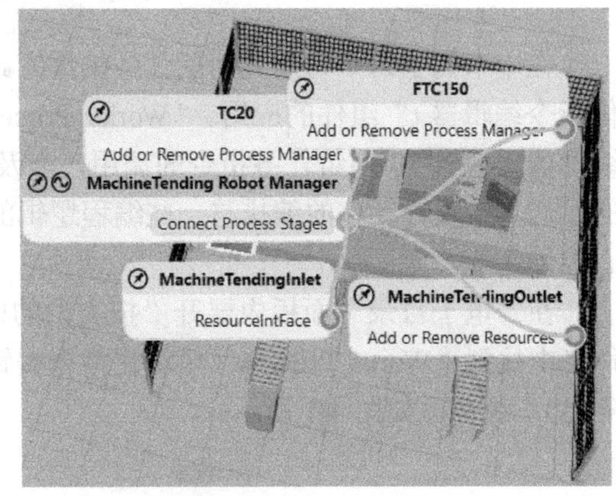

图 3-26　进行接口连接

在布局内选择“TC20（立式加工中心）”组件，在“组件属性”面板中将“SetUpTime（机床开门时间）”设置为 2s；将“CycleTime（机床加工时间）”设置为 7s；将“SetDownTime（机床关门时间）”设置为 2s，如图 3-27 所示。

Tool	0
SetUpTime	2.000 s
CycleTime	7.000 s
SetDownTime	2.000 s
ToolMountTime	0.750 s
ToolUnmount...	0.750 s
WaitRobotTo...	1 s

图 3-27　设置加工时间

在“程序”选项卡上的“碰撞检测”组中勾选“检测器活跃”和“碰撞时停止”复选框，以启用碰撞检测功能，模拟布局进行布局验证。

单元 4　创建人工搬运线

学习导航

本单元是在单元 3“知识拓展”的基础上，创建一条人工搬运工作站，主要导入人模型及管理器、Works Process、地板、托板等组件，学习相关程序指令并带入生产线布局内，完成各组件模块指令定义，并进行布局测试。

4.1　导入组件并定位

在本节的学习中将用到新的任务编排方式，即模块化指令，涉及“Works Process（模块化指令编辑器）”组件的应用。“Works Process（模块化指令编辑器）”组件为模块化指令的编辑器，包含 50 多组任务指令的调用，涉及组件属性的创建调整、外部组件的调用、信号的发送与接收、动作的编排与一些编程逻辑的操作使用等相关工作，是 VisualOne 软件的核心组件之一。

在“电子目录”面板内展开“按类型的模型”文件夹，找到“Works”文件夹，在此文件夹中找到“Works Process（模块化指令编辑器）”组件与对应的“Works Task Control（服务器）”组件，如图 4-1 所示。

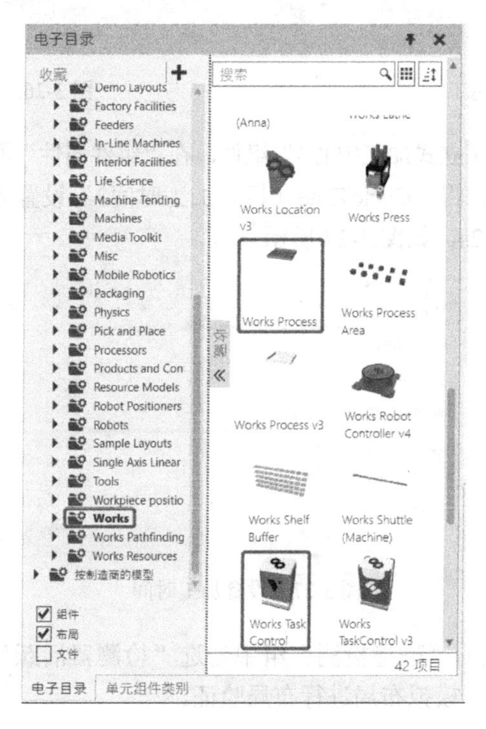

图 4-1　查找服务器组件

“Works Process”组件与“Works Task Control”组件在文件夹中会出现名称相同的两组组件，一组为Works Process（紫色）与Works Task Control（黄色），这一组组件为软件4.1版本的组件，功能指令为优化版本，而另一组Works Process（白色）与Works Task Control（灰色）为4.0版本组件。若两者在模型库中同时出现，则优先选择4.1版本组件。本书之后的内容所涉及的组件均以4.1版本组件进行讲解与案例制作。

将二者导入布局后，在“Works Resources”文件夹中导入“Works Human Resource（人模型）”组件，如图4-2所示，继续在“电子目录”面板中找到“Products and Containers（产品和容器）”文件夹，在文件夹中找到“Euro Pallet（托板）”组件，如图4-3所示。

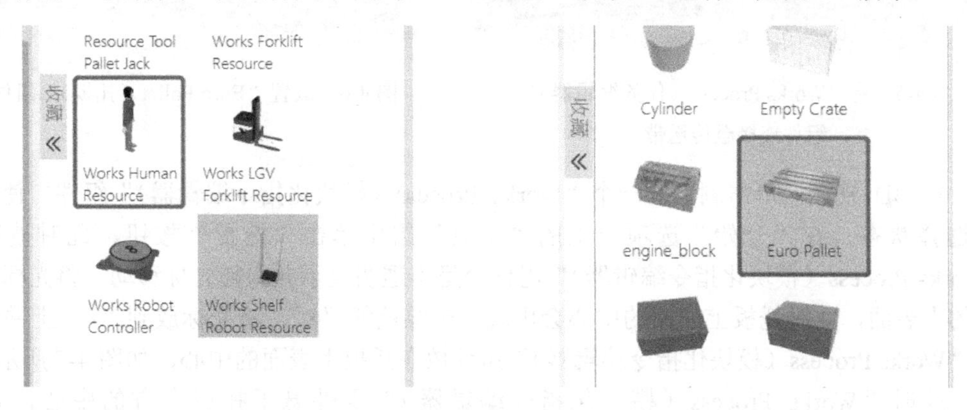

图4-2 找到“Works Human Resource（人模型）”组件　　图4-3 找到“Euro Pallet（托板）”组件

在“Basic Shapes（基本形状）”文件夹中导入“Block Geo（方体）”组件与“Cylinder Geo（圆柱）”组件，如图4-4所示。在“Conveyors（传送带）”文件夹中导入普通“Conveyor（传送带）”组件。

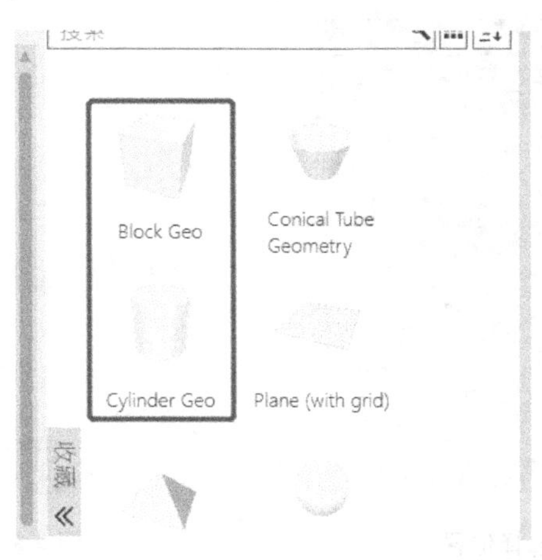

图4-4 组件查找与导入“Block Geo（方体）”组件和“Cylinder Geo（圆柱）”组件

完成组件导入后，复制两个“Works Process”组件，利用“PnP”命令将“Works Process（模块化指令编辑器）”组件连接至传送带起始端，将另一组“Works Process（模块化指令编辑器）”组件连接至传送带末尾端，如图4-5所示。将“Euro Pallet（托板）”组件放置于传送带一侧，中间空出人的活动空间，如图4-6所示。

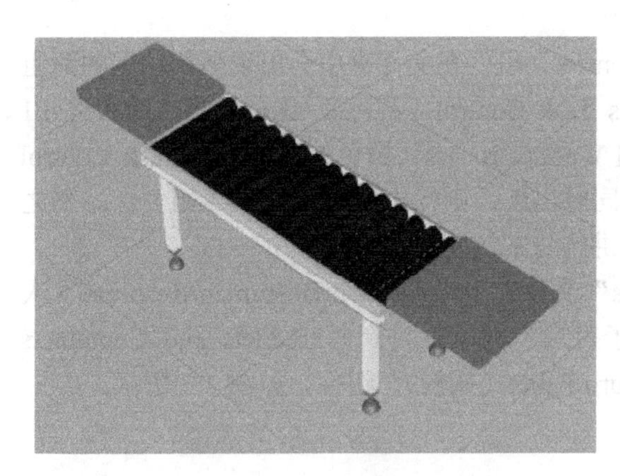

图 4-5　将“Works Process（任务编辑器）”组件连接至传送带

图 4-6　放置“Euro Pallet（托板）”组件

在 3D 视图区单击剩下的一个“Works Process（模块化指令编辑器）”组件，使其变为被选择状态，在“开始”选项卡上的“工具”组中单击“捕捉”按钮，此时被选择的“Works Process（模块化指令编辑器）”组件会呈半透明显示并跟随光标移动。将光标放在托板的上表面，此时托板上表面的中心会出现一个绿色的“×”，将光标放到“×”上并单击，将“Works Process（模块化指令编辑器）”组件放在托板上表面的中心，如图 4-7 所示。

此时“Works Process（模块化指令编辑器）”组件悬于托板上方的中心，是因为“Works Process（模块化指令编辑器）”组件默认导入时会距离地面 700mm，而在捕捉后这个 700mm 也会被计算在捕捉位置内，此时只需要选择“Works Process（模块化指令编辑器）”组件，在“组件属性”内将“Z”文本框内的数值减去 700mm 并按<Enter>键确认，即可得到需要的位置，如图 4-8 所示。

图 4-7　捕捉选择位置

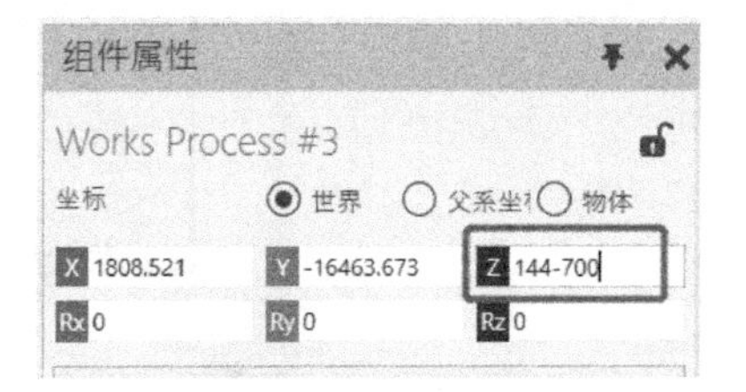

图 4-8　校正高度

4.2 模块化指令的调用

在本节中将调用“Create”指令、“Feed”指令、“Need”指令、“NeedPattern”指令和“NeedCustomPattern”指令。

一、指令详解及用法

（1）“Create（产生组件）”指令　在选定的“Works Process（模块化指令编辑器）”组件位置上产生参数定义的组件。

1）“ListOfProdID”文本框：写入零件名称或 ID。

2）“NewProdID”文本框：在产生时给予新的名称或 ID。

（2）“Feed（抓取）”指令　设置执行单位（搬运单位）进行零件的抓取。

1）“ListOfProdID”文本框：写入被抓取的零件名称或 ID。

2）“TaskName”文本框：自定义写入一个由数字或字母组成或两者组合的名称。

3）“ToolName”文本框：当使用机器人进行抓取时，机器人末端所使用的工具（吸盘、手爪等执行器）名称。

4）“TCPName”文本框：当使用机器人进行抓取时，机器人末端所使用的工具的补偿坐标系名称。

5）“ALL”复选框：与“ListOfProdID”文本框相对应，判定抓取所有组件或抓取指定组件。

（3）“Need（放置）”指令　设置执行单位（搬运单位）进行零件的放置。其与“Feed”指令呼应，意味着设置“Feed”指令抓取后必须由“Need”指令设置放置。

“ListOfProdID”文本框：写入需要放置的零件名称或 ID。

（4）“NeedPattern（阵列）”指令　将零件进行阵列码垛放置，放置数量可以根据三个坐标轴方向的数量设置进行定义。

1）“SingleProdID”文本框：写入需要放置的零件名称或 ID。

2）“AmountX、Y、Z”文本框：X、Y、Z 三个方向的阵列数量。

3）“StepX、Y、Z”文本框：X、Y、Z 三个方向的阵列零件之间的间隔。

4）“StartRang”文本框与“EndRange”文本框为放置数量，按默认设置即可。

（5）“NeedCustomPattern（自定义阵列放置）”指令　将零件自定义进行码垛放置，自定义每个阵列零件的坐标位置。

1）“PatternName”文本框：填写需调用的阵列表格名称。

2）“StartRange”文本框与“EndRange”文本框为放置数量，按默认设置即可。

二、指令应用

选择传送带起始端的“Works Process（模块化指令编辑器）”组件，在右侧的“组件属性”面板中的“Task”下拉列表框中选择“Create”指令，如图 4-9 所示。继续在选项内进行参数填写，在 “ListOfProdID”文本框中写入需要产生的组件名称“CylinderGeo”，完成后单击下面的“CreateTask”按钮，如图 4-10 所示，完成第一条指令的创建。

应用“Create”指令时需要注意以下几点。

1）指令创建按钮“CreateTask”只需单击一次即可创建指令，可在上面的“InsertNewAfterLine”下拉列表框中查看已创建的任务指令。若因操作失误创建多条指令，可在“InsertNewAfterLine”下拉列表框中选择错误指令，单击“DeleteTask”按钮删除所选指令。

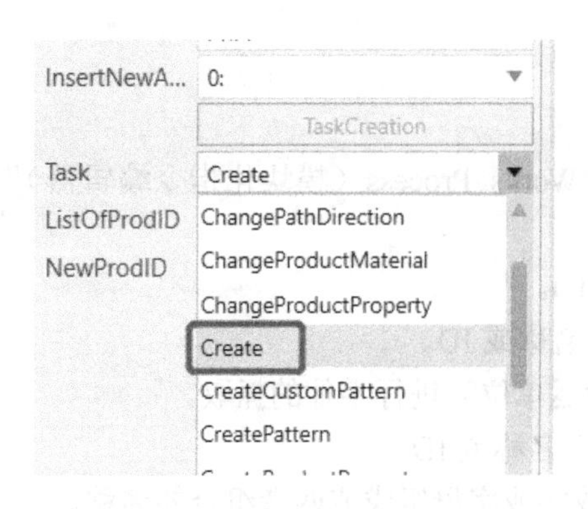

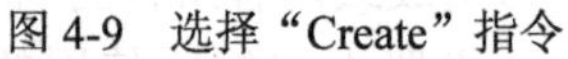
图 4-9 选择“Create”指令

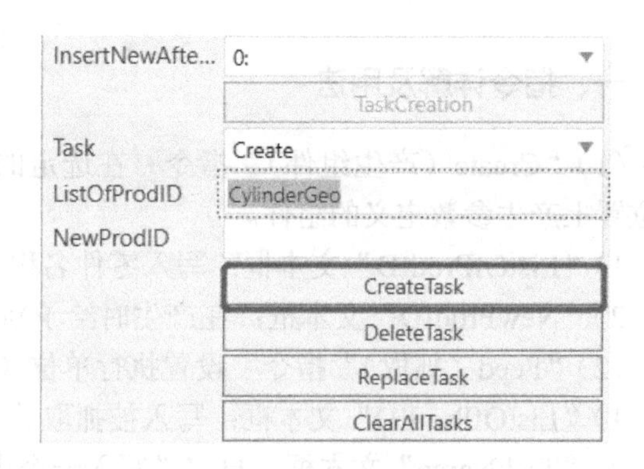

图 4-10 设置参数并提交

2）若因操作失误出现任务参数输入错误，可在“InsertNewAfterLine”下拉列表框中选择错误指令，在参数内改正，单击下面的“ReplaceTask”按钮重新记录选项内容。

3）“ClearAllTasks”按钮可清除所有已创建的选项指令。

此时继续在“Task”下拉列表框中找到并选择“TransportOut”指令，在“ListOfProdID”文本框中可指定某个零件输出。在本例中只需确认“Any”复选框为勾选状态即可，意味着只要有零件产生即可向外输出。单击“CreateTask”按钮，提交任务指令，如图 4-11 所示。

模块化指令调用——输出与接收

图 4-11 输出任务

此时在 3D 视图区上方找到仿真控制器，单击“播放”按钮进行任务模拟，可以看到圆柱零件会从“Works Process（模块化指令编辑器）”组件内产生并向传送带方向输出，完成单个零件的生产线供给，如图 4-12 所示。完成后单击“重置”按钮，使布局模拟回归初始状态。

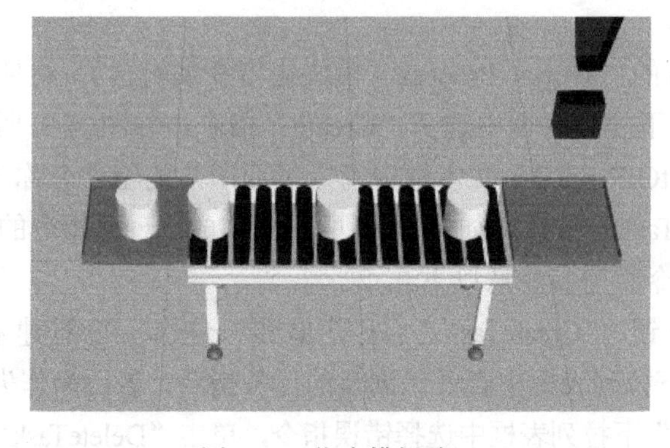

图 4-12 指令模拟验证

此时再次单击之前设置的“Works Process（模块化指令编辑器）”组件，继续创建指令，按照相同的方法在原有任务基础上对“Block（方体）”组件进行产生和输出。同样在“Task”下拉列表框中找到“Create”指令，在“ListOfProdID”文本框中写入需要产生的组件名“Block”，单击“CreateTask”按钮提交指令。继续在“Task”下拉列表框中找到并选择“TransportOut”指令，勾选“Any”复选框，单击“CreateTask”按钮提交指令，如图 4-13 所示。

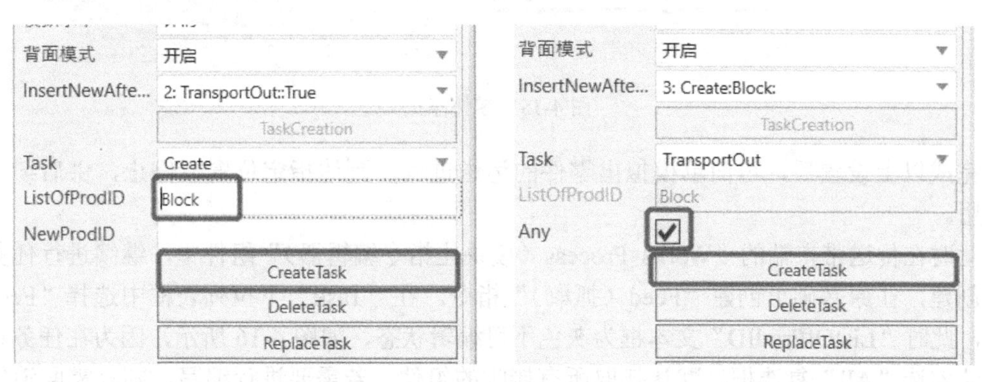

图 4-13　创建 Block 产生与输出

此时在 3D 视图区内再次模拟运行程序指令，可观察到布局在原有基础上增加了一个零件的供给，如图 4-14 所示。但由于传送带末端的“Works Process（模块化指令编辑器）”组件未设置任务，在模拟运行时其上方会浮现黑色叹号，并且零件经传送带送达此处时直接在末端消失，因此在完成两个零件的供给后，选择传送带末端的“Works Process（模块化指令编辑器）”组件，在“Task”下拉列表框中找到“TransportIn”指令，利用这个指令可以让零件在运送到末端时停止运行，设置方法与之前的输出指令类似。在下面的设置中只需要勾选“Any”复选框即可，意味着所有运送到这个“Works Process（模块化指令编辑器）”组件位置的零件都会停止，如图 4-15 所示。

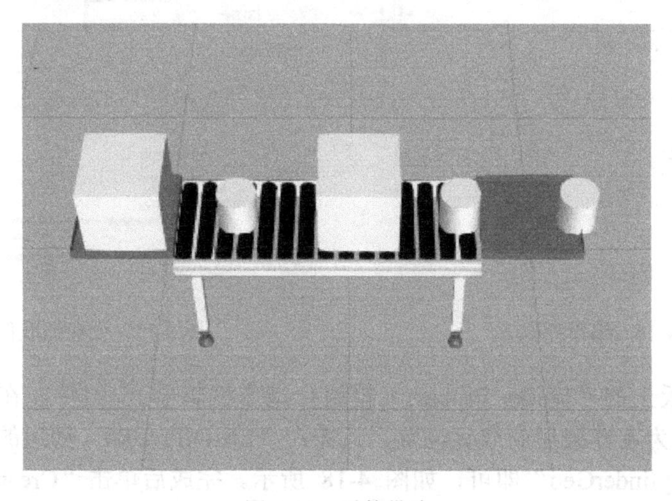

图 4-14　零件供给

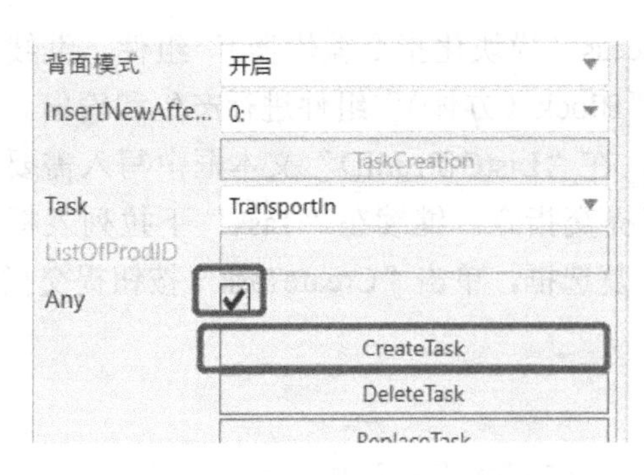

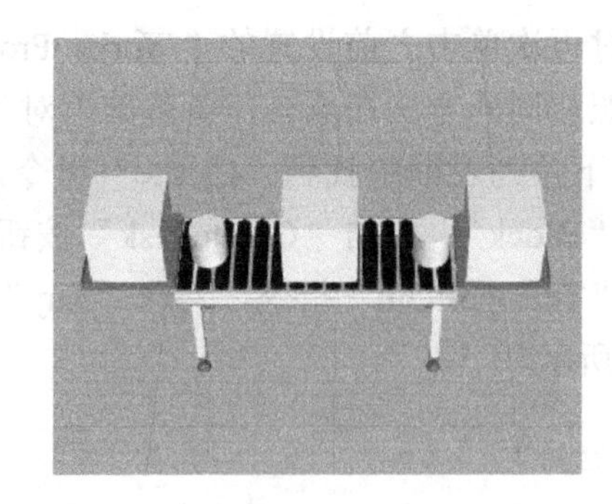

图 4-15　零件停止

完成以上设置后，可简单模拟出零件的运送过程，到达指定位置后停止，供后续工序的使用。

此时在传送带末端的“Works Process（模块化指令编辑器）”组件中，继续进行任务指令的创建，在原基础上创建“Feed（抓取）”指令。在“Task”下拉列表框中选择“Feed”指令，此时“ListOfProdID”文本框为灰色不可编辑状态，如图 4-16 所示，因为在任务设置中默认勾选“All”复选框，默认抓取所有接收的组件。若需要进行编写，则只需取消勾选“All”复选框即可。在此不需要进行设置。

在“TaskName（任务名称）”文本框中可自定义写入内容，可以是数字或字母或二者组合。“TaskName（任务名称）”文本框主要用于对接后续进行搬运的执行单位，如人、机器人、智能小车等组件。而“ToolName”文本框与“TCPName”文本框均为在使用机器人进行搬运时才会用到，此时不写入。单击“CreateTask”按钮进行任务的创建，如图 4-17 所示。

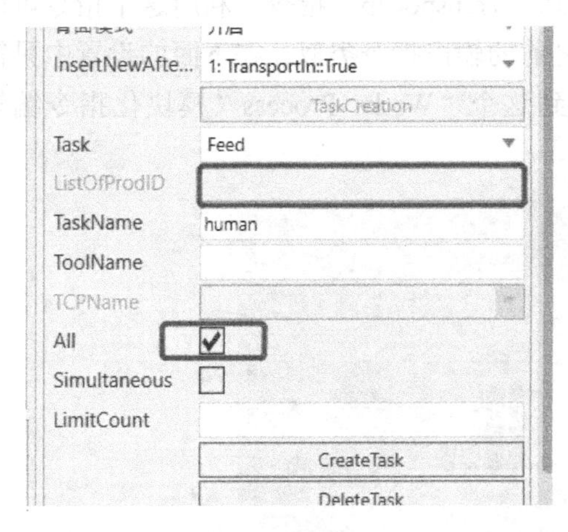

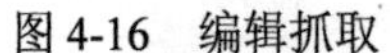

图 4-16　编辑抓取

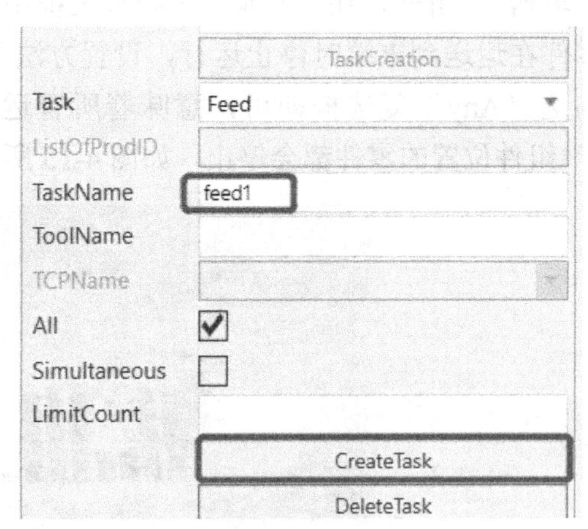

图 4-17　创建抓取任务

此时找到托板上的“Works Process（模块化指令编辑器）”组件，在任务列表中写入“Need”指令，作为零件搬运的放置位置，只需在“ListOfProdID（搬运的零件名或 ID）”文本框中写入“CylinderGeo”即可，如图 4-18 所示。完成后单击“CreateTask”按钮进行任务的创建。按照同样的方式对方体零件进行放置指令的创建。

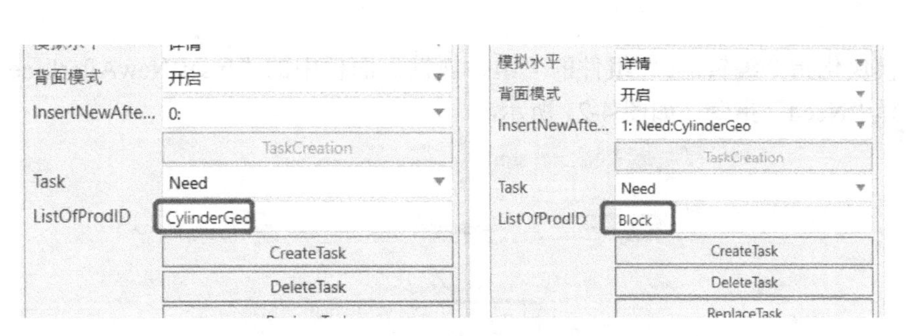

图 4-18 两个零件的放置设置

此时布局已经具备抓取位置和放置位置的定义。选择已导入的人模型“Works Human Resource（人模型）”组件，在“组件属性”面板中找到“TaskList”文本框，这里是写入已设置任务的任务名位置，即可以将已完成“Feed”抓取任务的任务名写到此选项内，完成搬运任务指派的设定，如图 4-19 所示。

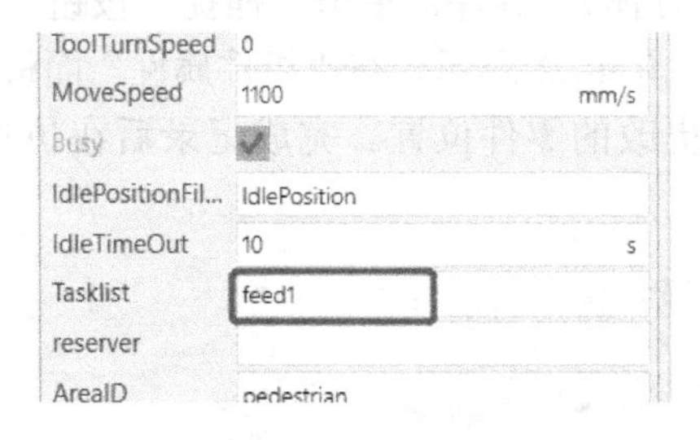

图 4-19 任务指派

此时进行模拟验证，可以看到布局中人模型将两个零件由传送带末端搬运至托板上，如图 4-20 所示。

图 4-20 人工搬运

在模拟中可以观察到，人模型将两个零件放置在托板上时，两个零件呈重合状态，这是因为零件的默认放置位置都是根据所放置的 Works Process（模块化指令编辑器）中物体坐标系进行判定的，若要更改位置，则需要进行相关设置。

根据零件放置的顺序，可以将两个零件设置为上下码垛的放置方式。根据放置的先后顺序，选择作为后放置的“Block（方体）”零件进行位置更改，此时在托板位置上的“Works

Process（模块化指令编辑器）”组件的“组件属性”面板中的“InsertNewAfterLine”下拉列表框中选择“Need”指令，如图 4-21 所示。

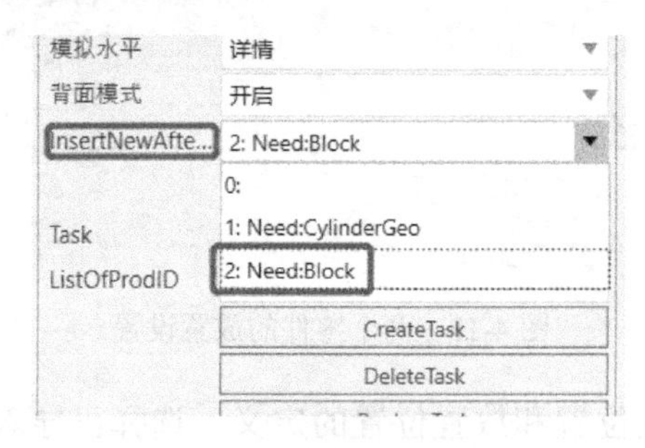

图 4-21　选择修改指令

此时进行布局的模拟验证，当将第二个“Block（方体）”零件放置到托板后暂停模拟验证，单击已放置的“Block（方体）”零件，单击“捕捉”按钮，将“Block（方体）”零件放置于圆柱上表面中心位置，如图 4-22 所示。在“组件属性”面板中单击“TeachLocation”按钮，如图 4-23 所示，记录更改的零件位置。完成记录后在仿真控制器中单击“重置”按钮，再次模拟验证。

图 4-22　位置捕捉

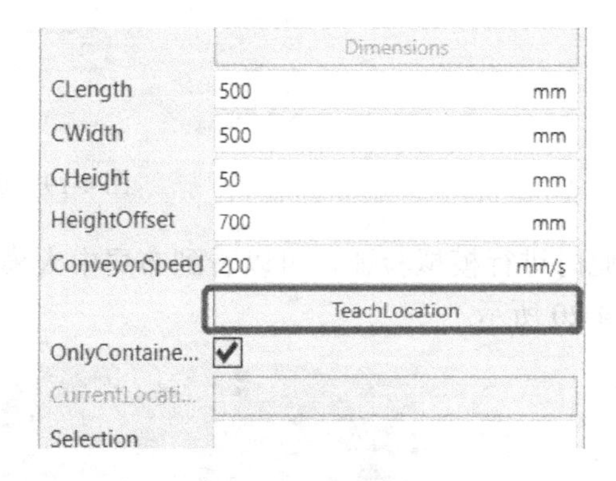

图 4-23　位置记录

此时在模拟时可观察到人工搬运“Block（方体）”零件后会直接将零件放置于圆柱零件的上表面位置，完成位置更正，如图 4-24 所示。此功能一般用于零件装配。

图 4-24　零件上下码垛

三、阵列属性设置

布局内已完成两个零件的单点抓取放置，即抓取位置与放置位置一对一的方式。此时在布局内再次导入一组“Euro Pallet（托板）”组件与 Works Process（模块化指令编辑器）”组件，与布局内的摆放方式相同，将 Works Process（模块化指令编辑器）”组件放在“Euro Pallet（托板）”组件上并置于原有托板一侧，如图 4-25 所示。

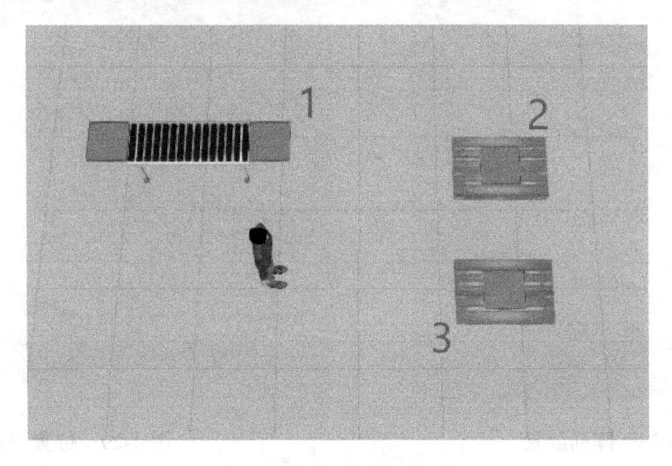

图 4-25　增加放置点

将布局内 2 号“Works Process（模块化指令编辑器）”组件内的“Need:Block”指令删除，将 2 号“Works Process（模块化指令编辑器）”组件作为圆柱零件的放置位置，而新加入的 3 号“Works Process（模块化指令编辑器）”组件作为方体零件的放置位置。选择 3 号“Works Process（模块化指令编辑器）”组件，在“组件属性”面板中找到“NeedPattern（阵列放置）”指令，如图 4-26 所示，在“SingleProdID”文本框中设置搬运零件名称；在“AmountX”“AmountY”“AmountZ”文本框中设置三个轴向阵列数量；在“StepX”“StepY”“StepZ”文本框中设置阵列间距；将零件名“Block”写入“SingleProdID”文本框中，而阵列参数设置为 2×2×2 格式，其他参数设置如图 4-27 所示。

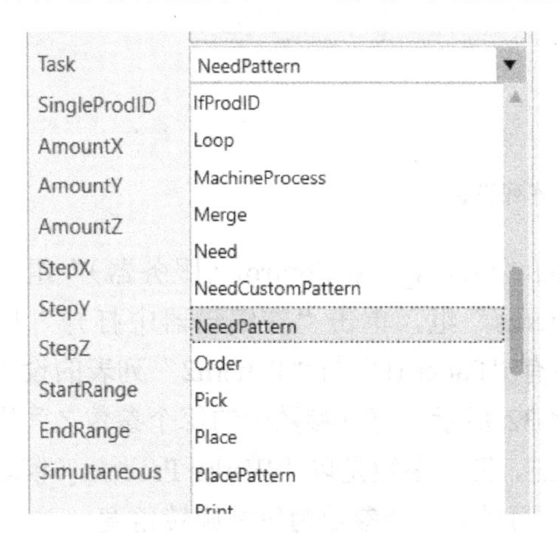

图 4-26　查找指令

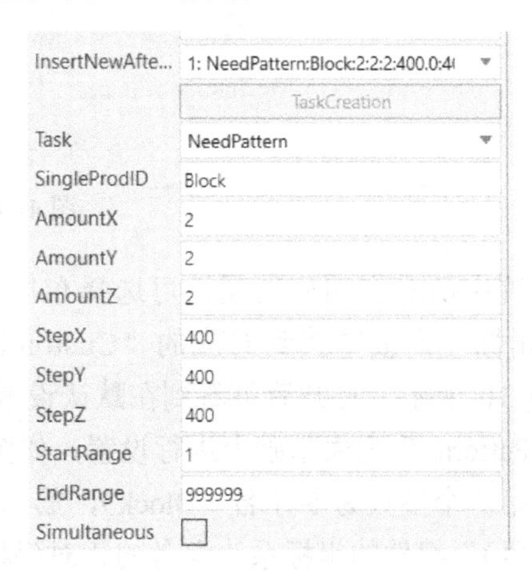

图 4-27　参数设置

完成后进行布局模拟验证，运行后发现“Block（方体）”零件放置在托板上时发生位置偏移，如图 4-28 所示，这是因为阵列的参考坐标方向是“Works Process（模块化指令编辑器）”组件的坐标轴正方向，在布局制作中遇到同类情况可以单击并拖动“Works Process（模块化指令编辑器）”组件进行位置校准，如图 4-29 所示。

图 4-28　阵列放置

图 4-29　位置校正

同样，也可以换个方式进行阵列，所关联的指令为“NeedCustomPattern”指令。将之前设置的“NeedPattern”指令删除，在“组件属性”面板中找到“NeedCustomPattern（自定义阵列）”指令，一般情况下只需调整“PatternName”文本框中的调用列表即可。在本例中默认设置为“Pattern1”列表，如图 4-30 所示。

InsertNewAfte...	1: NeedPattern:Block:2:2:2:400.0:4(
	TaskCreation
Task	NeedCustomPattern
PatternName	Pattern1
StartRange	1
EndRange	999999
Simultaneous	
	CreateTask

图 4-30　阵列设置

设置中所对应的列表属性可选择布局内的“Works_TaskControl（服务器）”组件，在“组件属性”面板中找到对应的“CustomPatterns”组，单击“在编辑器中打开”按钮，如图 4-31 所示，打开后可看到在默认设置中有“Pattern1”与“Pattern2”列表的设置，这时在“Pattern1”列表基础上进行设置，如图 4-32 所示，每行参数中的每个参数之间用逗号隔开，第一个参数为零件名（Block），第二、三、四个参数是以“Works Process（模块化指令编辑器）”组件的坐标系为参考的相对坐标，而最后三个参数为每周旋转角度。

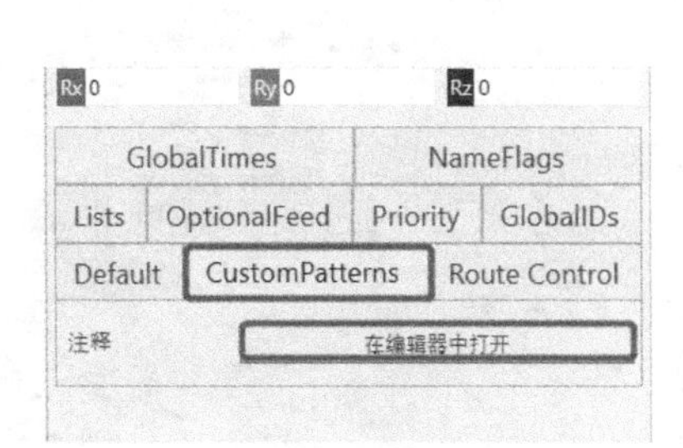

图 4-31　打开列表

```
#ProdID, Tx, Ty, Tz, Rz, Ry, Rx
<Pattern1>
Block,200,200,0,0,0,0
Block,200,-200,0,0,0,0
Block,-200,-200,0,0,0,0
Block,-200,200,0,0,0,0
Block,200,200,400,0,0,0
Block,200,-200,400,0,0,0
Block,-200,-200,400,0,0,0
Block,-200,200,400,0,0,0
<>
```

图 4-32　设置列表

创建后再次模拟验证，可观察到零件的放置位置与顺序均按照列表坐标设置进行，如图 4-33 所示。

图 4-33　列表放置演示

4.3　人工搬运场景应用

一、组件导入与位置摆放

人工搬运场景应用

在 3.4 节“知识拓展”布局的基础上导入以下组件。

托板：Euro Pallet；

模块化任务编辑器：Works Process；

服务器：Works_TaskControl；

圆柱：Cylinder；

人：Labor Resource；

地板：Work Area v3；

箱子：Empty Crate。

首先在原布局内将“Cylinder（圆柱）”零件复制若干个，并通过“捕捉”命令将其放在“Empty Crate（箱子）”组件内，如图 4-34 所示。将已放在箱子内的圆柱通过“附加”指令全部附加到“Empty Crate（箱子）”组件上，如图 4-35 所示。

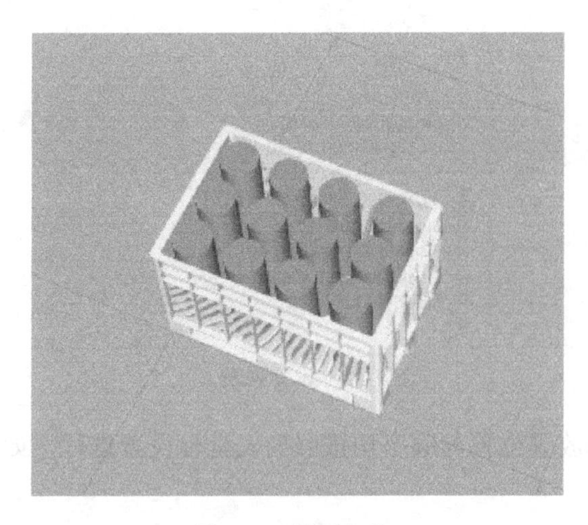

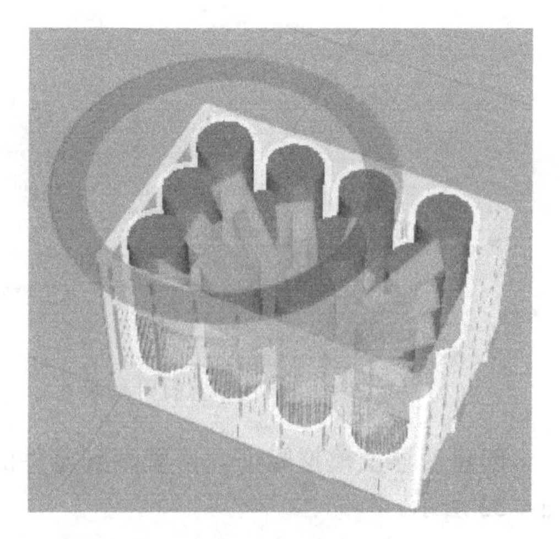

图 4-34　放置组件

图 4-35　附加组件

在布局内将物料机删除，更换为“Works Process（模块化指令编辑器）”组件，在传送带末端也放置“Works Process（模块化指令编辑器）”组件。

将两个托板放置在布局左侧，上面分别放置两个“Works Process（模块化指令编辑器）”组件。

将人模型与地板放置在传送带起始端一侧，设置地板长度为 8000mm，宽度为 3000mm。

将新导入的传送带与“Works Process（模块化指令编辑器）”组件连接，放置在地板一侧，如图 4-36 所示。

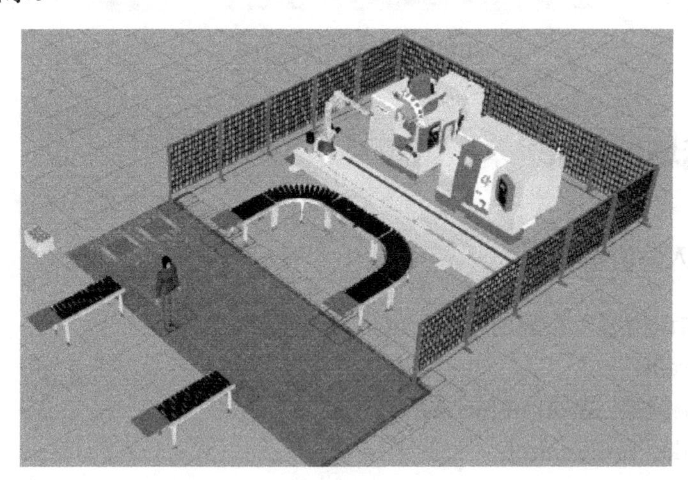

图 4-36　布局摆放

二、指令编排

按照图 4-37 所示位置，选择 1 号“Works Process（模块化指令编辑器）”组件，利用“Create”指令与“TransportOut”指令对已创建的箱子进行产生并输出；使用末端 2 号“Works Process（模块化指令编辑器）”组件接收零件，如图 4-38 所示。

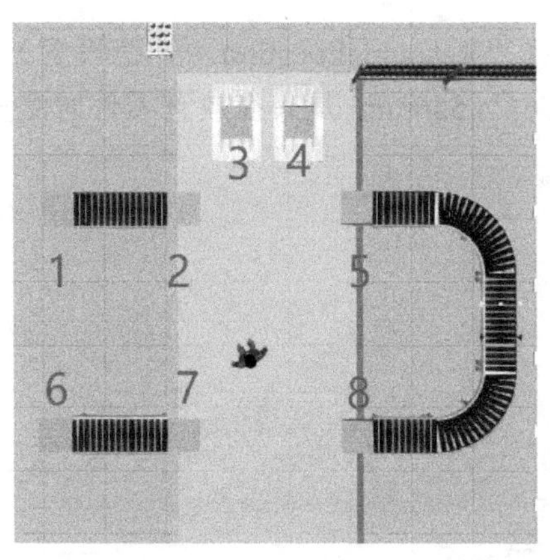

图 4-37　组件序号图　　　　图 4-38　组件输出

设置由人工将货物零件从 2 号“Works Process（模块化指令编辑器）”组件搬运至 3 号“Works Process（模块化指令编辑器）”组件内，作为货物零件的暂放区，零件以两列三层的方式进行码垛放置，命令设置如图 4-39 所示。完成后将任务名写入至人模型内。

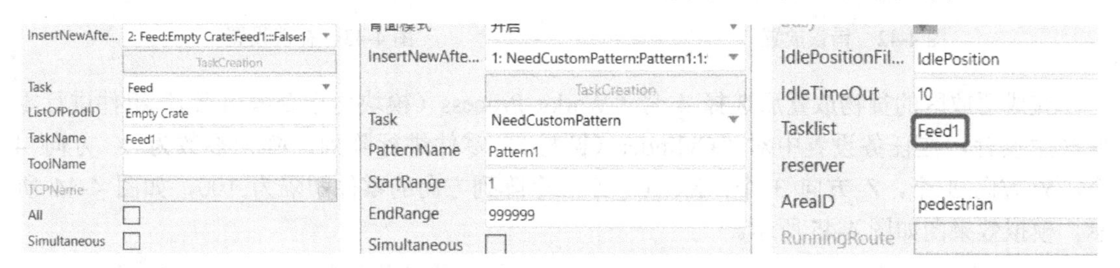

图 4-39　货物零件搬运

在搬运设置中将涉及的“Pattern1”列表设置为 6 个零件的相对坐标位置，如图 4-40 所示，之后进行布局模拟验证，即可观察到零件以阵列方式放置，如图 4-41 所示。

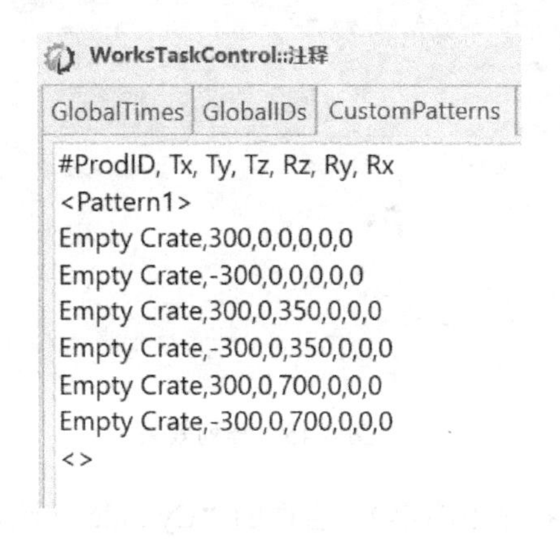

图 4-40　零件阵列设置

图 4-41　零件码放效果

在运行模拟时，布局内的人模型在放置零件时双腿处于地面下，如图 4-42 所示，这是因为人工在进行抓取放置时会自动匹配站定位置，此时可选择放置点的“Works Process（模块化指令编辑器）”组件，在“组件属性”面板中选择“ResourceLocation（补偿设置）”组，在“HeightOffset（高度补偿）”文本框中输入“556”（556mm 是人在放置零件时测量地面与人模型最底部之间距离所得），如图 4-43 所示。

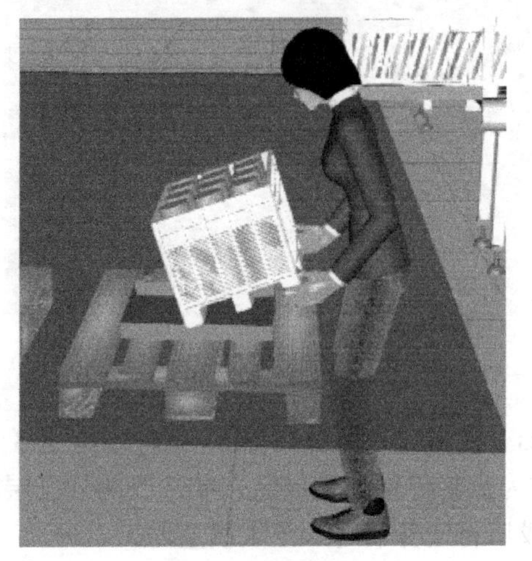

图 4-42　错误放置

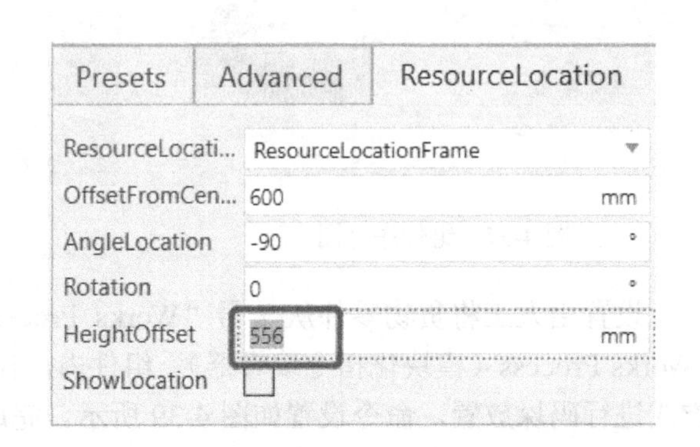

图 4-43　补偿设置

完成暂放区的货物放置后选择 4 号“Works Process（模块化指令编辑器）”组件进行零件产生设置，在任务设置中对“Cylinder（圆柱）”零件进行阵列，阵列参数为 X 方向 4 个，Y 方向 3 个，Z 方向 3 个；X、Y、Z 三个阵列方向的零件间隔为 100，如图 4-44 所示，模拟效果图如图 4-45 所示。

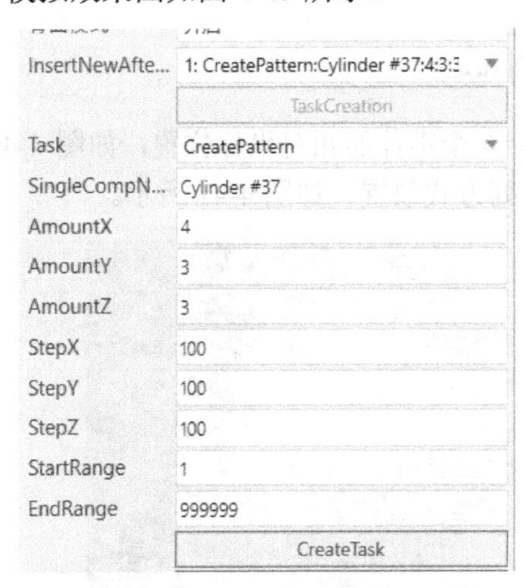

图 4-44　阵列零件

图 4-45　阵列效果

通过人工将 4 号“Works Process（模块化指令编辑器）”组件的“Cylinder（圆柱）”零件搬运至生产线 5 号“Works Process（模块化指令编辑器）”组件上进行上料，将“Feed”指令创建至 4 号“Works Process（模块化指令编辑器）”组件内，将“Need”指令创建至 5 号“Works Process（模块化指令编辑器）”组件内，完成后将任务名输入人模型内（任务名不可与其他已创建任务名相同），任务与任务之间用逗号隔开，任务参数如图 4-46 所示。

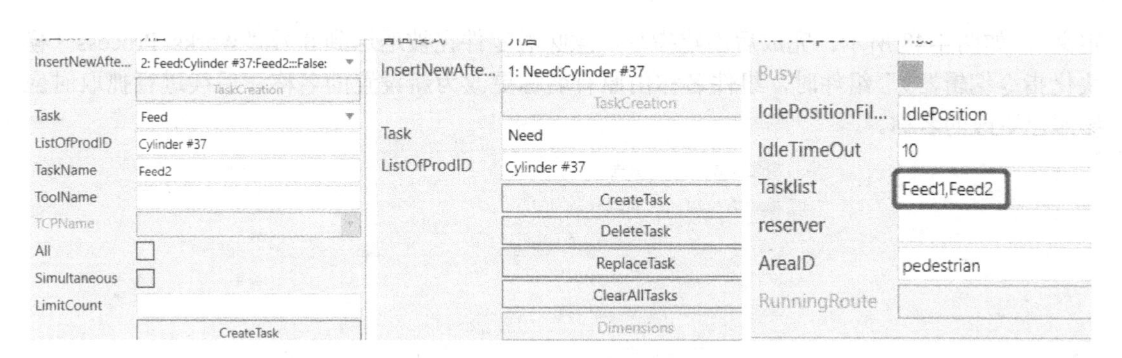

图 4-46　任务指令

继续在任务中创建"TransportOut（输出）"指令，将搬运的零件运输至生产线内，在生产线上将零件加工完成后，在传送带末端创建"TransportIn（接收）"指令，在末端接收零件，以备人工将零件搬运至输出传送带，运行效果如图 4-47 所示。

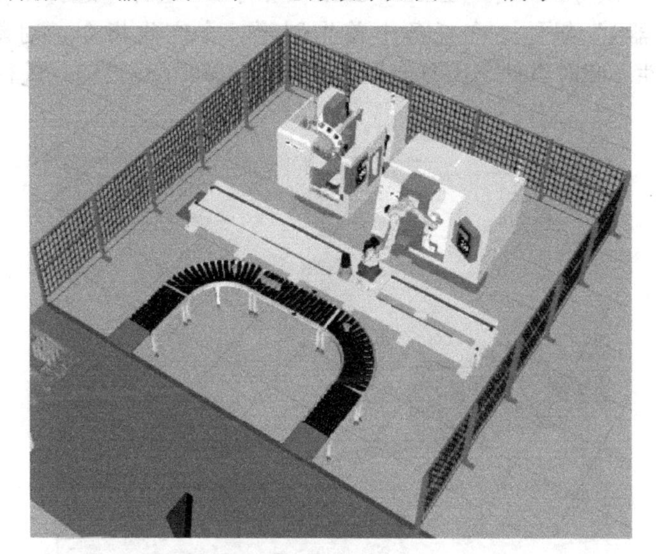

零件的偏移设置

图 4-47　毛坯成品设置

零件经过加工到达 8 号"Works Process（模块化指令编辑器）"组件后，需要通过人工将零件搬运到 7 号"Works Process（模块化指令编辑器）"组件上，而搬运需要通过"Feed"指令进行。"Feed"指令中的"ListOfProdID"文本框用于写入零件名，而此内容也是"Feed"指令在抓取零件时识别零件的依据，所以在应用"Feed"指令抓取零件时应提前确认已完成抓取动作的零件名是否重复。此时抓取的零件在上料时已完成抓取上料工序，若直接进行抓取，会导致人工搬运工作错乱，人工会直接将 4 号"Works Process（模块化指令编辑器）"组件产生的零件搬运至输出传送带。因此，在搬运前应该更改所搬运零件名。

此时在 8 号"Works Process（模块化指令编辑器）"组件中接收零件后创建"ChangeID"指令，进行名称更改，在"SingleProdID"文本框中输入需要更改名称的组件名或 ID，在"NewProdID"文本框输入需要为组件赋予的"ID"名称（赋予的 ID 名称可自定义)，如图 4-48 所示。完成后创建指令，意味着零件在被运送到 8 号“Works Process（模块化指令编辑器)”组件时，组件名称由原有名称更改为新设置的名称，后续进行抓取时应参照已更改的名称。

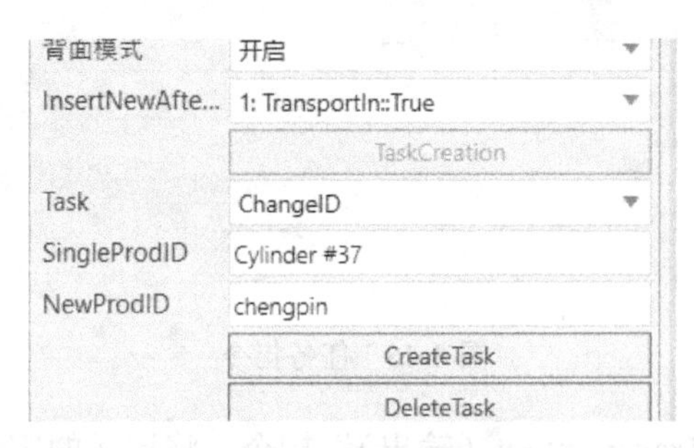

图 4-48　更改名称

此时在布局中再次导入一个“Empty Crate（箱子)”组件，选择 7 号“Works Process（模块化指令编辑器)”组件，在任务中首先创建一个产生指令，对新导入的“Empty Crate（箱子)”组件（此时组件名因复制原因为“Empty Crate#2”)，进行创建，如图 4-49 所示。

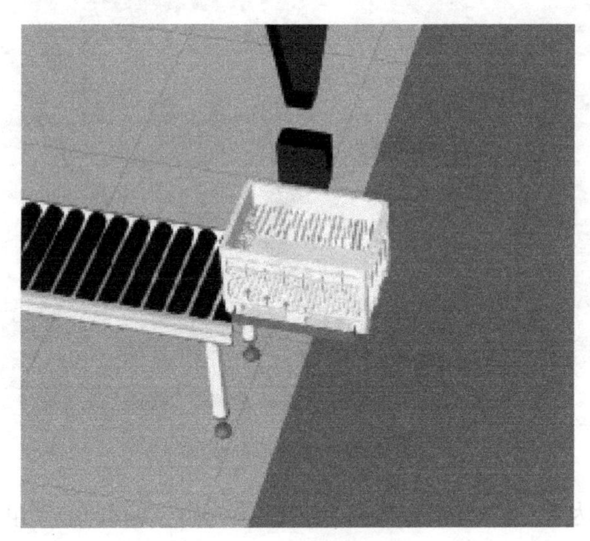

图 4-49　创建箱子

将生产线所生产的零件通过“Feed”指令与“NeedPattern”指令进行搬运与阵列放置。将零件放置在 7 号“Works Process（模块化指令编辑器)”组件所产生的箱子内，“Feed”指令作为抓取指令创建在 8 号“Works Process（模块化指令编辑器)”组件内（参数设置中关于零件名设置应写入之前“ChangeID”更改后的名称，图 4-50 中为示例)，而“NeedPattern”指令作为放置指令将创建在 7 号“Works Process（模块化指令编辑器)”组件内（因之前设置过“Pattern1”列表，“Pattern1”列表处于被占用状态，再次涉及阵列放置可另行加入一个新的列表调用项)，指令参数设置可参考图 4-50 所示。完成后将任务名称输入到人模型中。

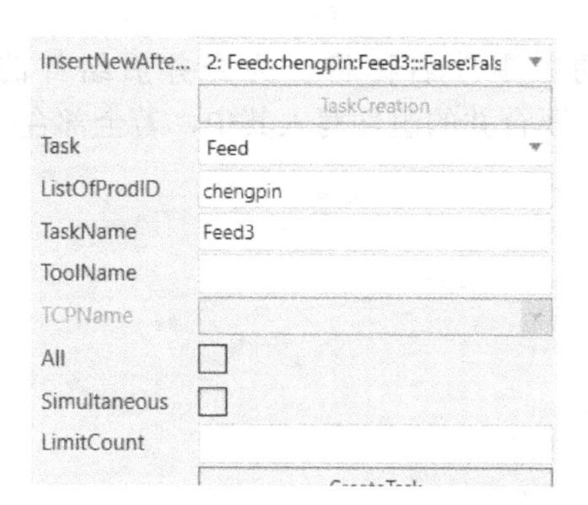

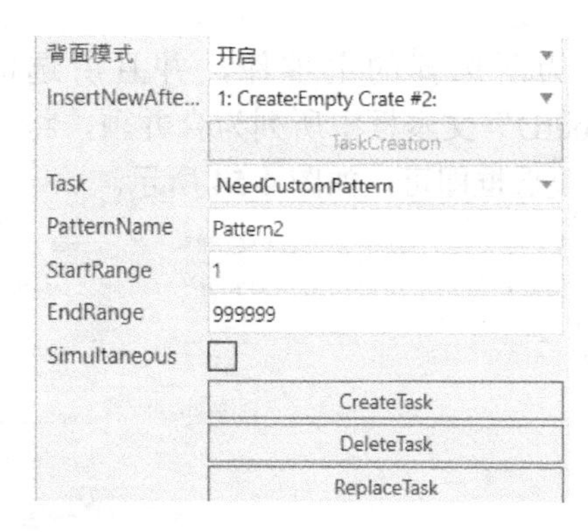

图 4-50　抓放任务设置

因“Pattern1”列表处于被占用状态，所以作为新创建的“Pattern2”列表，与之前列表的设置步骤相同，将参数写入属性中，如图 4-51 和图 4-52 所示。

<Pattern2>
chengpin,150,100,69.1,0,0,0
chengpin,150,0,69.1,0,0,0
chengpin,150,-100,69.1,0,0,0
chengpin,50,100,69.1,0,0,0
chengpin,50,0,69.1,0,0,0
chengpin,50,-100,69.1,0,0,0
chengpin,-50,100,69.1,0,0,0
chengpin,-50,0,69.1,0,0,0
chengpin,-50,-100,69.1,0,0,0
chengpin,-150,100,69.1,0,0,0
chengpin,-150,0,69.1,0,0,0
chengpin,-150,-100,69.1,0,0,0

图 4-51　第一层放置参数

chengpin,150,100,169.1,0,0,0
chengpin,150,0,169.1,0,0,0
chengpin,150,-100,169.1,0,0,0
chengpin,50,100,169.1,0,0,0
chengpin,50,0,169.1,0,0,0
chengpin,50,-100,169.1,0,0,0
chengpin,-50,100,169.1,0,0,0
chengpin,-50,0,169.1,0,0,0
chengpin,-50,-100,169.1,0,0,0
chengpin,-150,100,169.1,0,0,0
chengpin,-150,0,169.1,0,0,0
chengpin,-150,-100,169.1,0,0,0

图 4-52　第二层放置参数

此时零件均被放入产生的箱子组件内，但在模拟验证中组件均为个体组件，只是被放在箱子位置内，若此时进行组件输出会出现单个零件依次进行输出的错误现象，如图 4-53 所示。此时需要将箱子与码放的圆柱零件进行合并，作为一个整体进行输出。

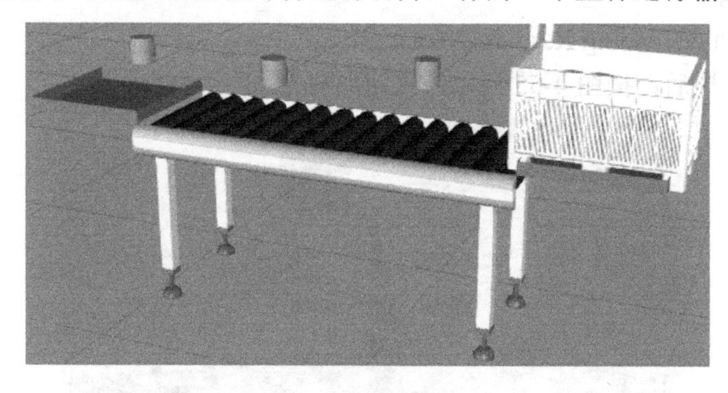

图 4-53　错误模拟

在 7 号“Works Process（模块化指令编辑器）”组件的原基础上创建“Merge（合并）”指令，在其“组件属性”面板中，“ParentProdID”文本框中所列为主零件选项，即在所合并的零件中将其中一个子项零件拿出作为主零件，意味着将所有子项零件进行合并，合并参考项目为所选择的主零件，并且所选的主零件名称将作为合并后组件的名称；“ListOfProdID”文本框中所列为合并项，将需要合并的组件写入其中，若全部合并，则勾选“All”复选框即可，如图 4-54 所示。

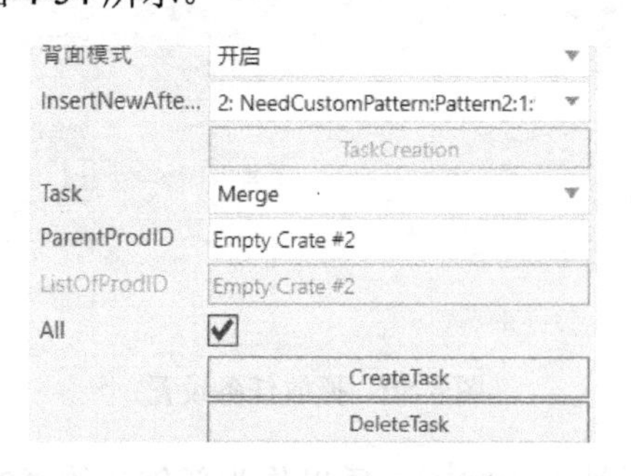

图 4-54　任务设置

最后设置输出指令，模拟验证布局。

4.4　知识拓展

一、组件导入与位置摆放

将以下组件导入布局内。

物料机：Basic Feeder；

传送带：Conveyor；

输入端：MachineTending Inlet；

输出端：MachineTending Outlet；

机床：VMP-32A；

地板：PathWay；

人模型：Otto；

管理器：MachineTending ResourceManager；

将组件导入布局后，按图 4-55 所示方式进行摆放。

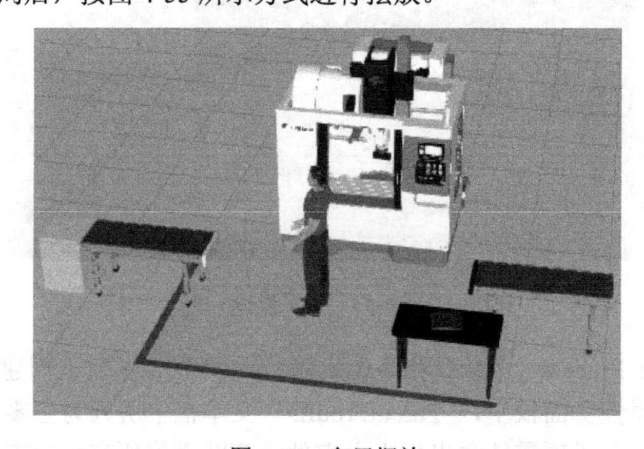

图 4-55　布局摆放

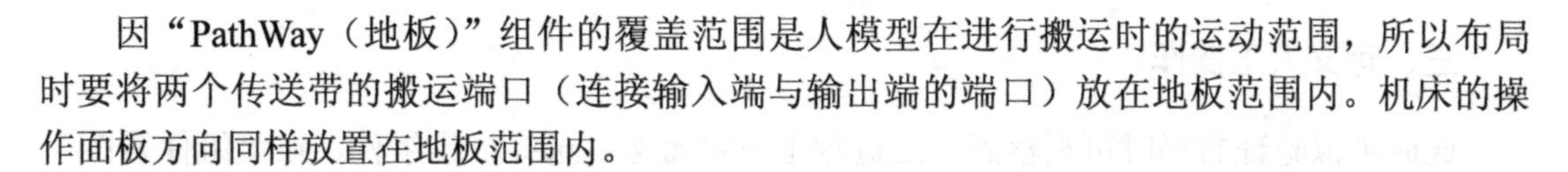

因“PathWay（地板）”组件的覆盖范围是人模型在进行搬运时的运动范围，所以布局时要将两个传送带的搬运端口（连接输入端与输出端的端口）放在地板范围内。机床的操作面板方向同样放置在地板范围内。

二、接口连接

选择“MachineTending ResourceManager（管理器）”组件，将接口属性打开，可观测到服务器的接口弹窗出现 4 个接口项，对应人工编排的组件，选择第一个接口“Resource Clients”后可观察到机床呈黄色高亮显示，代表这个选项为加工（工作）单位连接项，将其和“VMP-32A（机床）”组件连接，如图 4-56 所示，完成后选择“Pathways”选项同样也会有对应组件高亮显示，如图 4-57 所示。依此操作，将 4 个选项均与对应组件相连接。其中，各选项含义如下。

Resource Clients：指定加工（工作）单位连接项。

Pathways：指定人工活动范围（地板）。

Resources：指定工作人员（人模型），如图 4-58 所示。

ProcessStages：指定工作流程（连接输入端、输出端与机床），如图 4-59 所示。

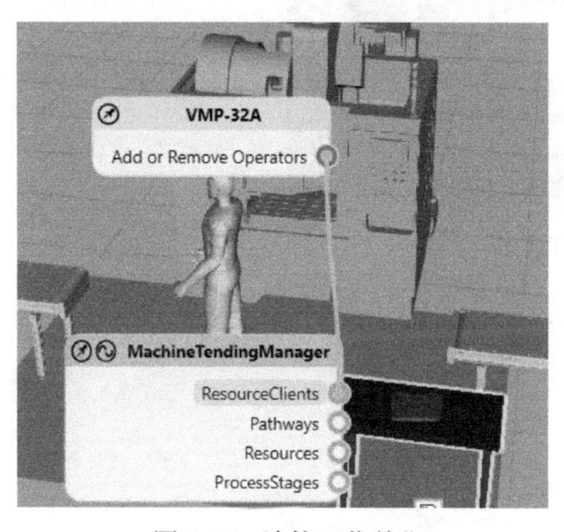

图 4-56　连接工作单位

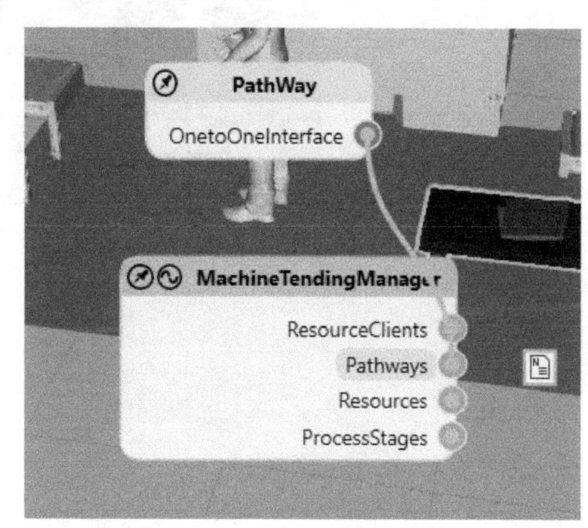

图 4-57　指定活动范围

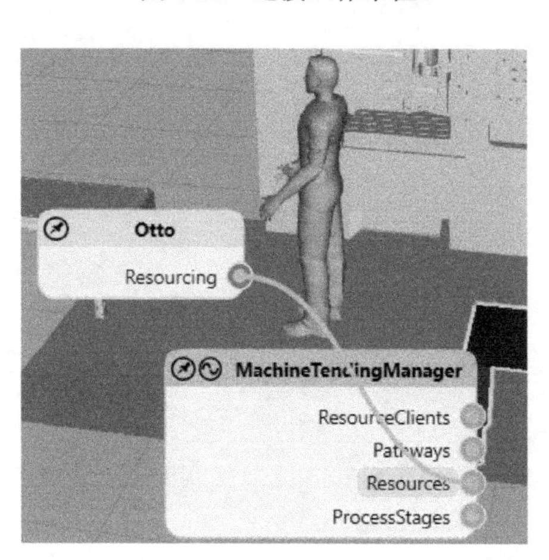

图 4-58　指定人模型

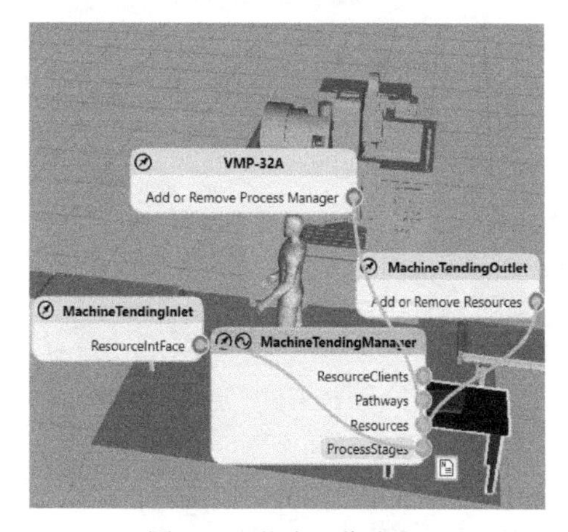

图 4-59　指定工作流程

三、定义人工操作

此时模拟验证布局时可观察到人工进行上下料搬运。选择机床组件，在“组件属性”面板内，勾选“UseOperator”复选框，这个复选框下面有与之对应的“Operator Works Time”选项可使用，意味着勾选“UseOperator”复选框后，可在下方的“Operator Works Time”文本框中进行时间参数的设置，指定人工操作机床的时间，之后模拟验证布局，即可看到人工上料后会在操作面板前停留指定时间，如图 4-60 所示。

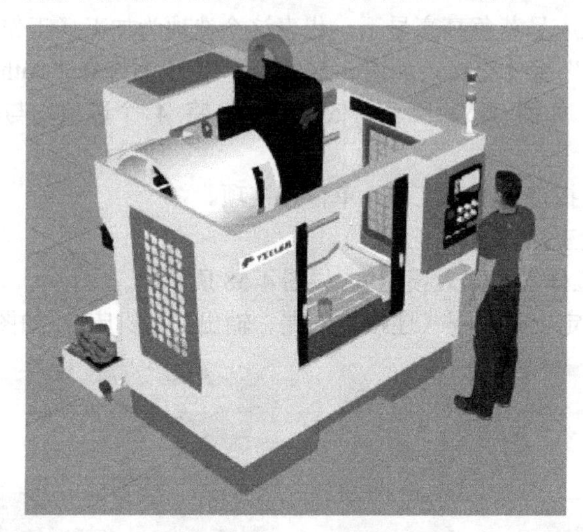

图 4-60　人工操作

单元 5　AGV 物料运输

学习导航

本单元会创建一个 AGV 货运站。在 4.4“知识拓展”的基础上，创建一条 AGV 物料运输线，主要导入 AGV 及管理器、Works Process、地板、输出端、接收端等组件，学习任务指令并带入生产线布局内，完成各组件模块指令定义，并进行布局测试。

5.1　导入组件并创建服务区域

AGV 运输作为智能工厂的运输工具，主要承载货物或零件进行指定位置的运输，而在软件中 AGV 运输一般可通过两种控制方式进行制作：第一种为组件参数的写入调用，第二种为以模块化指令进行驱动使用。

在“电子目录”中展开“按类型的模型”文件夹，在分类中找到“AGV”选项，单击后可看到文件夹内全部都是关于智能小车以及相关配套的组件。

在文件夹内导入以下组件。

AGV 组件导入

智能小车：AGV；

充电站：AGV Charging Station；

服务器：AGV Controller；

转角路径：AGV Crossing；

接收端：AGV Drop Location；

直线路径：AGV Pathway；

输出端：AGV Pick Location；

任务编辑器：AGV Task Sequencer；

小型车头：AGV Train；

车厢：AGV Wagon；

停留站：AGV Wait Location；

完成后在模型库中导入“Shape Feeder”与“Basic Feeder”（物料机）以及“Conveyor（传送带）”组件。

AGV 可通过服务区域（路径通道）将零件运输到指定地点。

在已导入的组件内找到一组“AGV Pathway（直线路径）”组件和“AGV Crossing（转角路径）”组件，通过“PnP”命令（即插即用功能）可将二者连接起来，如图 5-1 所示。

“AGV Pathway（直线路径）”组件用于搭建智能小车 AGV 直线行走路径。

“AGV Crossing（转角路径）”组件主要在搭建路径中用于路径的拐点与路径尽头放置。

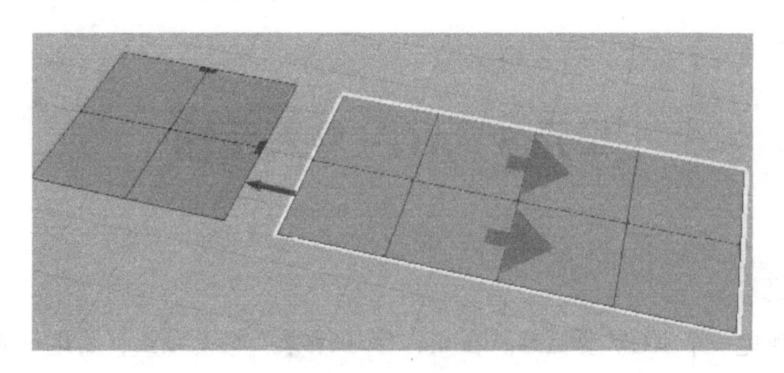

图 5-1　连接路径

按照相同的操作方法，利用“AGV Pathway（直线路径）”组件和“AGV Crossing（转角路径）”组件将布局的服务区域路径进行连接，使其形成一个“口”字形，如图 5-2 所示。在连接时注意“AGV Pathway（直线路径）”组件的箭头指向，搭建的路径应使箭头指向统一为顺时针或逆时针方向，错误示意如图 5-3 所示。

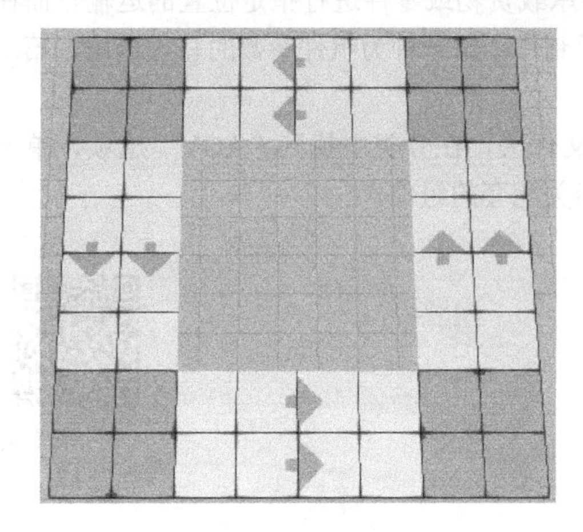

图 5-2　放置正确显示

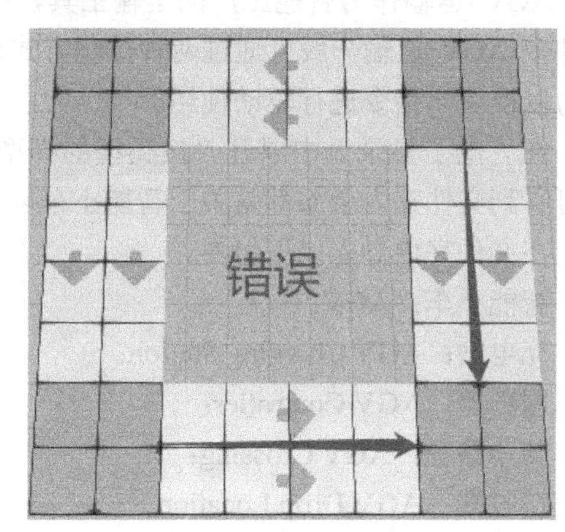

图 5-3　放置错误显示

5.2　设置参数

一、定义基本运输设置

在已导入组件中找到“AGV（智能小车）”组件，将其车头放在路径中，再将“AGV Controller（服务器）”组件自定义放置一处即可（服务器放置在布局中的位置不重要，只需在布局内正常显示即可），如图 5-4 所示。

在导入的组件中有两个组件为相互呼应的组件，分别为 “AGV Pick Location（输出端）”组件与“AGV Drop Location（接收端）”组件，这两个组件决定着 AGV 小车将会在何处抓取组件并传递到何处。将“AGV Pick Location（输出端）”组件靠近服务区域，放置组件时应使绿色箭头处于路径内，并将“Shape Feeder（物料机）”组件与之连接，如图 5-5 所示。

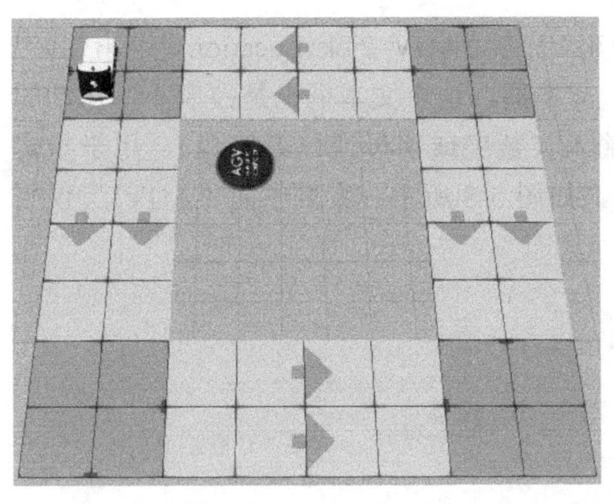

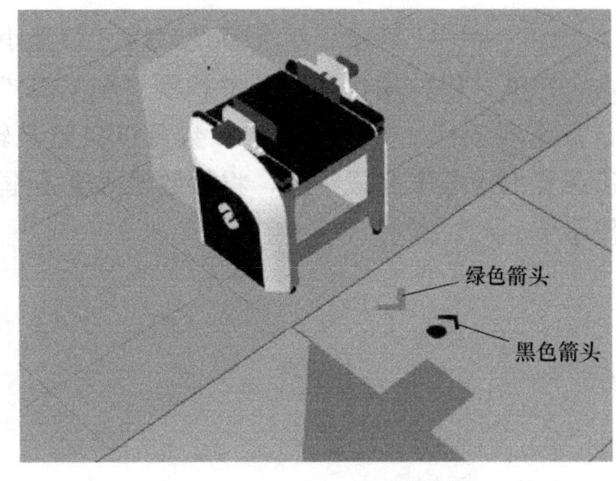

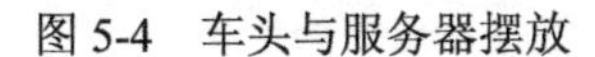

图 5-4　车头与服务器摆放　　　　图 5-5　设置零件输出位置

在放置输出端时要注意绿色箭头的前方的黑色箭头，黑色箭头的朝向代表小车车头在抓取零件停留时的朝向。当发现黑色箭头与“AGV Pathway（直线路径）”组件的箭头方向不同时，应选择“AGV Pick Location（输出端）”组件，在“组件属性”面板中勾选或取消勾选“FlipAgvDirection”复选框，更改箭头朝向，如图 5-6 所示。

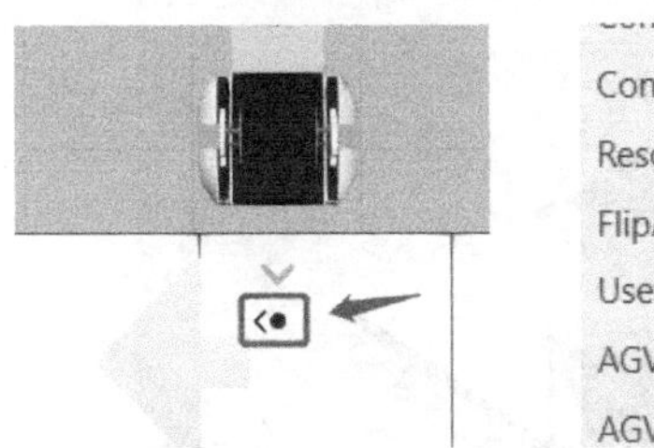

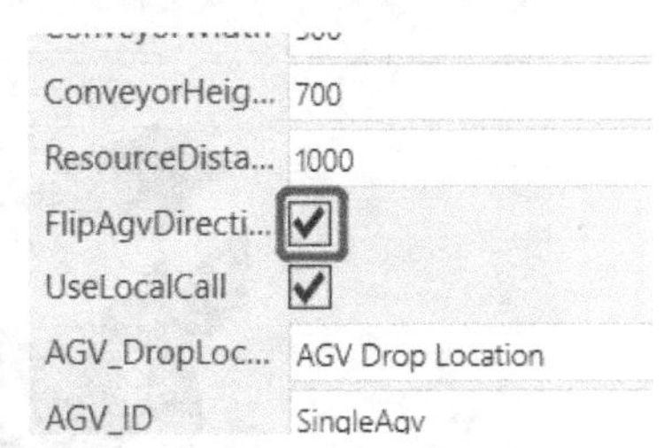

图 5-6　设置车头停靠方向

按照相同的设置方法放置“AGV Drop Location（接收端）”组件。同样，其红色箭头应处于路径范围内，并根据路径走向设置小车在放置零件时的停靠方向，如图 5-7 所示。

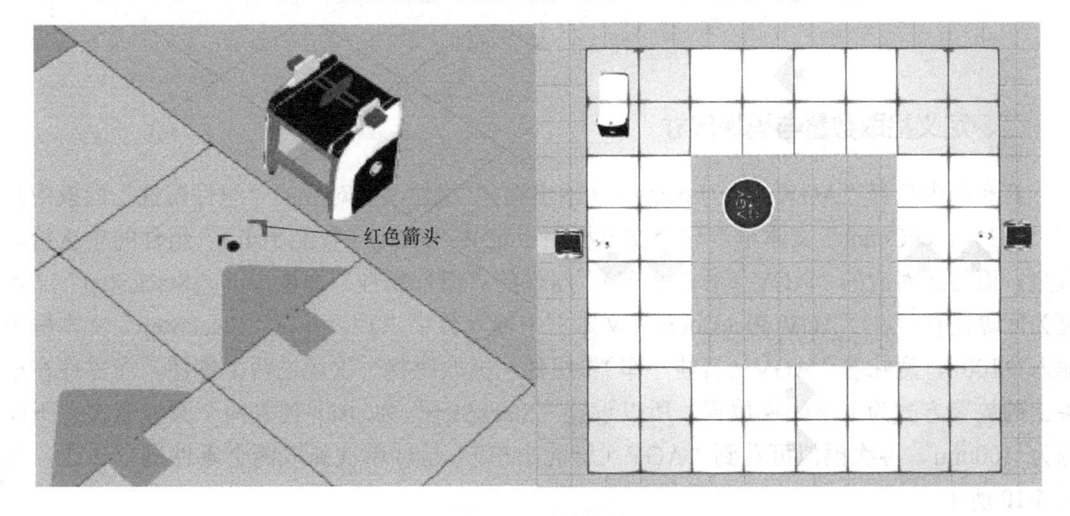

图 5-7　组件摆放

此时在完成搭建后，选择“AGV（智能小车）”与“AGV Pick Location（输出端）”均可在其“组件属性”面板中找到“Agv ID”文本框，这个文本框也是控制小车运动的必备选项之一，文本框内的参数可以自定义输入（数字或字母或二者组合），用于指定所选择的小车来完成任务，将参数输入文本框，如图 5-8 所示。案例中的“AGV1”仅用作示范。

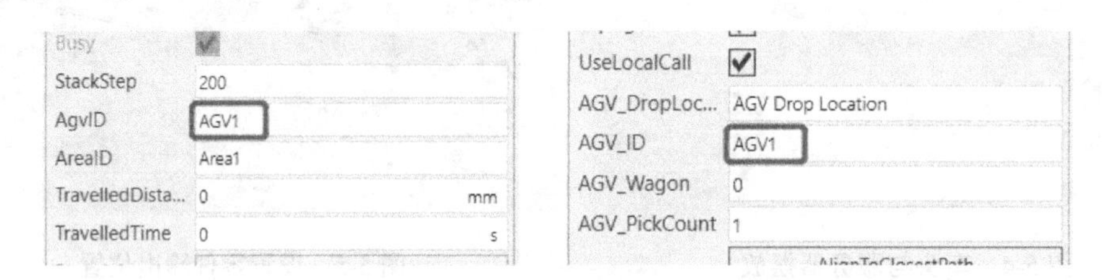

图 5-8　利用参数指定小车

运行布局即可验证布局模拟效果，如图 5-9 所示。

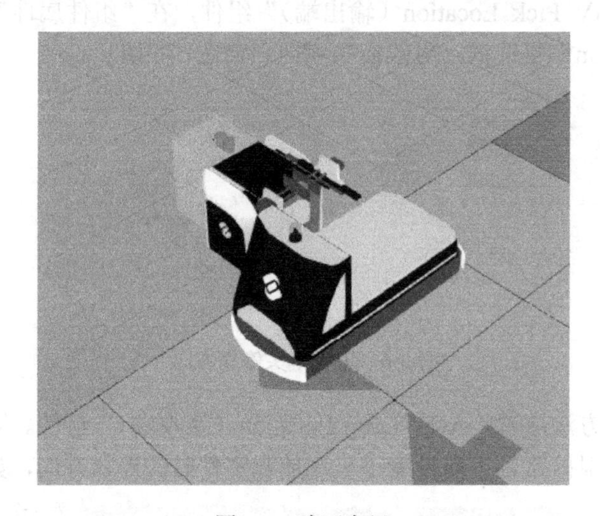

图 5-9　验证布局

二、定义拾取数量与码垛尺寸

在布局内选择“AGV Pick Location（输出端）”组件，在对应的“组件属性”面板中找到“AGV_PickCount”文本框，这个文本框用于定义“AGV（智能小车）”组件的单次拾取数量，而与之对应的“AGV（智能小车）”组件的“组件属性”面板中的“StackStep”文本框为间隔设置，在“AGV_PickCount”文本框中输入数字“2”，并在“StackStep”文本框中输入“100”，意味着“AGV（智能小车）”组件在抓取时将一次运送两个零件，而零件在车头上的放置方式为上下码垛放置，所以设置“StackStep”为 100 代表两个圆柱零件上下间隔为 100mm。再次模拟可看到“AGV（智能小车）”组件单次抓取两个零件进行传递，如图 5-10 所示。

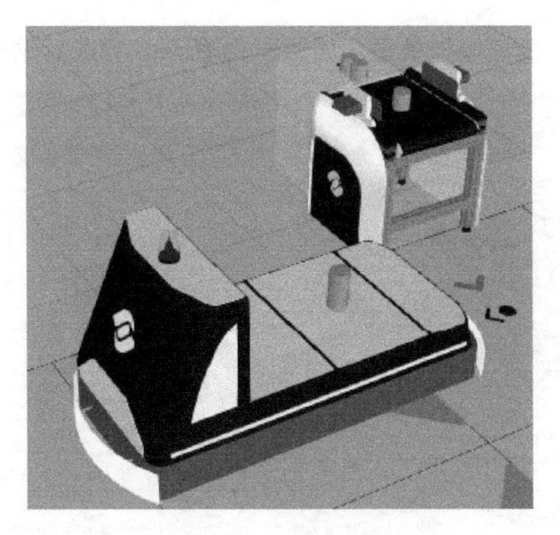

图 5-10　零件码垛运送

三、添加车厢

“AGV（智能小车）”组件或“AGV Train（小型车头）”组件都可以在布局模拟中添加车厢，以辅助运输。在车头的“组件属性”面板中找到“ListOfWagons”文本框，输入两个车厢的组件名，两个名称之间用逗号隔开（逗号为半角输入），如图 5-11 所示。在布局摆放中将车厢组件放在车头后即可，如图 5-12 所示。

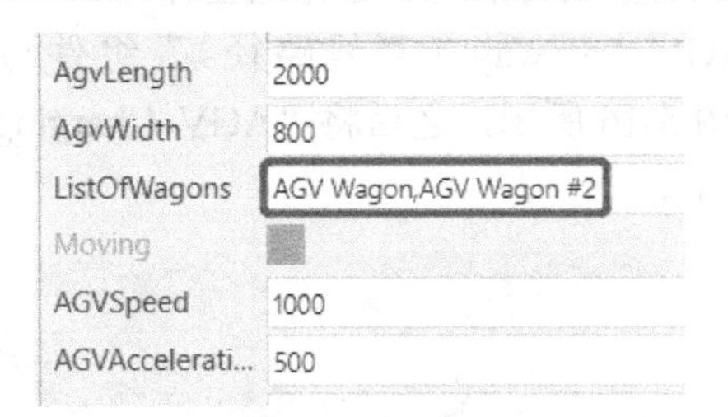

图 5-11　选项填写

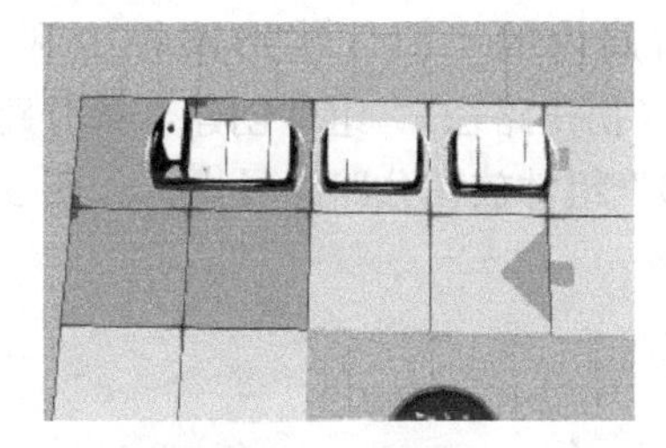

图 5-12　车厢摆放

此时选择“AGV Pick Location（输出端）”组件，在“组件属性”面板中找到“AGV_Wagon”文本框，这个文本框用于指定运载车厢，输入数字可对其进行设置（车头为数字 0，第一节车厢为 1，第二节车厢为 2，以此类推）。在文本框中输入“2”，意味着在运送货物时将由第二节车厢进行货物运输，如图 5-13 所示。同时可以观察到此前设置的“AGV_PickCount”为 2，代表之后将用第二节车厢装载两个零件。此时选择第二节车厢，在“组件属性”面板内将“StackStep（码垛间距）”设置为 100，如图 5-14 所示。

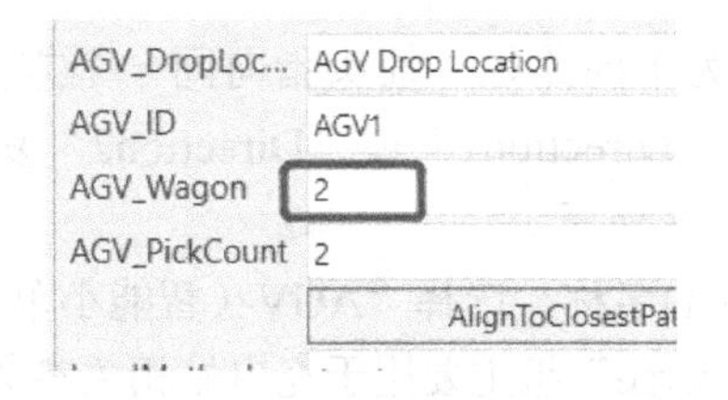

图 5-13　定义装载车厢

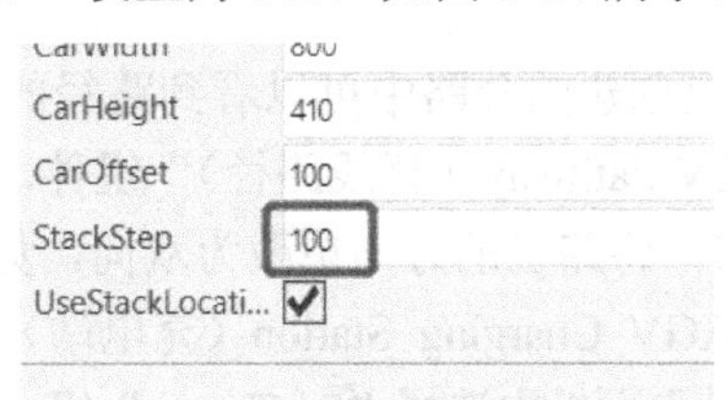

图 5-14　定义间距

此时进行布局模拟，验证模拟效果，如图 5-15 所示，完成后重置模拟。

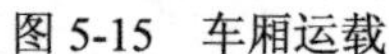

图 5-15　车厢运载

充电站及路径设置

四、定义充电站

在布局模拟中下方的输出信息面板会反复出现“No listed charging station found for：AGV....Using all stations instead；No charging stations found for: AGV”的信息反馈，其含义为布局运行缺少充电站设置。充电站可在运载工具电量低的情况下进行电量补充。

在布局内的“口”字形路径中利用“AGV Pathway（直线路径）”组件与“AGV Crossing（拐角路径）”组件创建一条分路，如图 5-16 所示，之后将“AGV Charging Station（充电站）”组件放在分路路径内，如图 5-17 所示。

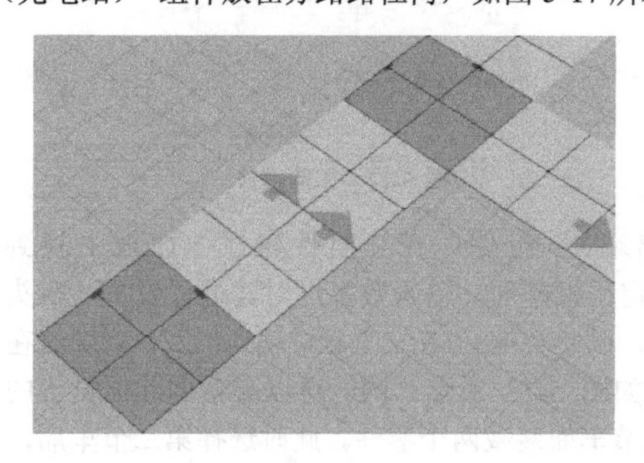

图 5-16　创建分路

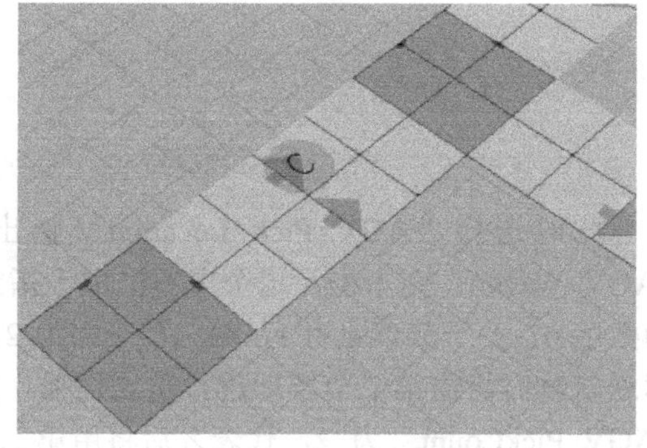

图 5-17　放置充电站

此时在已创建的分路中可以看到路径的方向为单向路径（箭头指向同一个方向）。选择分路的“AGV Pathway（直线路径）”组件，勾选“Direction1”或“Direction2”复选框（只需勾选一个），将路径的方向更改为双向，如图 5-18 所示。

复制“AGV Charging Station（充电站）”组件的名称，选择“AGV（智能小车）”组件，在“组件属性”面板中选择“ReCharge”组，“ReCharge”组主要用于充电站相关参数的设置。在“Stations”文本框中输入复制的充电站名称，为智能小车指定充电站，如图 5-19 所示。

图 5-18　更改路径方向

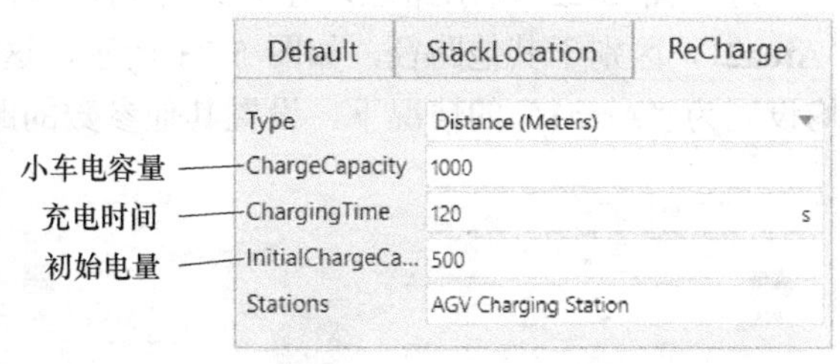

图 5-19　充电站设置

运行布局，检验小车充电站设置。

五、指定行走路径

由于在布局中路径设置均相同，因此在模拟布局时小车沿已有的路径行走，此时选择路径上的直线路径与拐角路径，均会在其“组件属性”面板中找到“AreaID”文本框，并且均默认为“Area1”。同样，在车头的参数设置中也可以找到该文本框及相同的设置内容，也就意味着小车的行走路径是按照“AreaID”文本框中显示的路径来设置的。

此时按照图 5-20 所示选择内容进行复制，按住<Ctrl>键的同时在布局内单击进行组件多选，通过“复制”“粘贴”命令或按组合快捷键<Ctrl+C> <Ctrl+V>进行复制。

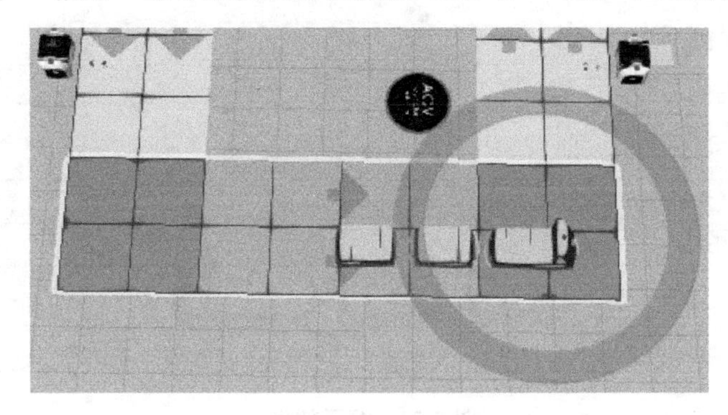

图 5-20　多选组件

直接通过“PnP”命令将复制的组件连接至原有组件的下方，如图 5-21 所示。

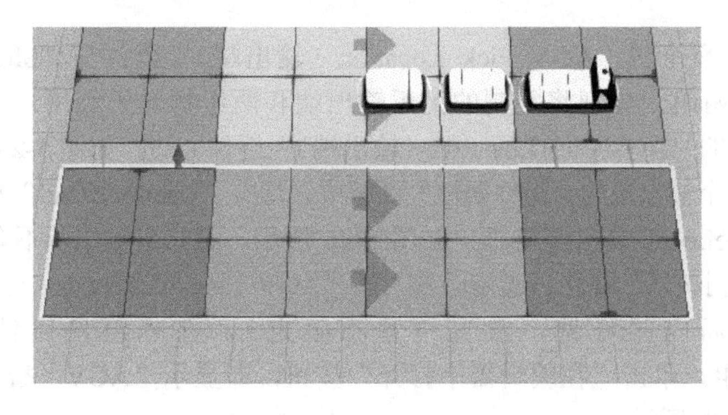

图 5-21　复制并连接组件

选择图 5-22 所示路径，在“组件属性”面板中将“AreaID”文本框中的内容更改为“Area2”，区别于其他路径，如图 5-23 所示，这意味着在车头与其他路径的“AreaID”参数均设置为“Area1”的情况下，设置其他参数的路径将不作为运行路径。

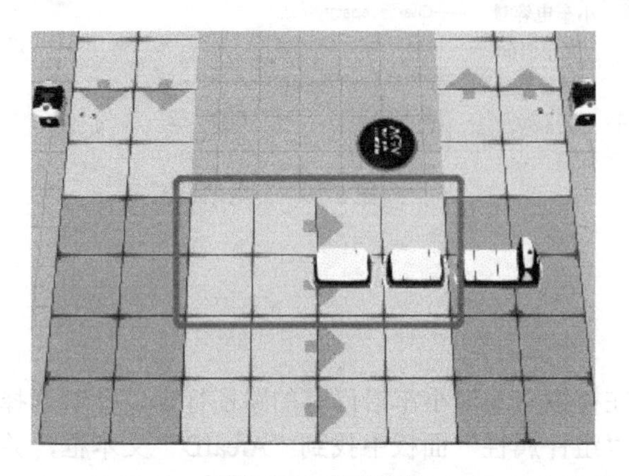

Direction1
Direction2
Direction3
Direction4
LaneSpeed 0 mm/s
AreaID Area2

图 5-22　选择路径　　　　图 5-23　更改路径参数

此时进行布局模拟，可观察到布局内小车运行时会避开更改设置的直线路径，如图 5-24 所示。

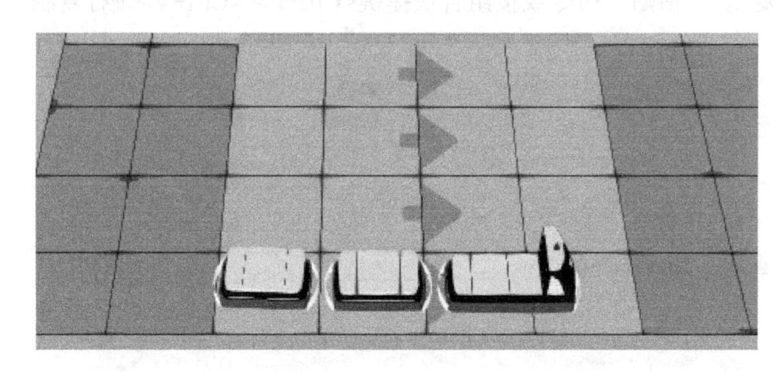

图 5-24　演示效果

六、设置拾取顺序

通过“复制”命令将“AGV Pick Location（输出端）”组件与“Shape Feeder（物料机）”组件复制出两组。分别将复制的两组输出端和两组物料机利用“PnP”命令连接一起，并放置在原有的“AGV Pick Location（输出端）”组件旁边，如图 5-25 所示。

在已创建的 3 个输出端的“组件属性”面板中，均有“UseLocalCall”复选框，取消勾选 3 个输出端的“UseLocalCall”复选框，如图 5-26 所示，意味着输出端不会直接发送拾取信号给“AGV（智能小车）”组件。选择已导入的“AGV Task Sequencer（任务编辑器）”组件（组件放置在布局内并可见，放置位置不限定），在“组件属性”面板内选择“PickSequences”组，单击“在编辑器中打开”按钮，即显示“AGV（智能小车）”组件的拾取顺序，如图 5-27 所示。

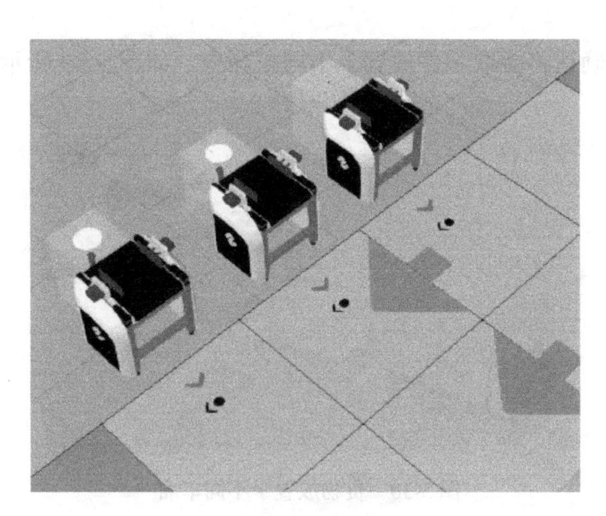

图 5-25　放置输出端

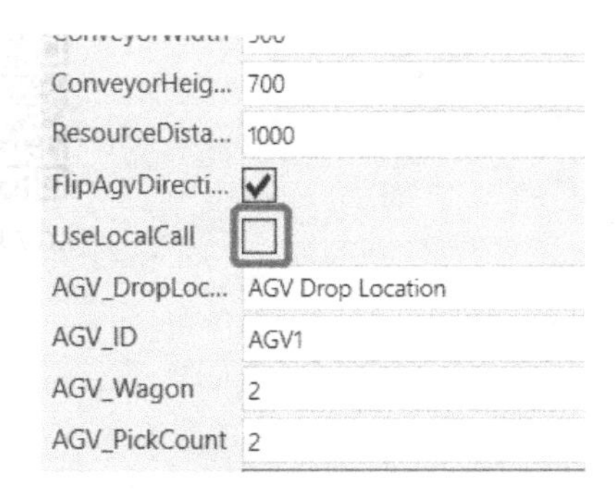

图 5-26　取消勾选“UseLocalCall”复选框

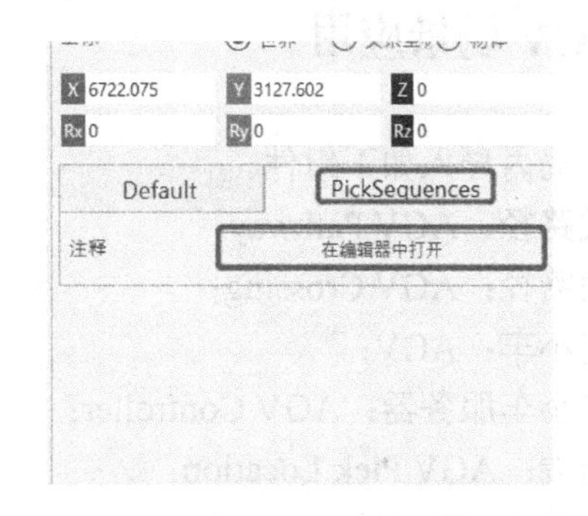

图 5-27　拾取顺序编辑器

展开编辑器后将原有参数清除，直接将 3 个输出端名称按照自定义的拾取顺序进行编写，每个名称之间用逗号隔开（逗号为半角输入），如图 5-28 所示。选择布局内的“Shape Feeder（物料机）”组件，在“Product”列表框中选择不同的输出零件，如图 5-29 所示。

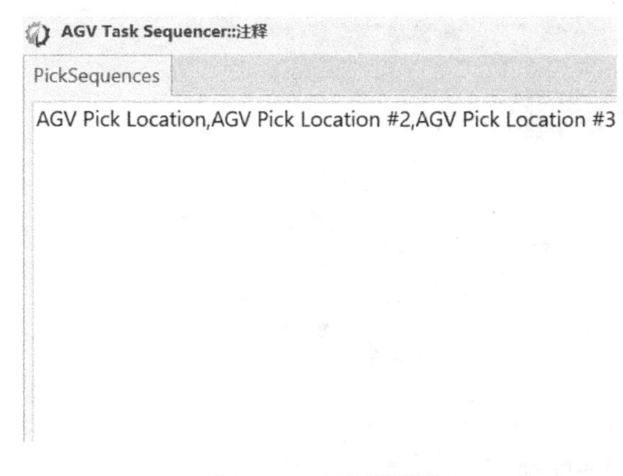

图 5-28　编写编辑器

图 5-29　设置输出零件

此后更改输出端的“AGV_PickCount”参数，完成指定在不同的车厢拾取零件。

进行运行模拟，确认将拾取零件放置于不同车厢内，如图 5-30 所示。

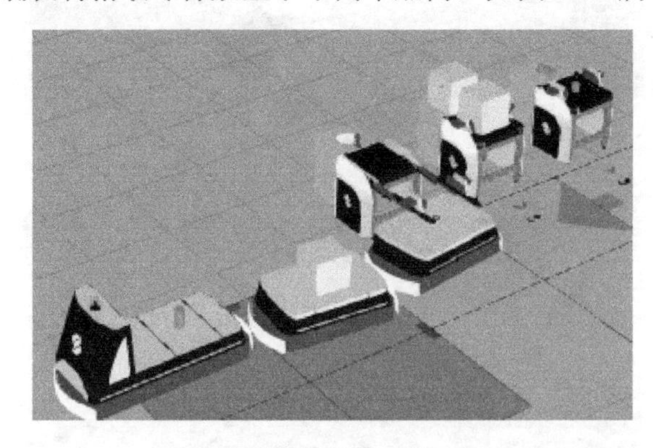

图 5-30　货物放置于不同车厢

5.3　AGV 场景应用

AGV 场景应用

在布局内导入如下组件。

直线路径：AGV Pathway；

拐角路径：AGV Crossing；

智能小车：AGV；

智能小车服务器：AGV Controller；

输出端：AGV Pick Location；

接收端：AGV Drop Location；

传送带：Conveyor；

导入本书 4.3 节完成的布局，并拆除传送带起始端的“Works Process（模块化指令编辑器）”组件，放置于一边备用。在布局内传送带的起始端与末尾端分别连接接收端与输出端（接收端对应传送带起始端，输出端对应传送带末尾端），如图 5-31 所示。

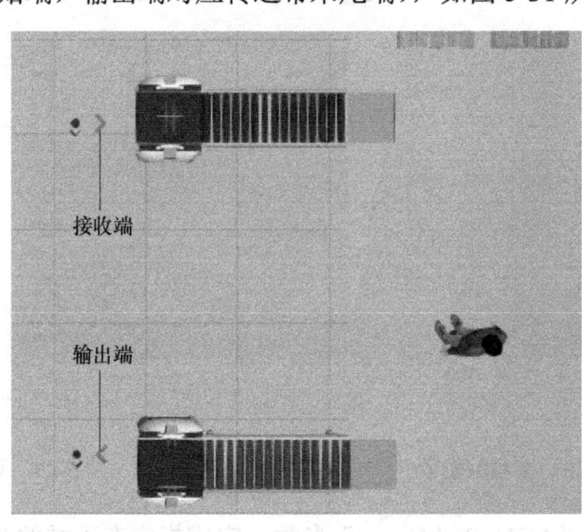

图 5-31　连接 AGV 端口

通过“PnP”方式连接“AGV Pathway（直线路径）”和“AGV Crossing（拐角路径）”组件，形成长方形状态，如图 5-32 所示，设置路径中较长一边的长度为 23000mm，其他尺寸均为默认。

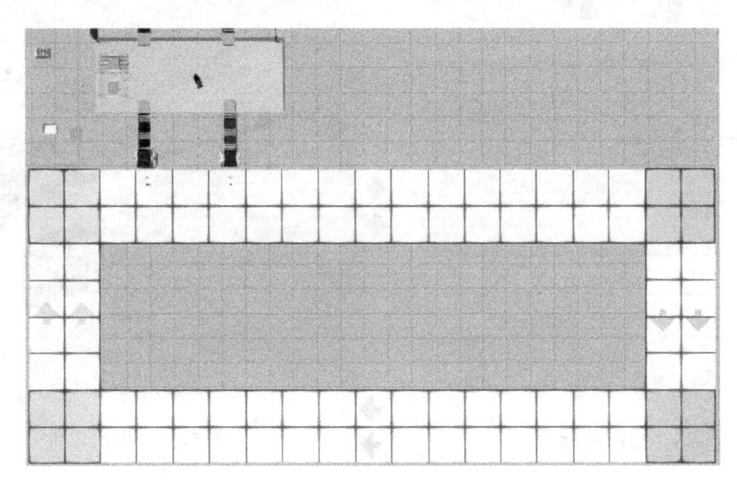

图 5-32　摆放路径

再次导入一个接收端与输出端，将二者分别放置于左侧与下侧，如图 5-33 所示。放置组件时调整车头停留方向（与路径方向相同），在放置的两个端口前分别安装一个传送带，如图 5-33 所示，然后将“AGV（智能小车）”组件的车头放在路径内。

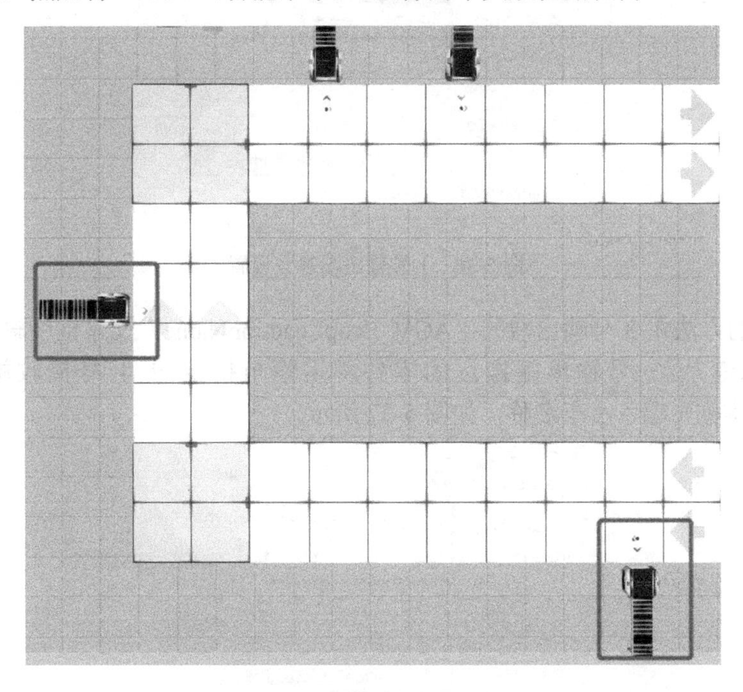

图 5-33　加入两个 AGV 端口

此时在布局内有两组输出端与接收端，以下操作中将以图 5-34 所示数字识别组件。将本节内容初始闲置的“Works Process（模块化指令编辑器）”组件连接至 1 号输出端的传送带起始位置，此时若进行模拟，可观察到所设置位置成为零件供给位置，如图 5-35 所示。

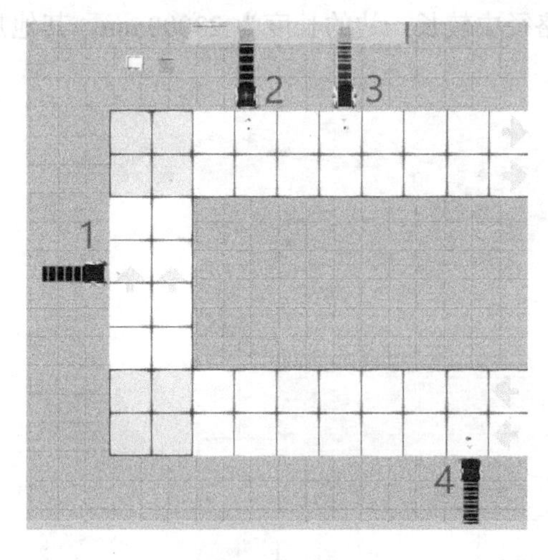

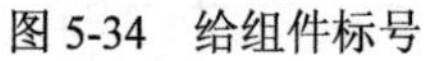
图 5-34　给组件标号

图 5-35　供给零件

此时选择 1 号输出端，在“组件属性”面板内找到“AGV_DropLoactionName”文本框，将 2 号接收端的组件名称输入其中，意味着从 1 号输出端搬运的零件将运输至指定的 2 号接收端。在“AGV_ID”文本框中输入小车名称，如图 5-36 所示。

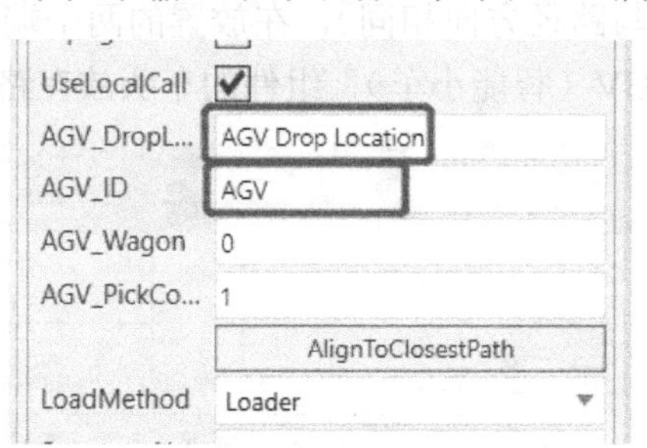

图 5-36　1 号输出端参数设置

按照相同的方法在 3 号输出端的“AGV_DropLoactionName”文本框中输入 4 号接收端的名称，意味着从 3 号输出端搬运的零件将运输至指定的 4 号接收端。同样，在“AGV_ID”文本框中输入小车名称，如图 5-37 所示。

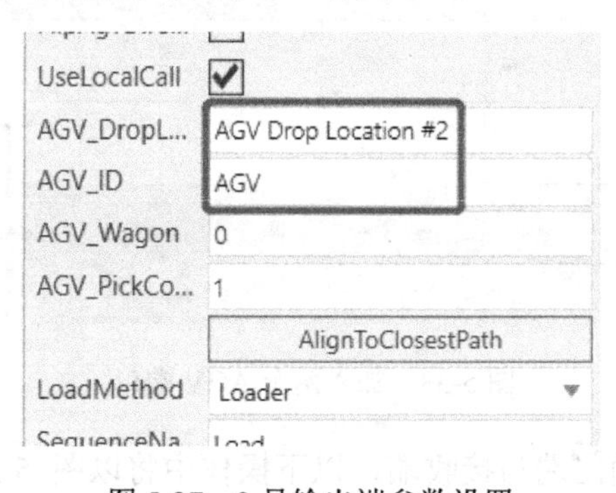

图 5-37　3 号输出端参数设置

选择“AGV（智能小车）”组件，在“组件属性”面板中的“AGV_ID”文本框中设置ID参数，如图 5-38 所示。此时运行布局，验证小车为生产线运输物料。

AGVSpeed	1000
AGVAcceler...	500
AGVDeceler...	500
Busy	✓
StackStep	200
AgvID	AGV
AreaID	Area1
TravelledDis...	0 mm
TravelledTime	0 s
Remaining	1

图 5-38　设置智能小车的 ID 参数

5.4　知识拓展

在布局中导入如下组件。

模块化指令编辑器：Works Process；

模块化任务服务器：Works_TaskControl；

零件：Block；

工程通道区：Works Pathway Area；

工程通道车道：Works Pathway Lane；

AGV 小车：MiR100；

AGV 服务器：Works Resource Pathfinder。

模块化指令生成路径

参考图 5-39 所示位置进行组件的摆放。

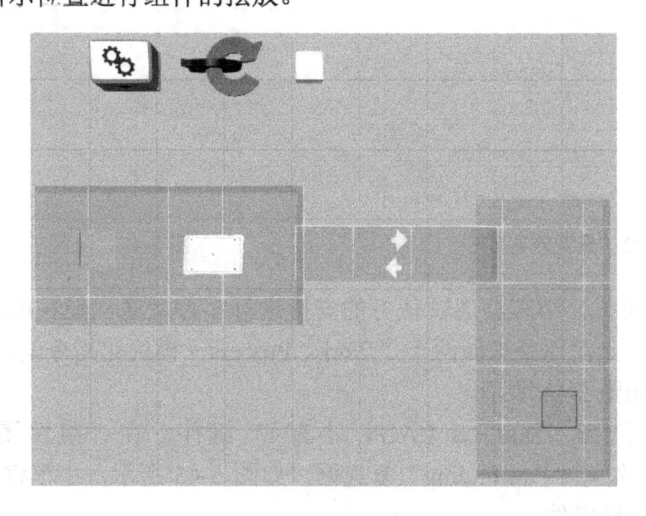

图 5-39　摆放组件

将两个“Works Pathway Area（工程通道区）”组件放在两侧（将其中一个通道区旋转90°），利用“Works Pathway Lane（工程通道车道）”组件进行连接。

将两个服务器与方体零件放在一侧。

将“Works Process（模块化指令编辑器）”组件与小车放在搭建的工程区域内。

在两个“Works Process（模块化指令编辑器）”组件中选择一个创建“Create”指令。同时对“Block（方体）”组件创建“Create”指令，如图 5-40 所示。继续在“Create”指令的基础上创建“Feed（抓取）”指令，如图 5-41 所示。

图 5-40　产生供给零件　　　　图 5-41　设置抓取

选择另一个“Works Process（模块化指令编辑器）”组件，为其创建“Need”指令，与上一步的“Feed”指令对应，如图 5-42 所示。将任务名称写入小车内，如图 5-43 所示。

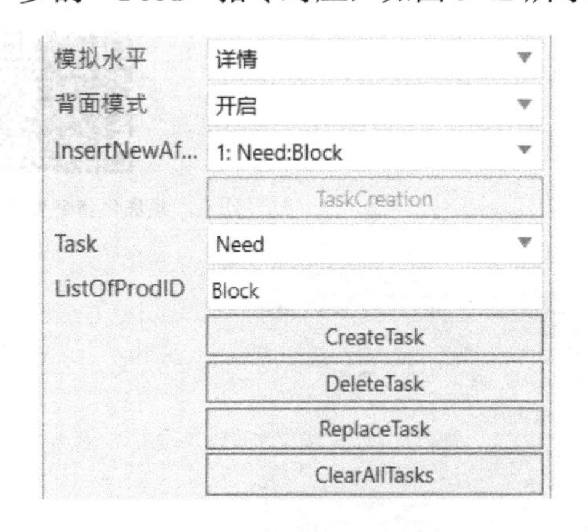

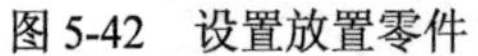
图 5-42　设置放置零件

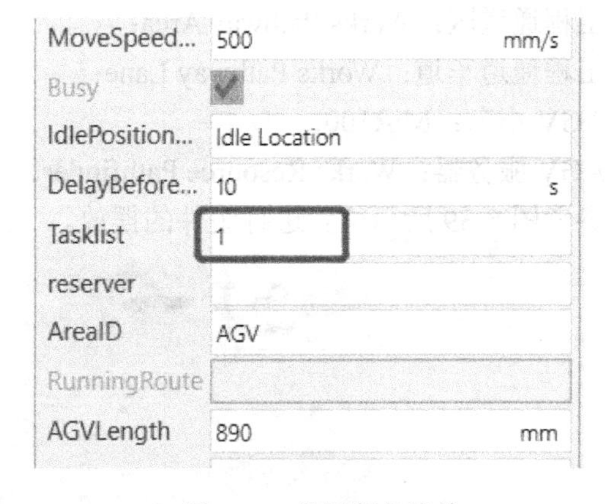

图 5-43　设置任务清单

此时进行布局模拟，小车会通过任务的安排进行零件运送，但在模拟过程中小车并未按照已放置的路径行走，而是按照两个“Works Process（模块化指令编辑器）”组件之间最短距离进行运送，如图 5-44 所示。

将布局重置，选择“MiR100（AGV 小车）”组件，在“组件属性”面板内选择“Optimization”组，勾选“Pathfinding”复选框，如图 5-45 所示，小车将检测路径，根据摆放的工作区与通道运送零件。

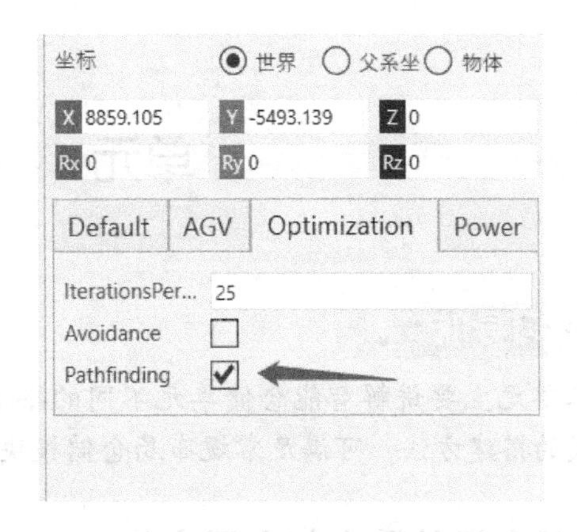

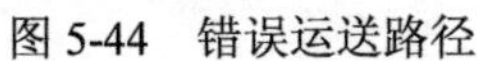
图 5-44　错误运送路径

图 5-45　勾选“Pathfinding”复选框

此时再次模拟，可观察到小车已经沿路径运送零件，如图 5-46 所示。

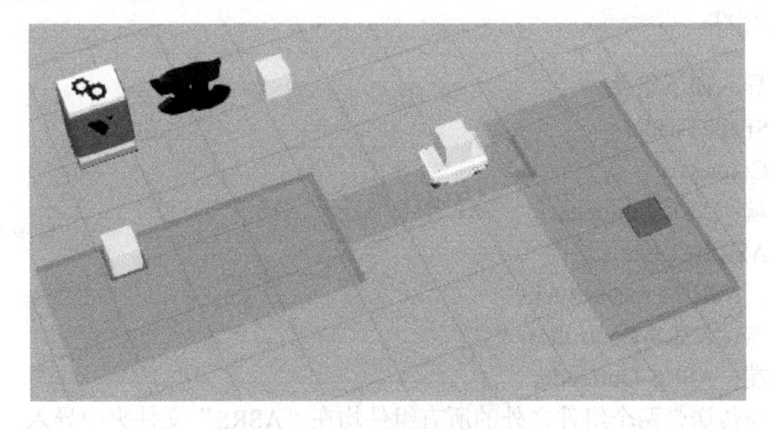

图 5-46　正确运送零件

单元 6　智能仓储

学习导航

本单元主要讲解智能仓储单元不同的搭建方式与运行方式，包含接口与模块化指令两种方式的搭建方法，可满足常规布局仓储模块的搭建需求。

6.1　单向组件导入与布局定位

一、导入组件

组件导入与布局定位

在布局中导入如下组件。

物料机：Shape Feeder；

传送带：Conveyor；

仓库接收端：ASRS-Infeeder；

上料机：ASRS-Crane；

单向仓库：ASRS-ProcessRack；

仓库服务器：ASRS-Controller；

仓库输出端：ASRS-Outfeeder。

除物料机与传送带两个组件之外的所有组件均在“ASRS”文件夹中导入。

二、单向仓储组件位置摆放

在本节中，可以按照工序搭建工作站。将物料机与传送带连接起来作为仓储工作站的零件供给组件，在此基础上将“ASRS-Infeeder（仓库接收端）”组件连接至传送带末端位置，如图 6-1 所示，而所连接的接收端作为仓储单元的零件接收组件，因此零件进入仓储单元所经过的第一个组件就是仓库接收端。

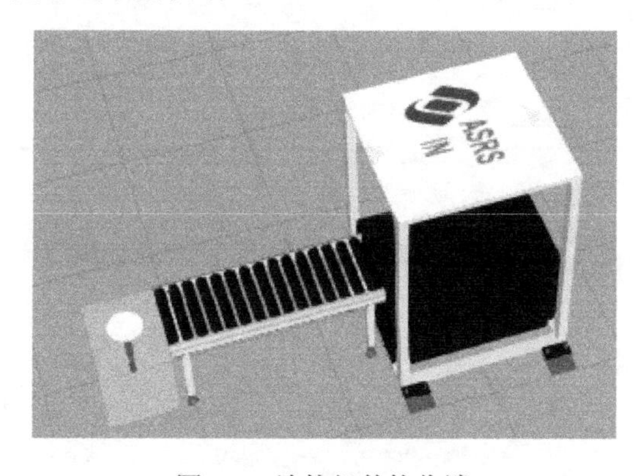

图 6-1　连接组件接收端

零件经过仓库接收端后等同于进入仓储单元体系，紧接着零件将由上料机运至仓库各个储放栏放置。将上料机与仓库接收端连接，如图 6-2 所示，但在连接时因为角度与朝向的原因可能会产生错位现象，如图 6-3 所示。

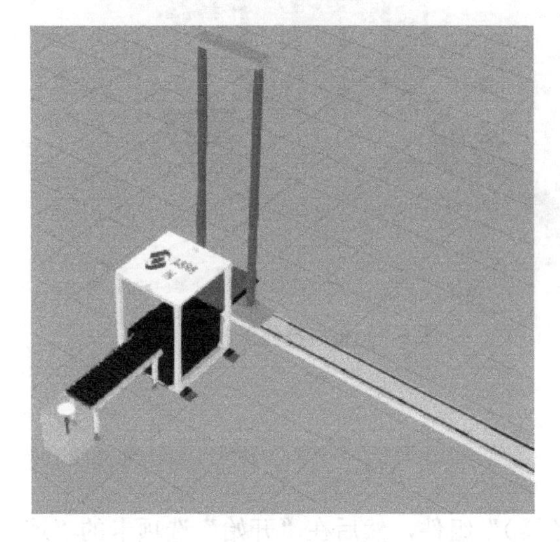

图 6-2 连接上料机

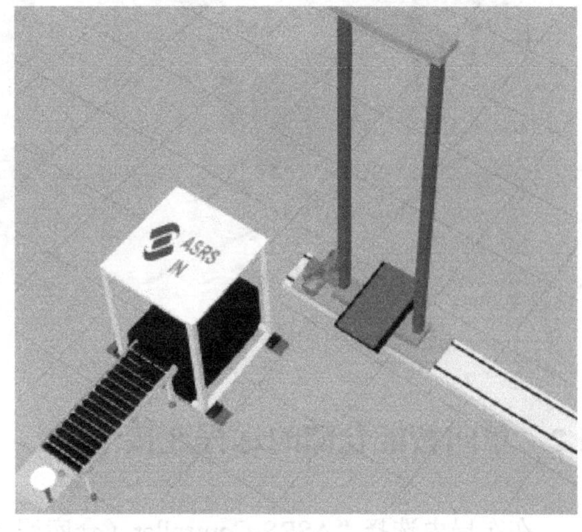

图 6-3 上料机非正常连接

而零件错位情况会在连接上料机与连接仓库时出现。图 6-4 所示为连接仓库时产生的错误现象。若遇到此类情况，可选择对应组件（上料机错位选择仓库接收端，仓库错位选择单向仓库），在“组件属性”面板内找到“GrowLeft”复选框，勾选或取消勾选该复选框即可将组件连接方位翻转至另一侧，如图 6-5 所示。

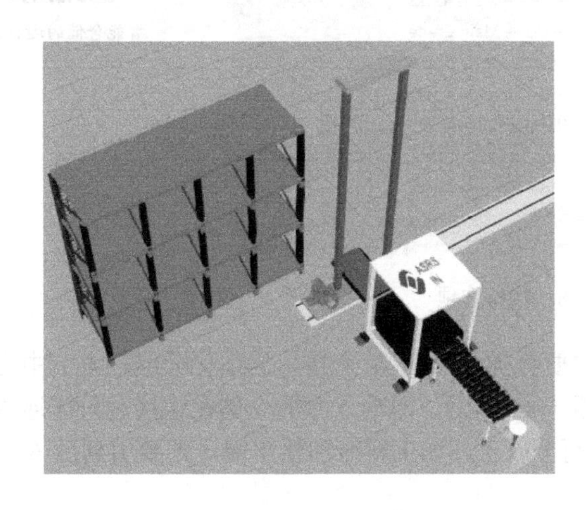

图 6-4 仓库非正常连接

TableLength	1250
TableWidth	800
TableHeight	700
CoverLength	1250
CoverWidth	1200
CoverHeight	1700
GrowLeft	☑

图 6-5 勾选“GrowLeft”复选框

将导入的仓库输出端连接至仓库右侧，并在后端连接传送带，如图 6-6 所示。最后将单向仓库连接至上料机后，初步完成一个简化仓储的摆放。将对应的仓储服务器摆放至已搭建的工作站旁，如图 6-7 所示。

图 6-6　连接输出端

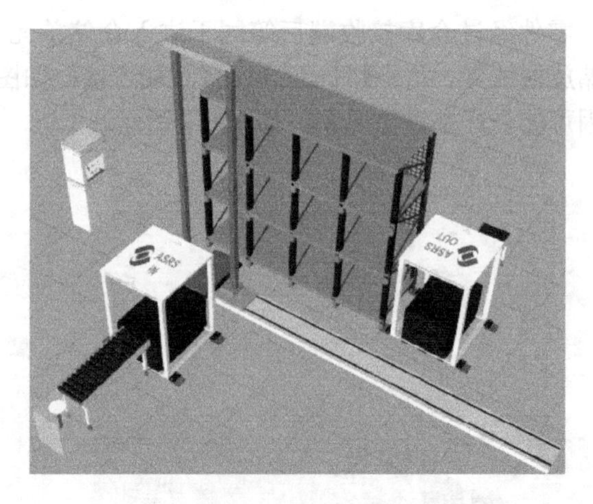

图 6-7　布局整体摆放

6.2　单向智能仓储的远程连接

在布局内选择“ASRS-Controller（仓库服务器）”组件，然后在“开始”选项卡的“连接”组中，单击“接口”按钮打开。由于选择了服务器，因此在单击“接口”按钮后，服务器旁边会出现关于其组件的接口选项端口，如图 6-8 所示。

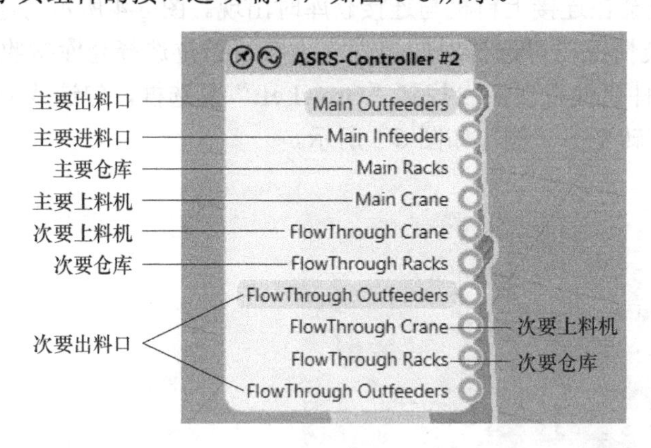

智能仓储的远程连接

图 6-8　接口选项

在接口选项端口中，前 4 个接口为主要分类，后面 6 个接口为细化分组。本节中为单向入库的仓储模式（组件可与前 4 个选项一一对应），单向入库的仓储在连接时只需连接前 4 个接口选项端口。若某个组件为两个或两个以上，如上料机和输出端，则要用到后 6 个细化接口选项端口。

将“Main Outfeeders（主要出料口）”接口连接至对应输出端，如图 6-9 所示。

将“Main Infeeders（主要进料口）”接口连接至对应的接收端，如图 6-10 所示。

将“Main Racks（主要仓库）”接口连接至对应的仓库，如图 6-11 所示。

将“Main Crane（主要上料机）”接口连接至对应的上料机，如图 6-12 所示。

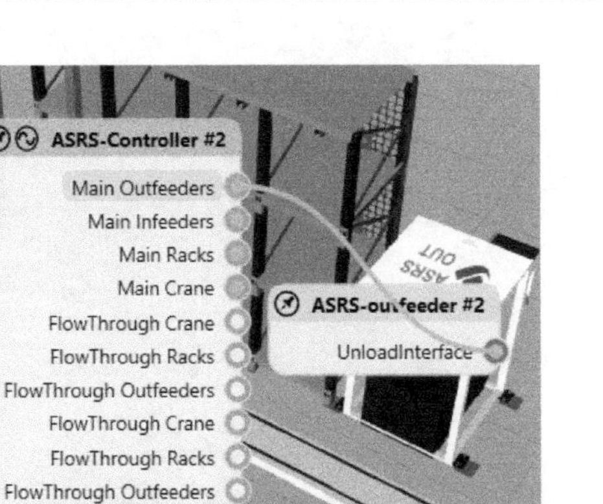

图 6-9　连接输出端

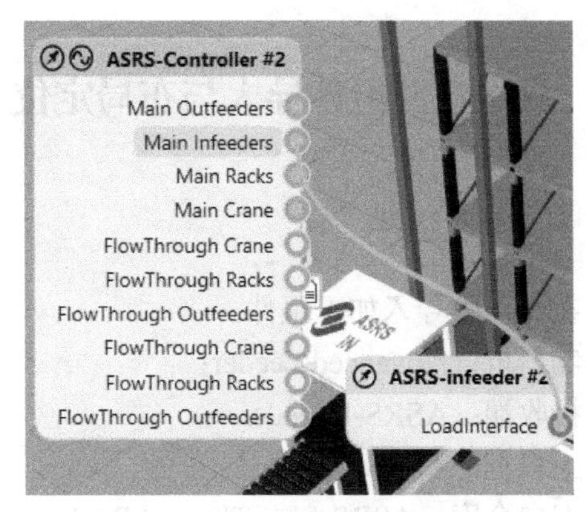

图 6-10　连接接收端

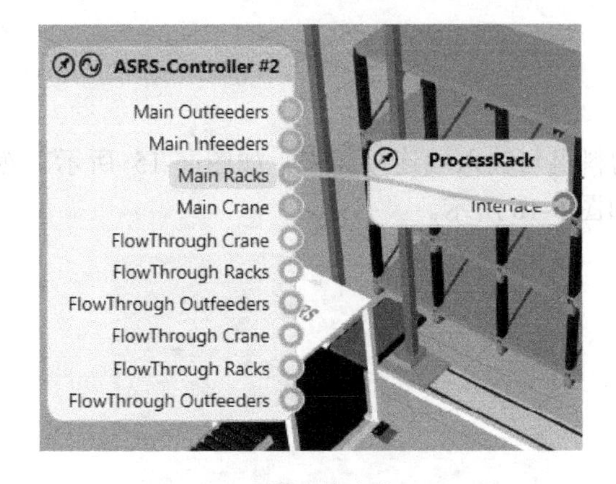

图 6-11　连接仓库

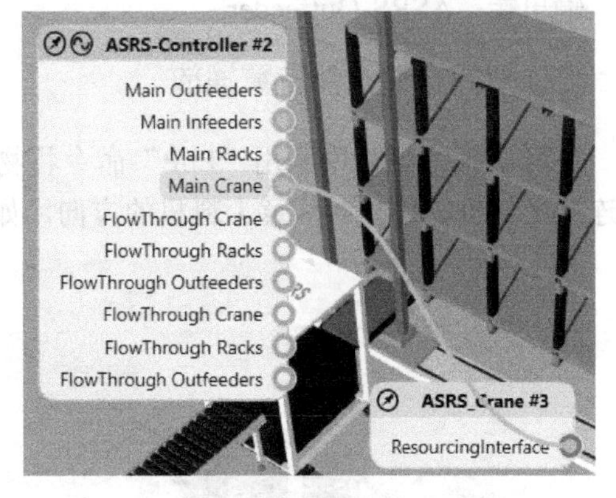

图 6-12　连接上料机

继续选择仓库输出端，在“组件属性”面板内勾选“LocalOrder”复选框，如图 6-13 所示，下方出现输出类参数设置。

此时进行布局模拟，可观察到零件入库后会间隔一段时间出库，如图 6-14 所示。

TableWidth	800
TableHeight	700
CoverLength	1250
CoverWidth	1200
CoverHeight	1700
LocalOrder	☑
GrowLeft	☐

图 6-13　勾选“LocalOrder”复选框

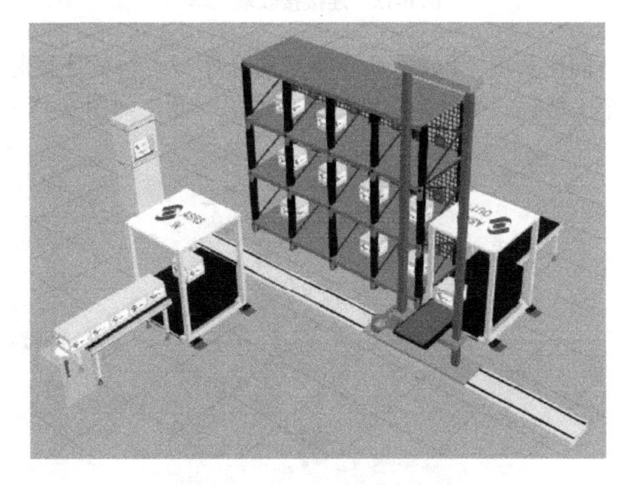

图 6-14　零件的入库与出库

6.3 双向仓储组件导入与布局定位

一、导入组件

在布局中导入如下组件。

物料机：Advanced Feeder；

接收端：ASRS-Infeeder；

上料机：ASRS-Crane；

双向仓库：ASRS-FlowThroughRack；

仓储服务器：ASRS-Controller；

输出端：ASRS-Outfeeder。

二、双向仓储组件位置摆放

在已导入的组件中利用“PnP”命令将物料机与输入端连接起来，如图 6-15 所示。然后连接上料机，连接时注意上料机的方向，如图 6-16 所示。

图 6-15　连接接收端

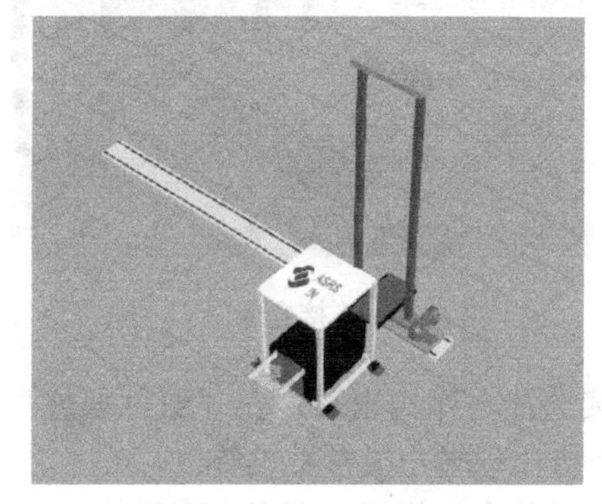

图 6-16　连接上料机

同样利用“PnP”命令将双向仓库与上料机连接起来，如图 6-17 所示。然后再次导入一个上料机（下料）并连接至仓库另一侧，如图 6-18 所示。

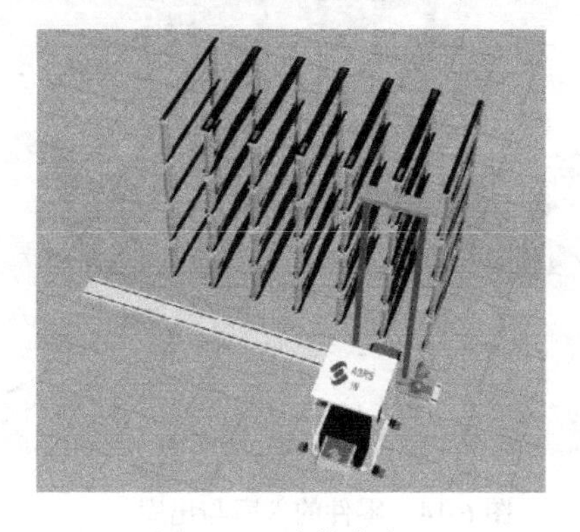

图 6-17　连接仓库

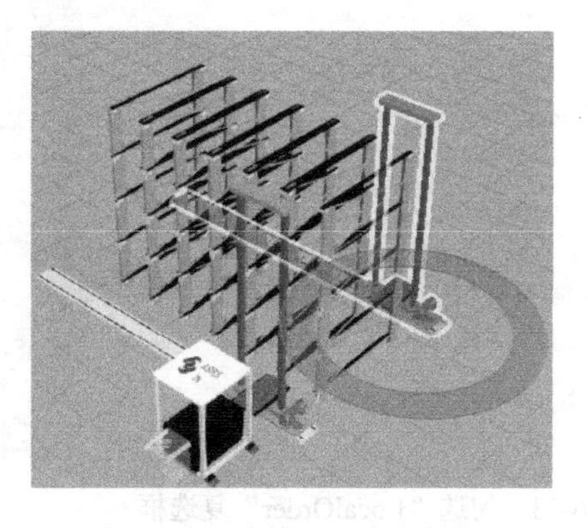

图 6-18　连接另一个上料机

将输出端与上料机（下料）连接起来，如图 6-19 所示。最后将一条传送带连接至输出端，作为产品运输机构（部分仓库会因无传送带而无法运行模拟），如图 6-20 所示。

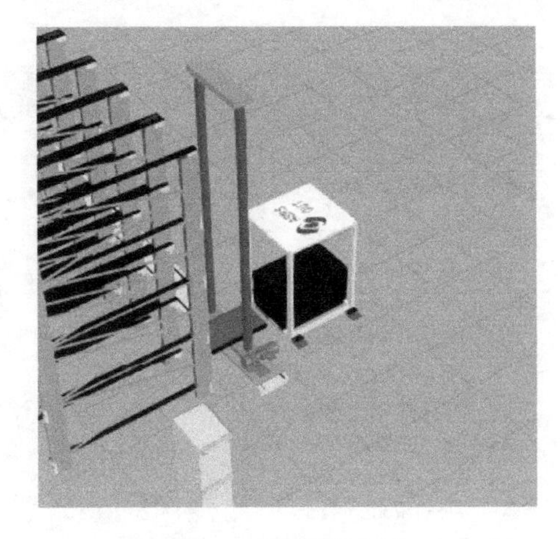

图 6-19 连接输出端

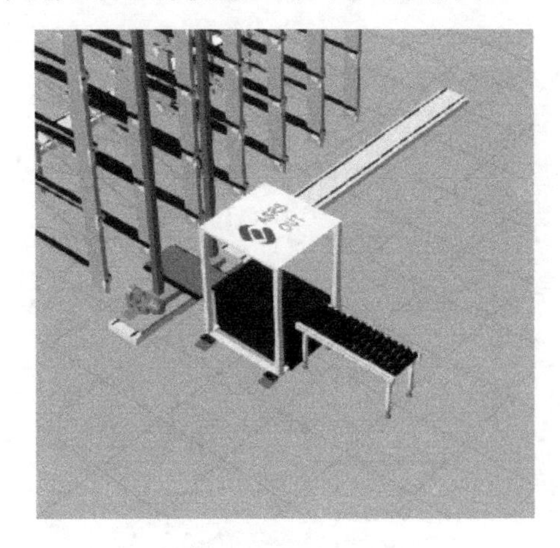

图 6-20 连接传送带

6.4 双向智能仓储的远程连接

一、指定零件输出

在布局中选择仓储服务器，将组件接口打开，此时根据布局中组件的数量可判断连接接口时，需要用到服务器接口中的后 6 个接口选项，对其进行接口设置。后 6 个接口选项为两组分组，根据本节布局内的组件数量只需要占用一组接口即可。

将服务器接口选项展开后，按照顺序进行连接。将“Main Infeeders（主要进料口）”接口连接至接收端，如图 6-21 所示。将“Main Crane（主要上料机）”接口连接至接收端方向的上料机（与接收端所连接的上料机），如图 6-22 所示。

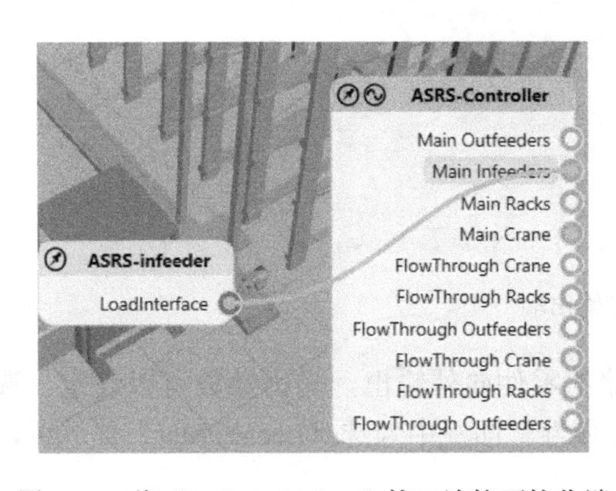

图 6-21 将“Main Infeeders”接口连接至接收端

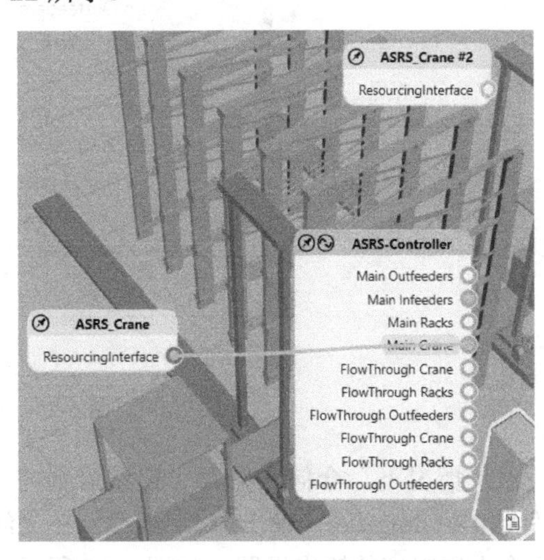

图 6-22 将“Main Crane”接口连接至上料机

将“FlowThrough Crane（次要上料机）”接口连接至另一侧的上料机，如图 6-23 所示。将“FlowThrough Racks（次要仓库）”接口连接至双向仓库，如图 6-24 所示。

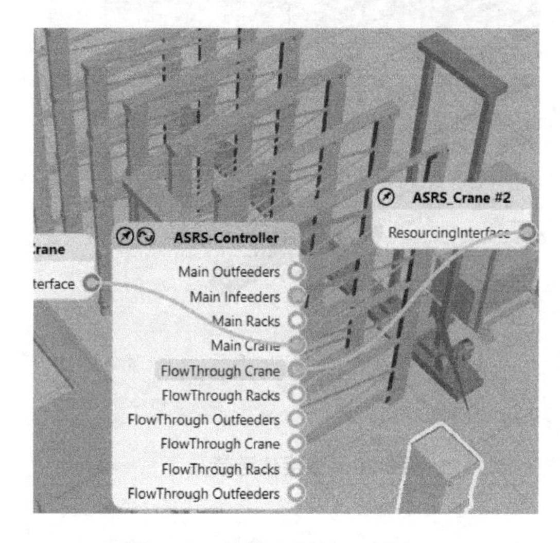

图 6-23　连接上料机（下料）

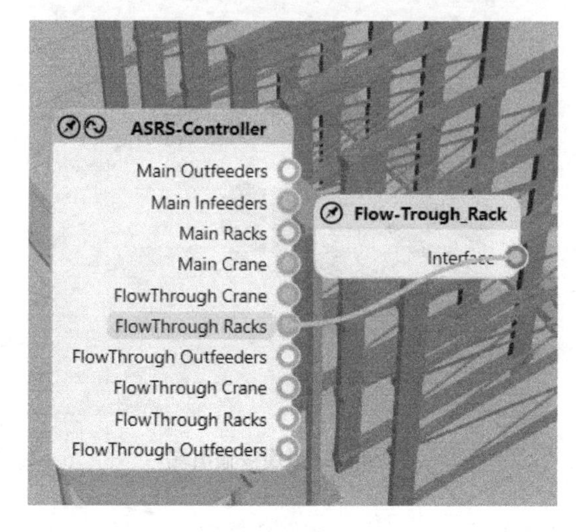

图 6-24　连接双向仓库

最后将“FlowThrough Outfeeders（次要出料口）”接口连接至输出端，如图 6-25 所示。至此完成所有接口连接，勾选“ASRS-Outfeeder（输出端）”组件的“组件属性”面板中的“LocalOrder”复选框，此时布局中具备了与单向仓储工作站相同的功能。

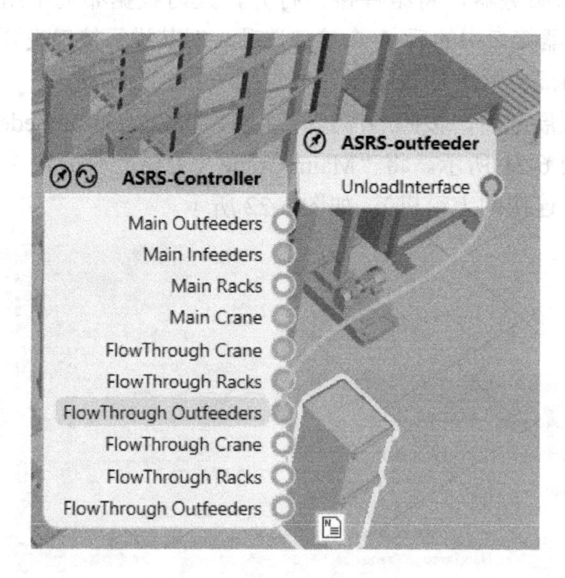

图 6-25　连接输出端

默认情况下，仓储在储存一定量后会将仓储的零件向外输出，输出参数可以设定。选择“ASRS-Outfeeder（输出端）”组件，在“组件属性”面板中勾选“LocalOrder”复选框，下方会出现对应的输出设置，如图 6-26 所示。

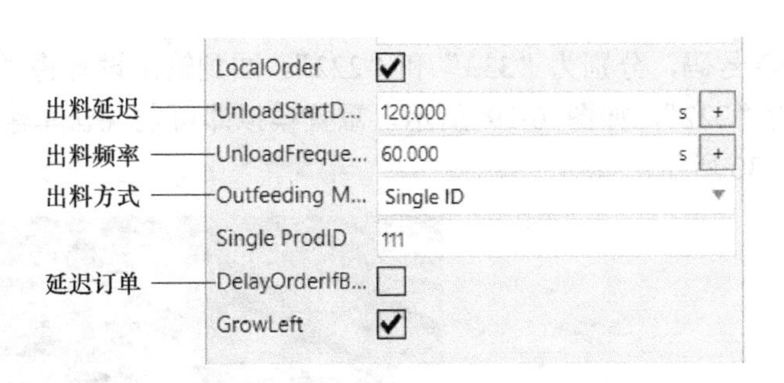

图6-26　输出设置

“UnloadStartDelay（出料延迟）”文本框是在模拟布局开始后等待设置的时间值，默认值为120s。“UnloadFrequency（出料频率）”文本框表示每隔一段时间向外输出物料，默认值为60s，在此设置为20s，如图6-27所示。“Outfeeding Mode（出料方式）”列表框内有三个出料方式设置，默认情况下为“Sing ID（指定ID输出）”，与“Sing ProdID”文本框呼应，可在“Sing ProdID”文本框中输入需要输出的组件ID，默认为111。

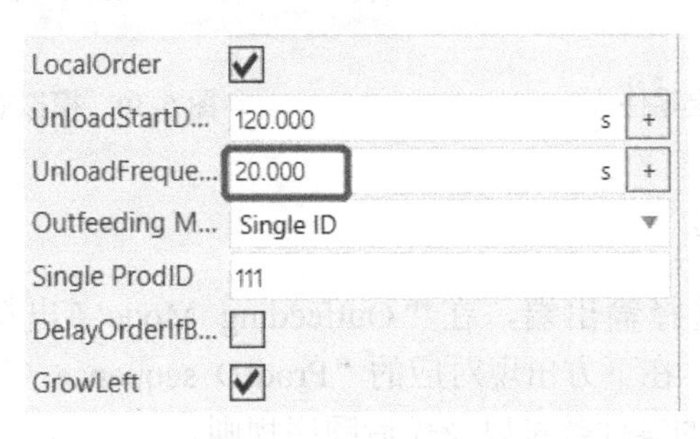

图6-27　更改间隔时间

运行模拟可观察到物料机会输出三种不同的零件，在零件入库后，只有红色“Cylinder（圆柱）”零件被运送出库，此时将布局暂停，选择红色圆柱零件，在其“组件属性”面板内可看到“Prod ID”文本框中显示为“111”，如图6-28所示。因此，在输出设置中的“Sing ProdID”文本框中输入的参数决定着模拟中输出的零件。

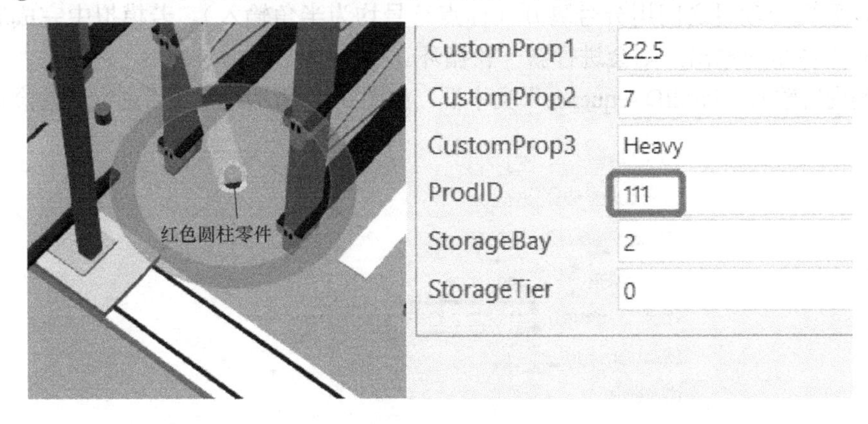

图6-28　检验组件ID

此时在布局内选择紫色的“Cube（方块）”组件与白色“Parametric Pallet（托板）”组

件，均显示不同的 ID 号码，分别为“333”和“222”。回到输出设置将“Single ProdID”文本框中的参数更改为“222”，如图 6-29 所示，重置模拟即可发现仓库输出的零件更改为紫色方块零件，如图 6-30 所示。

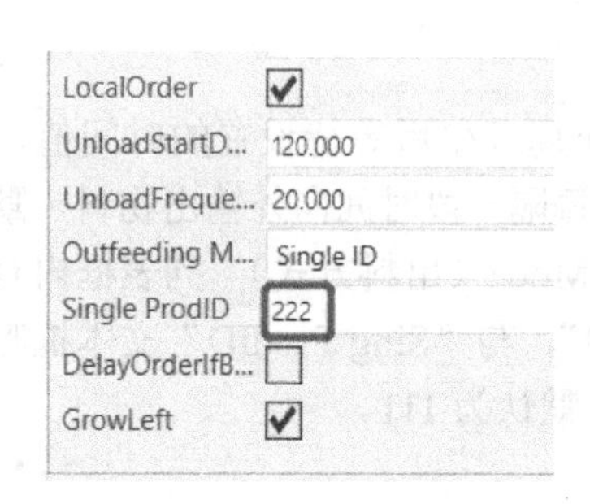

图 6-29　指定零件

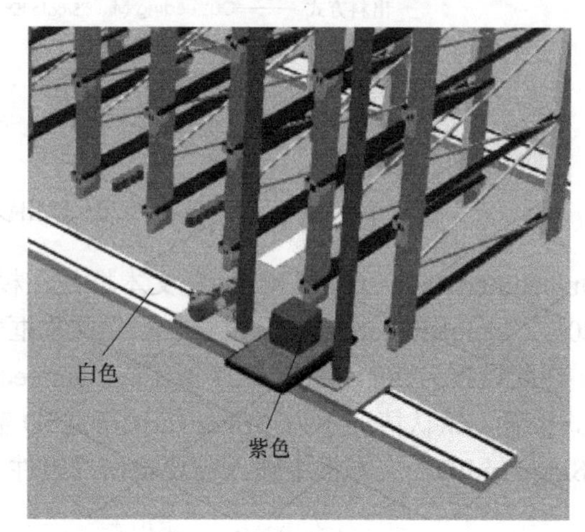

图 6-30　模拟效果

二、设置多零件输出

回到输出设置中，选择输出端，在“Outfeeding Mode（出料方式）”列表框中选择“Sequence（顺序）”选项，在下方出现对应的“ProdID sequence（组件 ID 顺序）”文本框，在文本框中可以指定输出的零件数量以及先后顺序规则。

例如：“111，1；222，2；333，3”，表示将输出三个“ProdID”为“111”“222”“333”的零件，每个零件按照先后顺序排列，并且有对应的输出个数。

“ProdID”为“111”的零件先行输出 1 个，然后“ProdID”为“222”的零件输出 2 个，最后“ProdID”为“333”的零件输出 3 个。

在“ProdID sequence”文本框中输入内容时遵循“<ProdID，数量>”格式，若涉及多个项目输出，则每个项目之间用分号隔开（标点符号均为半角输入）。若模拟中完成选项指定的零件及对应数量的输出，则会进行新一轮循环。

将示例内容输入“ProdID sequence”文本框，如图 6-31 所示。完成后进行成果检验。

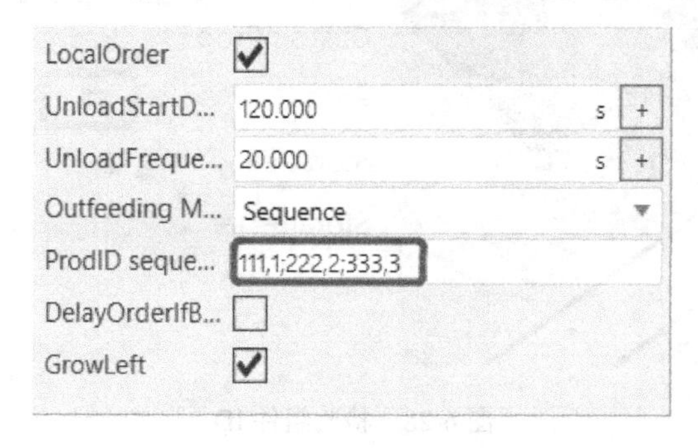

图 6-31　设置输出规则

6.5 智能仓储场景应用

在布局内导入如下组件。

传送带：Conveyor；

仓库接收端：ASRS-Infeeder；

上料机：ASRS-Crane；

单向仓库：ASRS-ProcessRack；

仓库服务器：ASRS-Controller；

仓库输出端：ASRS-Outfeeder。

智能仓储场景应用

导入本书5.3节完成的布局，在布局中找到图6-32所示的零件卸货区，在卸货区基础上将接收端连接至传送带末端位置，如图6-33所示，意味着零件经传送带运送至仓储单元。

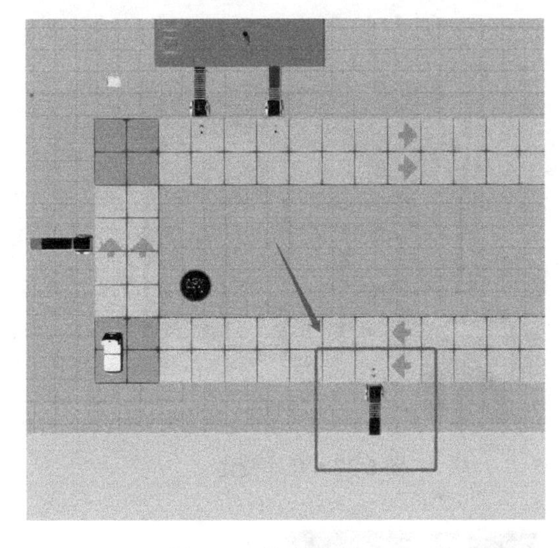

图6-32 找到卸货区

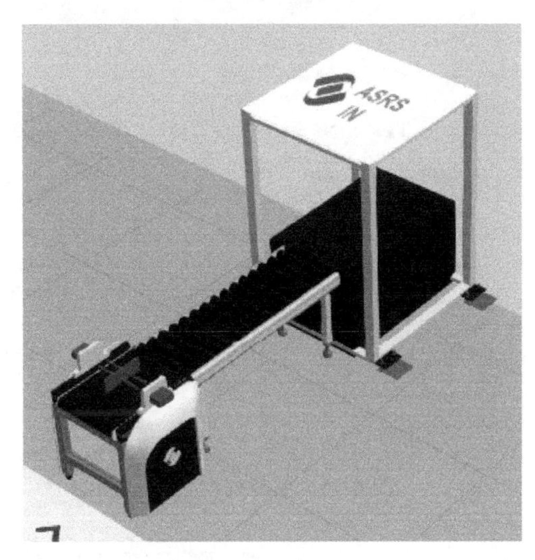

图6-33 连接接收端

零件经过接收端后等同于进入仓储单元体系，紧接着零件将由上料机运送至仓库各个储放栏放置。将上料机与接收端连接，如图6-34所示，在此基础上继续将仓库与上料机连接起来，如图6-35所示。在进行组件连接时，若有组件方向发生错误的现象，则可通过接收端与仓库组件中的“GrowLeft”复选框调整连接方向。

在布局摆放中最后将服务器放在工作站旁即可。在布局初步搭建后通过观察可知仓库的储放位置较小，选择“ASRS-ProcessRack（单向仓库）”组件，在“组件属性”面板内找到“Tiers（层）”与“Bays（列）”两个文本框，仓库储放格在软件中显示为三层四列，也对应了默认属性设置中的“Tiers”为“3”和“Bays”为“4”的设置。更改默认设置，将“Tiers”改为“4”，将“Bays”改为“5”，如图6-36所示，与其对应的仓库在布局中的大小也会随着变化，如图6-37所示。

利用“TierHeight”“BayWidth”“BayDepth”文本框可以单独设置储放格的大小。

在调整好的基础上将输出端连接至单向仓库旁边，并在输出端后面连接一个传送带，如图6-38所示。

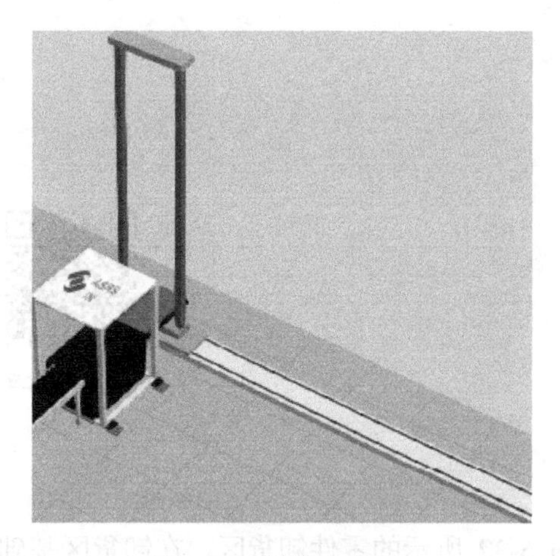

图 6-34　连接上料机

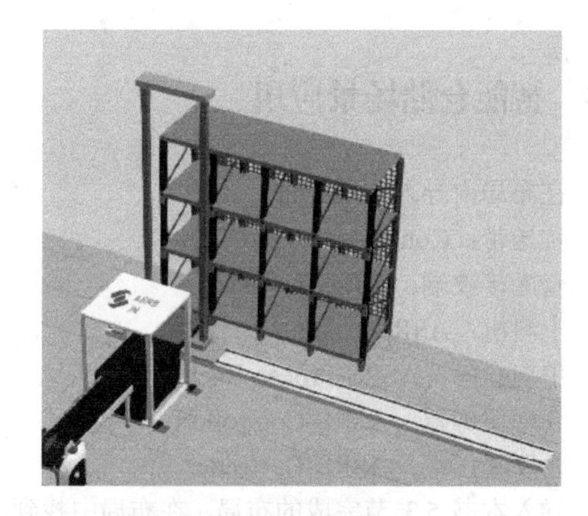

图 6-35　连接仓库

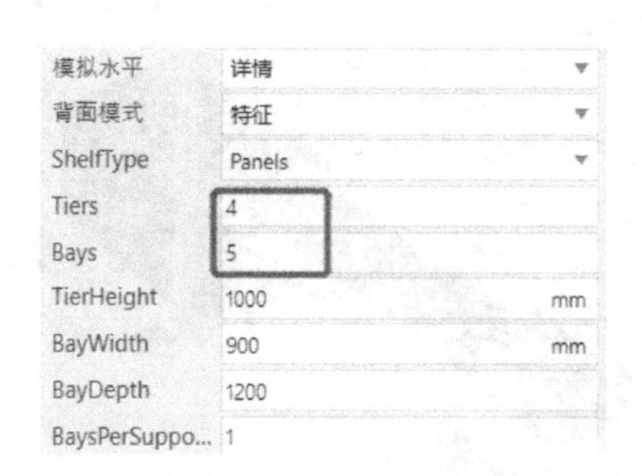

图 6-36　层与列设置

图 6-37　仓库变化

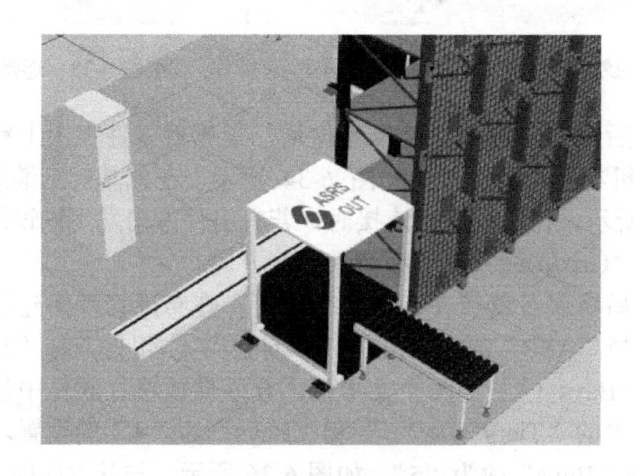

图 6-38　连接输出端与传送带

在布局中选择“ASRS-Controller（仓库服务器）”组件，将其接口展开。

将“Main Outfeeders（主要出料口）”接口连接至对应的输出端，如图 6-39 所示。

将“Main Infeeders（主要进料口）”接口连接至对应的接收端，如图 6-40 所示。

将“Main Racks（主要仓库）”接口连接至对应的仓库，如图6-41所示。

将“Main Crane（主要上料机）”接口连接至对应的上料机，如图6-42所示。

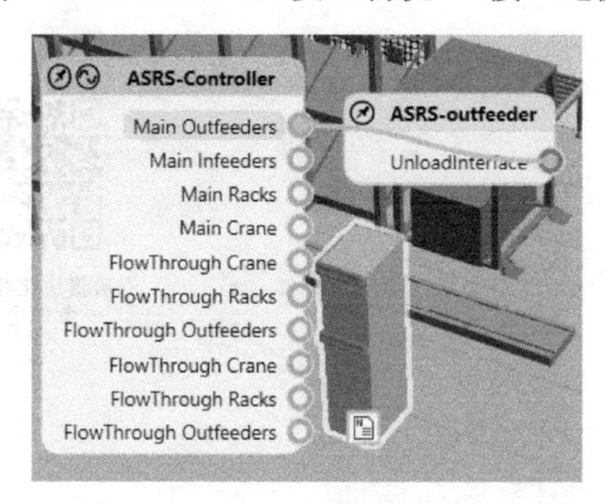

图6-39　连接输出端

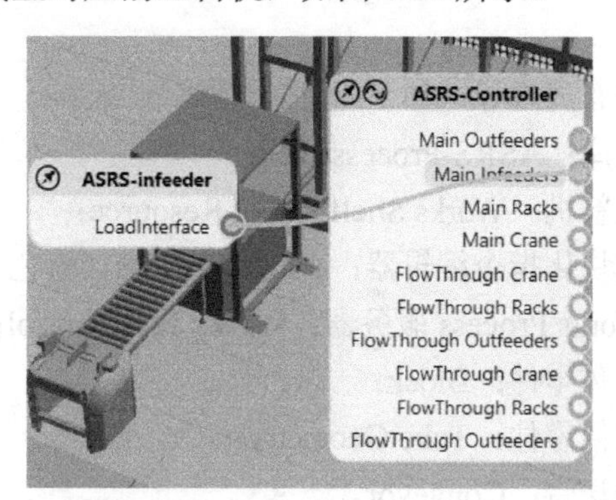

图6-40　连接接收端

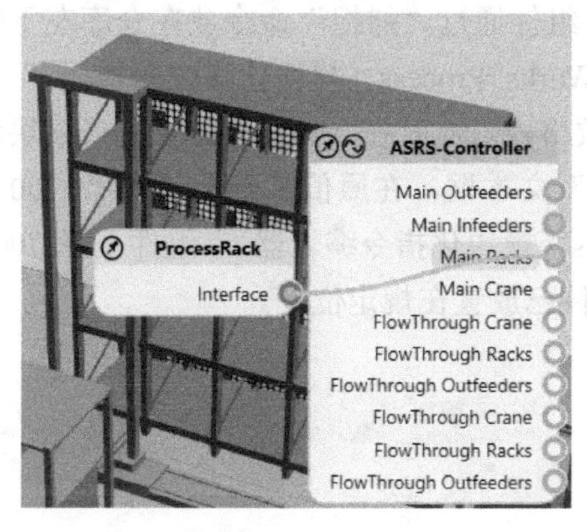

图6-41　连接仓库

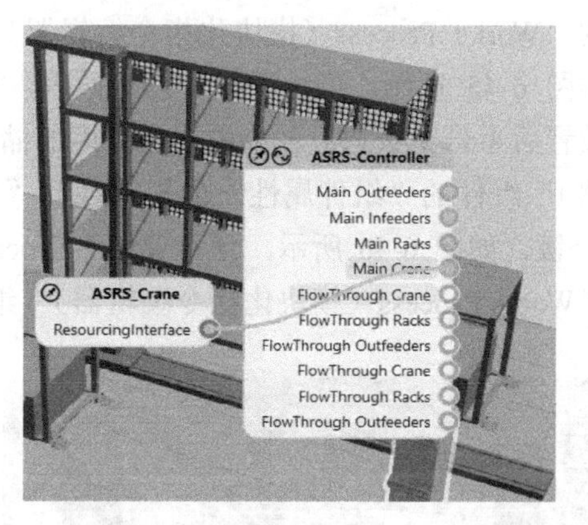

图6-42　连接上料机

选择输出端，在“组件属性”面板内勾选“LocalOrder”复选框，列出输出设置，在默认设置的“Single ProdID”文本框中输入导入的“Empty Crate #2”组件（因布局内最后输出的组件名称为Empty Crate #2），如图6-43所示。完成后进行布局模拟，可观察到零件进入仓库一段时间后，由上料机将零件运输至输出端，然后向外输送零件，如图6-44所示。

CoverHeight	1700
LocalOrder	☑
UnloadStartD...	120.000 s
UnloadFreque...	60.000 s
Outfeeding M...	Single ID
Single ProdID	Empty Crate #2
DelayOrderIfB...	☐
GrowLeft	☐

图6-43　指定输出零件

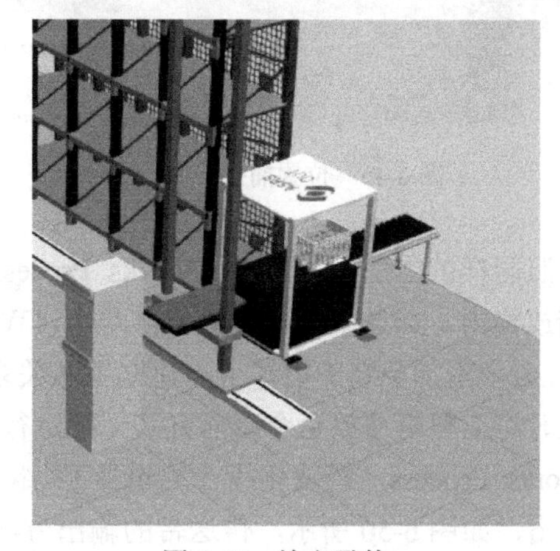

图6-44　输出零件

6.6 知识拓展

在布局内导入如下组件。

利用模块化指令制作智能仓储

仓库：ASRS-ProcessRack；
上料机：Works Shelf Robot Resource；
模块化指令编辑器：Works Process（紫色）；
Works Process 服务器：Works TaskControl；
方体零件：Block；
圆筒零件：Tube Geometry；
传送带：Conveyor。

在布局内导入组件后对组件进行摆放，首先将仓库单独放在一个空白的位置，然后将导入的“Works Process（模块化指令编辑器）”组件通过“捕捉”命令放在仓库左下角的仓位，如图 6-45 所示。但由于组件设定原因，“Works Process（模块化指令编辑器）”组件被捕捉放置后为悬空状态，并未放置在仓库的储放格内。此时在“Works Process（模块化指令编辑器）”组件的“组件属性”面板中找到“Z”文本框，在原值基础上输入“-700”并按<Enter>键，如图 6-46 所示，使“Works Process（模块化指令编辑器）”组件下降 700mm。此时“Works Process（模块化指令编辑器）”组件已放置在规定位置。

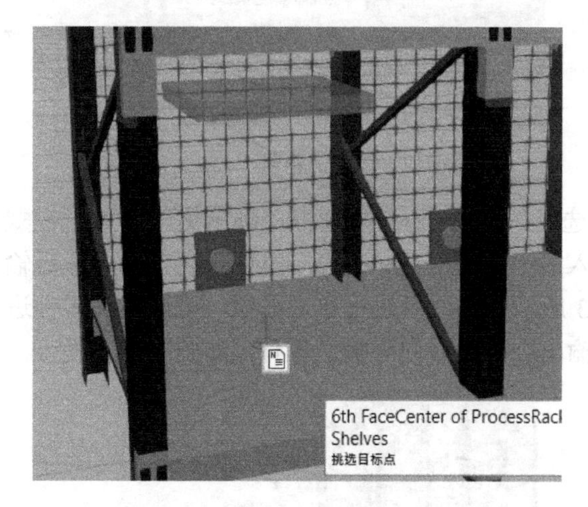

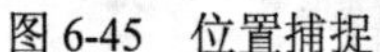

图 6-45　位置捕捉

图 6-46　修改组件高度坐标

按照同样的方法将另一个“Works Process（模块化指令编辑器）”组件放置在第一层第三个储放格内，如图 6-47 所示。将两个“Works Process（模块化指令编辑器）”组件利用“附加”命令附加至仓库组件上，建立主从关系，如图 6-48 所示。

此时将上料机摆放至仓库前方（无须进行组件 PnP 连接），如图 6-49 所示。然后将两个“Works Process（模块化指令编辑器）”组件放置在上料机前方，并与传送带连接，用于产品输出，如图 6-50 所示，传送带的输出方向为向外输出。

图6-47　放置组件位置

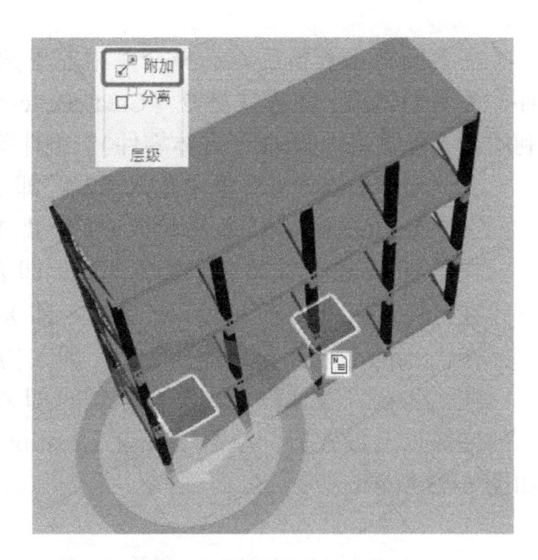

图6-48　建立主从关系

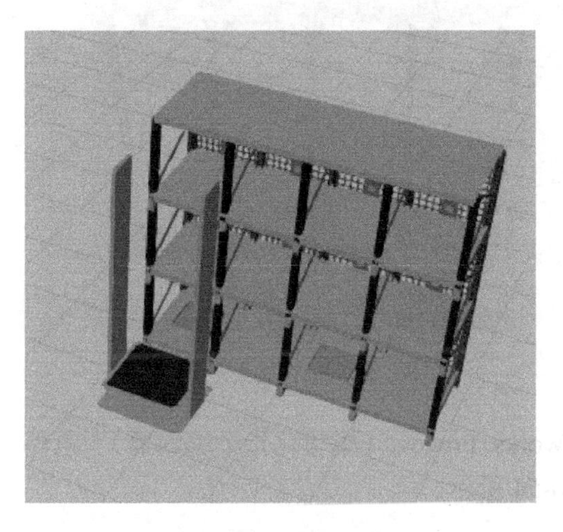

图6-49　放置上料机

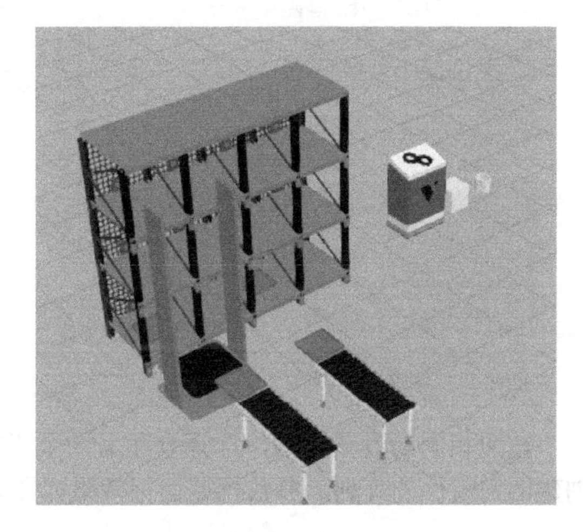

图6-50　放置输出位置

利用“测量”命令，测量仓库储放格之间的间距，得出横向距离为 900mm，纵向距离为 1000mm，如图6-51所示。

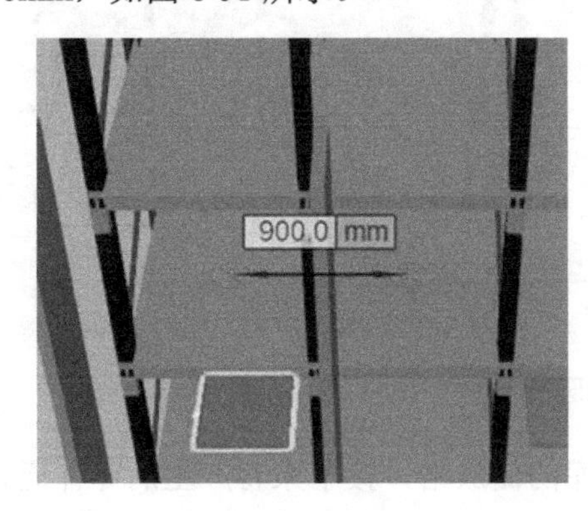

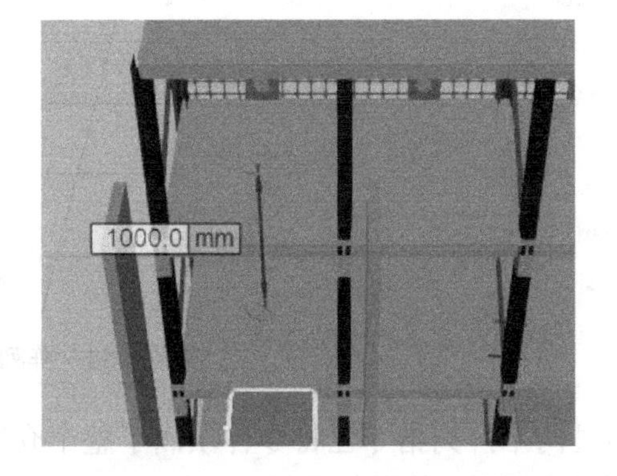

图6-51　储放格间距

得到间距参数值后，选择仓库中左下角的“Works Process（模块化指令编辑器）”组件，为其创建第一条模块指令“CreatePattern（阵列产生）”，在任务中找到并选中该指令，利用指令参数将“Block（方体零件）”组件阵列产生，使组件占据半个仓库的储放格。

在“AmountX”文本框中输入“2”，即 X 方向阵列 2 个零件。

在“AmountY”文本框中输入“1”，即 Y 方向不做阵列。

在“AmountZ”文本框中输入“3”，即 Z 方向阵列 3 个零件。

在“StepX”文本框中输入“900”，即 X 方向阵列间距为 900mm（数值为测量所得）。

在“StepY”文本框中输入“1”，即 Y 方向不做阵列。

在“StepZ”文本框中输入“1000”，即 Z 方向阵列间距为 1000mm（数值为测量所得）。

完成以上设置后，单击“Task Creation”按钮提交任务，如图 6-52 所示，运行效果如图 6-53 所示。

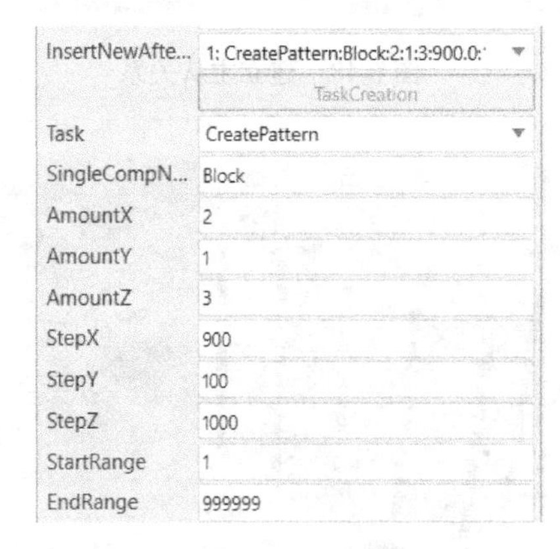

图 6-52 指令参数设置

图 6-53 运行效果

按照相同的设置方法，选择仓库另一个“Works Process（模块化指令编辑器）”组件，创建圆筒零件的阵列，参数预期运行效果如图 6-54 所示。

Task	CreatePattern
SingleCompN...	TubeGeo
AmountX	2
AmountY	1
AmountZ	3
StepX	900
StepY	100
StepZ	1000
StartRange	1
EndRange	999999

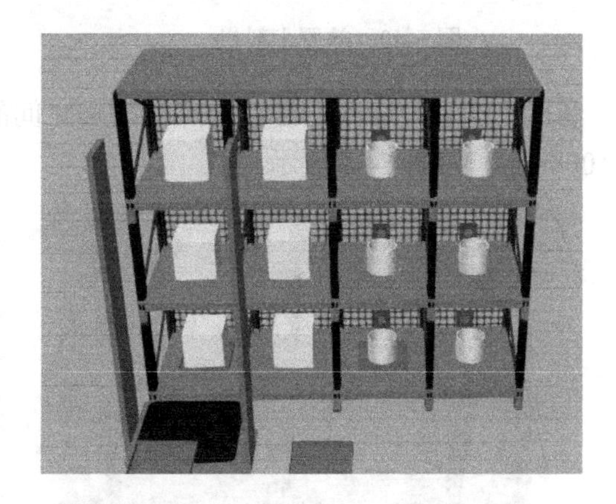

图 6-54 阵列圆筒零件

通过两个阵列指令已将零件填满了整个仓库的储放格，接下来将产生的零件通过上料机分别运输至两个传送带进行输出。

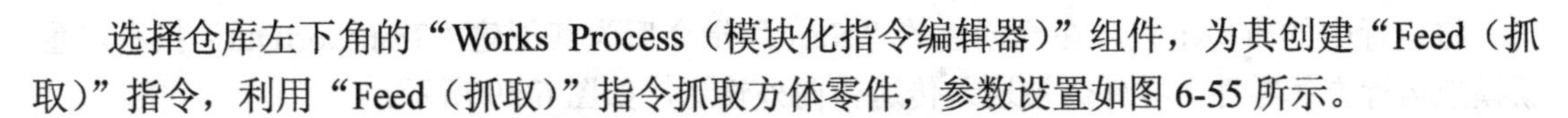

选择仓库左下角的“Works Process（模块化指令编辑器）”组件，为其创建“Feed（抓取）”指令，利用“Feed（抓取）”指令抓取方体零件，参数设置如图 6-55 所示。

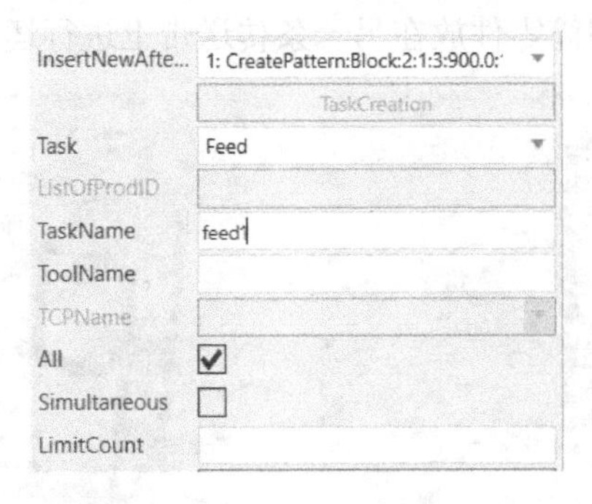

图 6-55　创建“Feed（抓取）”指令

在左侧传送带起始位置的“Works Process（模块化指令编辑器）”组件内创建“Need（放置）”指令，参数设置如图 6-56 所示，将方体零件放在此处。而作为抓放指令需要有执行单位的支撑，因此在布局内选择上料机，在“组件属性”面板内的“TaskList”文本框中输入抓取指令设置的任务名称，如图 6-57 所示。

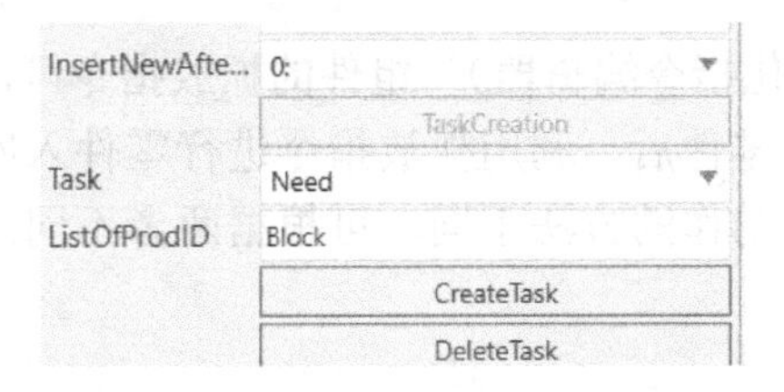

图 6-56　创建“Need（放置）”指令

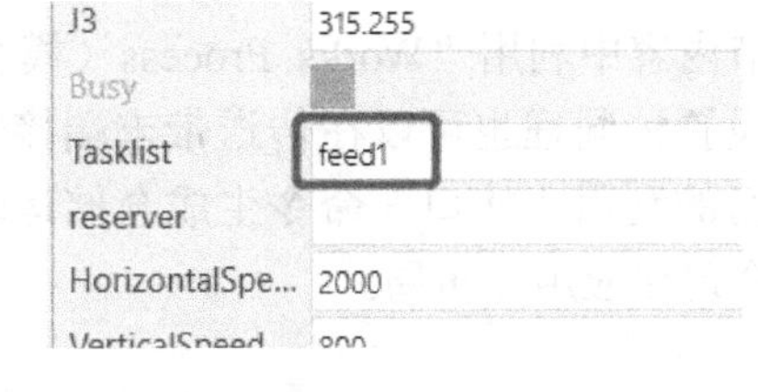

图 6-57　指定执行单位

此时进行布局模拟，可以发现仓库中的方体零件被上料机运送至外侧的“Works Process（模块化指令编辑器）”组件内，如图 6-58 所示，但运送的零件只会放置在传送带起始位置，并不会向外输送。这是因为此时的零件位于“Works Process（模块化指令编辑器）”组件上，并未运送至传送带，而此类问题只需创建一个“TransportOut”指令即可。

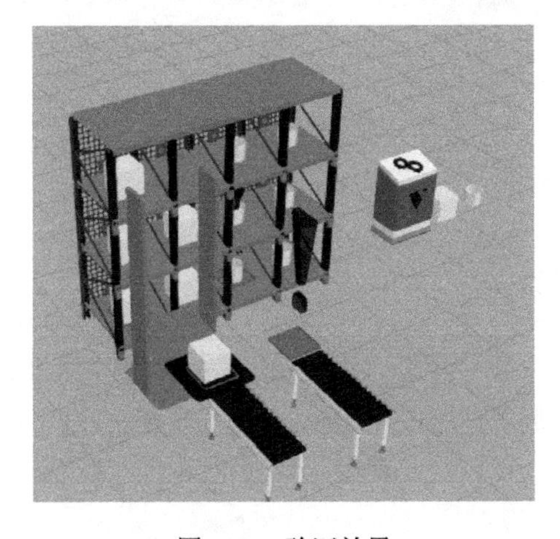

图 6-58　验证效果

将运行中的布局重置，在已创建的“Need”指令后为其创建“TransportOut”指令。重新模拟运行方体零件，零件会被送入传送带向外输送，如图 6-59 所示。

按照相同的设置方法将圆筒零件放在另一条传送带上进行运送与输出，如图 6-60 所示。

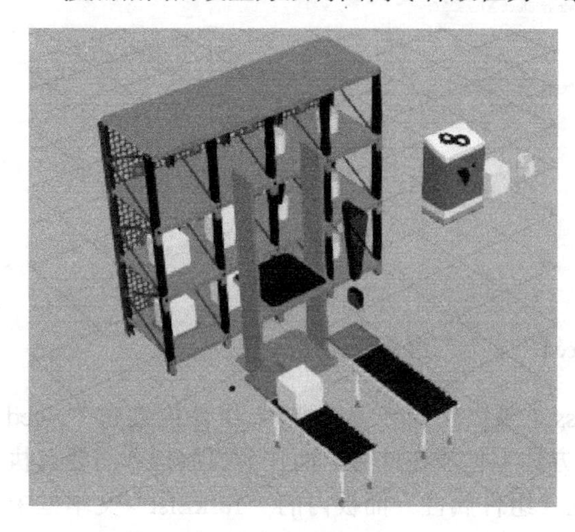

图 6-59　正常输出

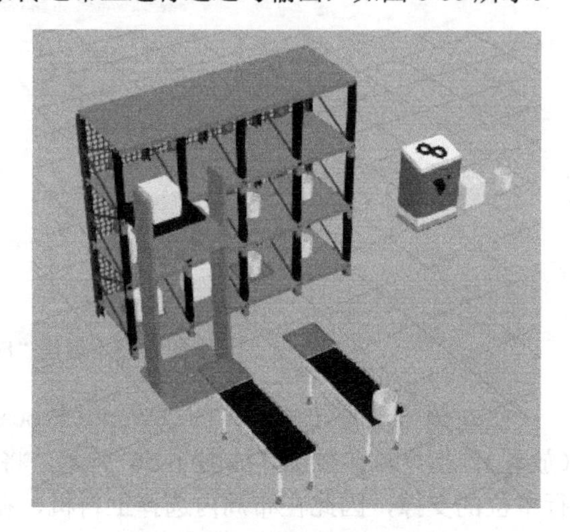

图 6-60　两个组件的分类运输

在本节内容中利用“Works Process（模块化指令编辑器）”组件的抓放指令可以对零件进行出库设置，同理也可以在传送带末端接收零件后，利用抓放指令进行零件入库设置。与之前学习的利用“接口”命令生成仓储运输动作的方法不同，可根据两者不同的布局要求，进行合理化应用与布局。

单元7　创建虚拟智能工厂

学习导航

在本单元中，以之前完成的布局为基础，将两条相同的零件供给线融入生产线内，完成整个生产线的搭建运营。

7.1　零件供给输出

生产线的有序运行离不开零件的供给。在本单元中增加 3 条产品线的前提条件就是有与之对应的 3 条零件供给线，在之前的布局中只有 1 条零件供给线，需要增加 2 条零件供给线。

导入本书 6.5 节的布局，并将以下组件导入布局内。

模块化指令编辑器：Works Process；

传送带：Conveyor；

AGV 输出端：AGV Pick Location。

零件供给输出

找到布局中零件供给线的位置，在位置旁创建两条相同的零件供给线。将两条传送带的起始端与末尾端分别与模块化指令编辑器和 AGV 输出端连接，位置摆放如图 7-1 所示。

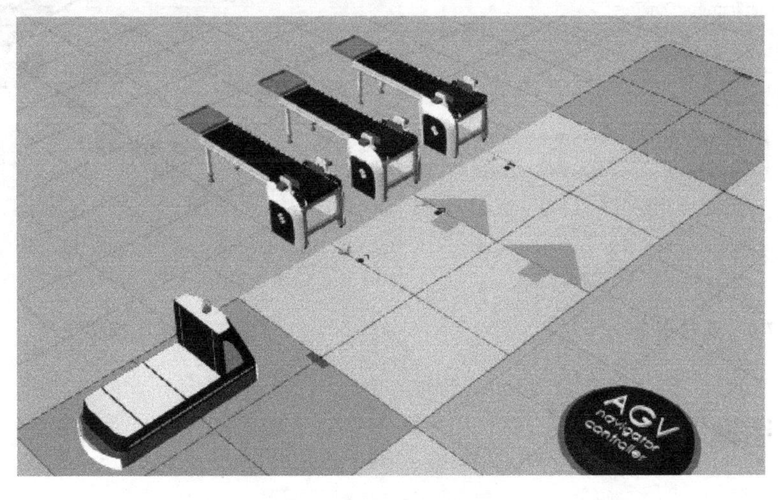

图 7-1　出料位置摆放

在图 7-2 所示的 3 条零件供给中，1 号供给线为原有供给线，2 号和 3 号为新加入的供给线。此时选择 1 号供给线的“Works Process（模块化指令编辑器）”组件，在“组件属性”面板中显示已创建的产生与输出任务，如图 7-3 所示。这就意味着在模拟时零件在产生后会即刻输出并且一直无间隔重复该过程，使零件的输出频率较高。

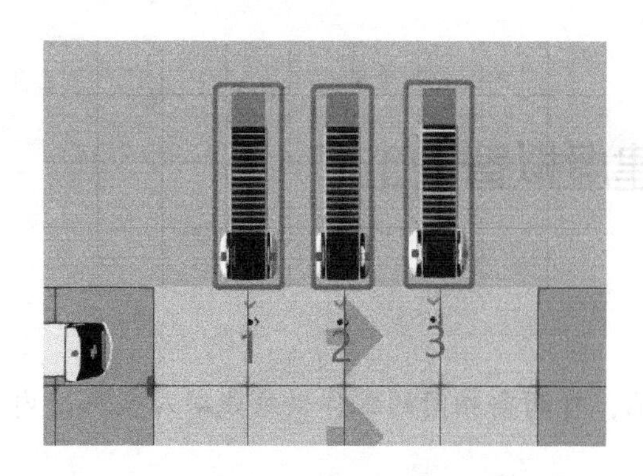

图 7-2　供给线标识

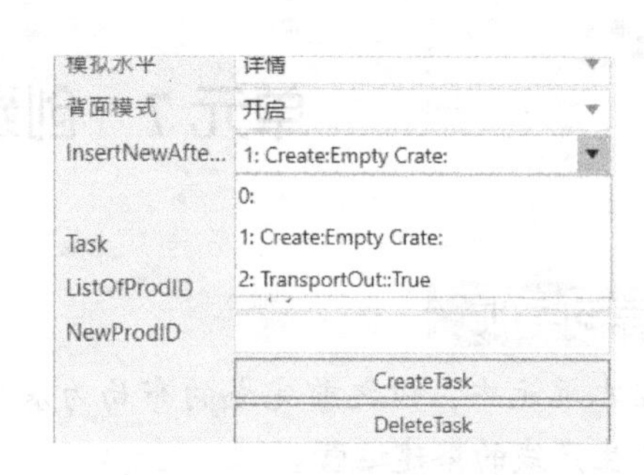

图 7-3　查看已创建的任务

解决此问题的方法是在输出指令之后加入一个“Delay（延时）”指令，在任务中找到并将其选中后只需在“DelayTime”文本框中输入需要延迟的时间，单位为 s，在这里输入“200”，单击“Create Task”按钮即可创建任务指令，如图 7-4 所示。这样零件在产生并输出后会等待 200s，之后再进行零件的产生与输出（每隔 200s 产生一个零件）。

在 2 号与 3 号供给线的“Works Process（模块化指令编辑器）”组件内创建“Create（产生组件）”“TransportOut（输出）”“Delay（延时）”指令，使 3 条供给线同时供应“Empty Crate”组合零件，如图 7-5 所示。

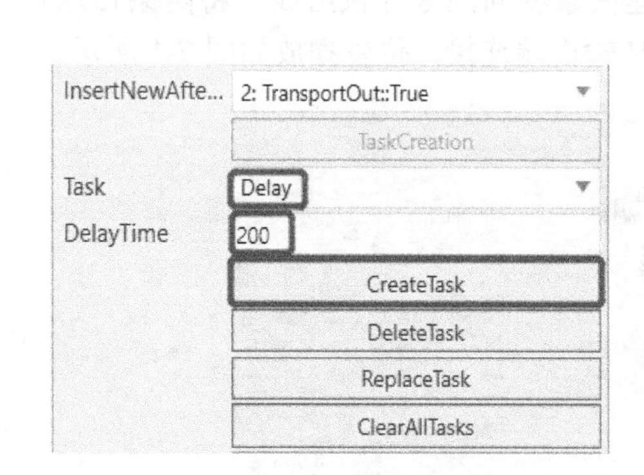

图 7-4　延时指令

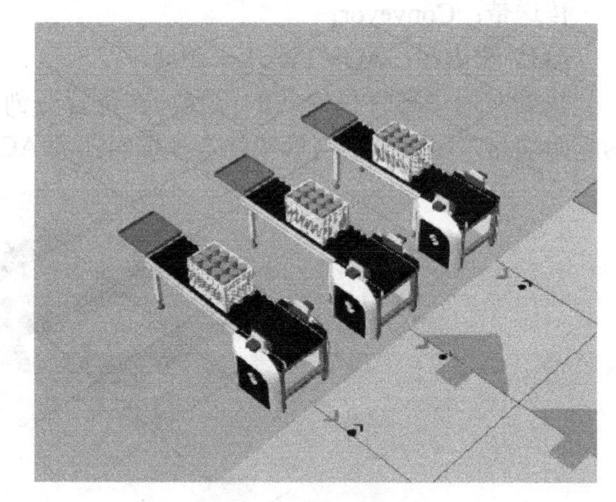

图 7-5　输出模拟图

7.2　AGV 运输

AGV 运输

在本节中，需要对原有的单个小车与单项运输线路进行更改，运输的节点将增加两组，小车的数量也将增加一组。同时介绍小车充电站与车厢等组件的设置方法。

在布局中导入如下组件。

直线路径：AGV Pathway；

拐角路径：AGV Crossing；

充电站：AGV Charging Station；
车头：AGV Train；
接收端：AGV Drop Location；
输出端：AGV Pick Location；
车厢：AGV Wagon；
传送带：Conveyor。

在布局中图 7-6 所示的位置是留给将要创建的两条生产线的，因此在该位置可放置对应的两个工作站的“AGV Drop Location（接收端）”组件。在放置时应注意与周围其他组件的距离，并且预留出生产线的位置，如图 7-7 所示。

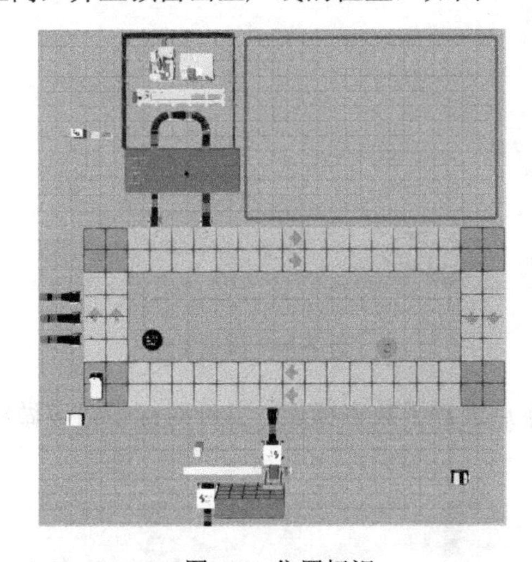

图 7-6　位置标识

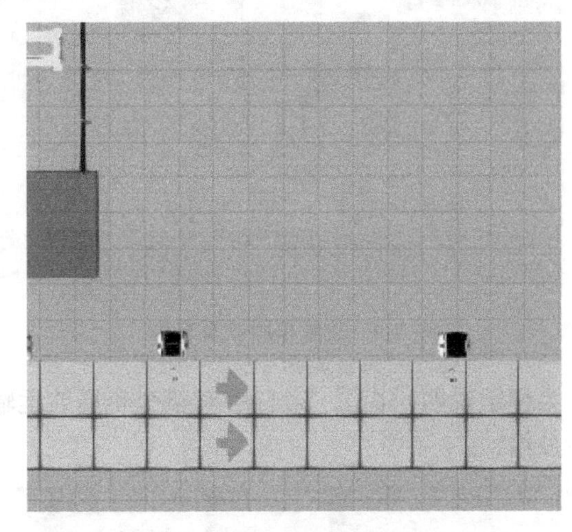

图 7-7　放置接收端

在两个接收端后面放置两个传送带，在两个接收端右侧放置两个连接传送带的输出端，如图 7-8 所示。完成后布局具备三个工作站的装货点与卸货点。

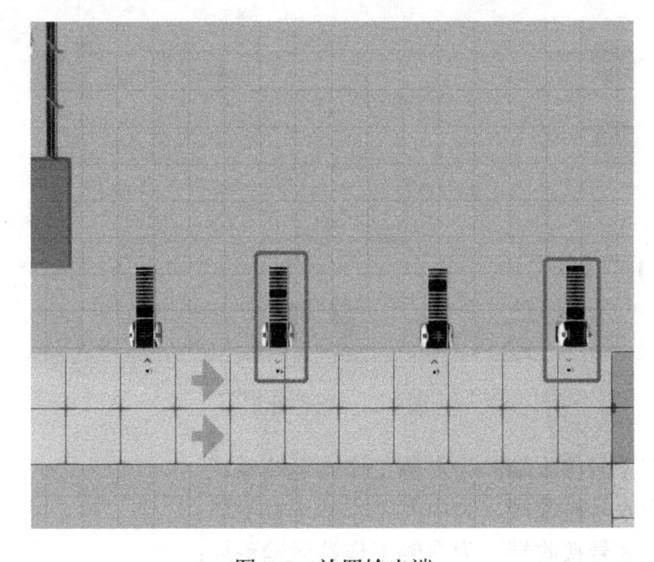

图 7-8　放置输出端

导入两组“AGV Wagon（车厢）”组件，并放置在布局原有 AGV 车头后方。将已导入的“AGV Train（车头）”组件放置在路径拐角处，如图 7-9 所示。

此时选择带有车厢的 AGV 车头，在“组件属性”面板的“ListOfWagons”文本框中输入 2 个车厢的名称，如图 7-10 所示。

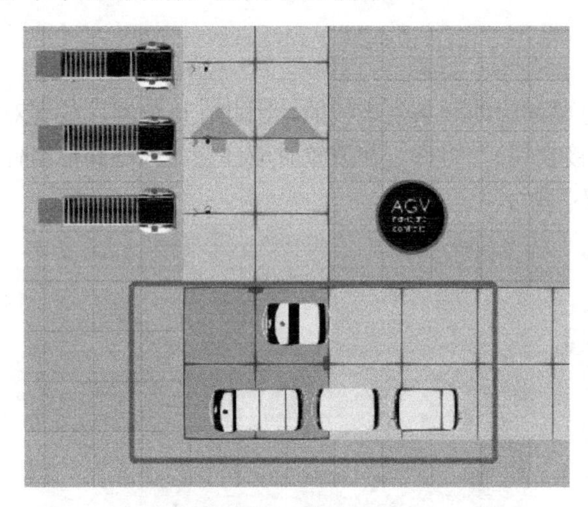

图 7-9　放置车厢以及车头

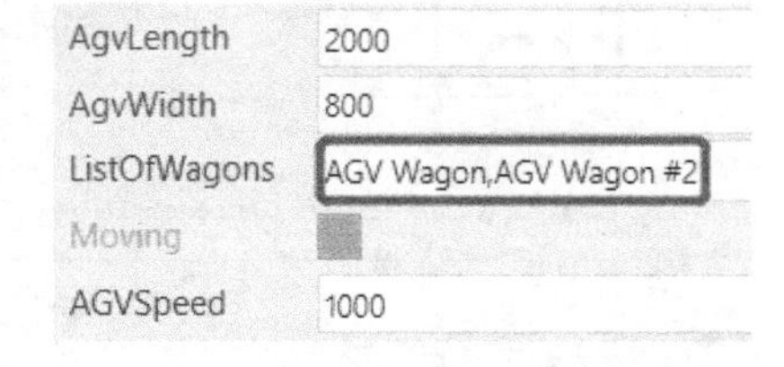

图 7-10　指定车厢

为便于说明，在图 7-11 中对整个布局的运输点进行了数字标识，并针对标识内容做出以下分组。

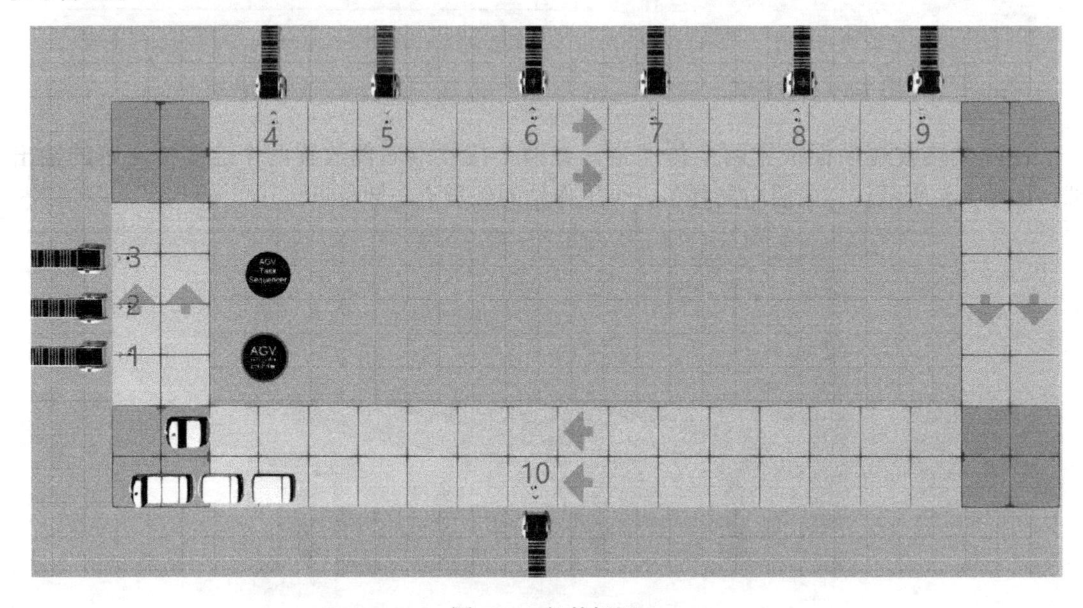

图 7-11　组件标识

1 号输出端对应 4 号接收端，为左侧工作站运输毛坯；

2 号输出端对应 6 号接收端，为中间工作站运输毛坯；

3 号输出端对应 8 号接收端，为右侧工作站运输毛坯；

5 号、7 号、9 号输出端对应 10 号接收端，作为 3 条生产线成品件的入库位置。

两个小车的管辖范围各不相同，带有车厢的 AGV（智能小车）负责运送 3 个加工站的毛坯，“AGV Train（车头）”组件则负责运送 3 个加工站的成品工件至仓库。因此，在设置 AGV 运送参数时，首先将对应输出端与接收端进行关联，按照上面的分组，在输出端的“组件属性”面板中的“AGV_DropLocationName”文本框中输入对应的接收端名称。在 1 号、2 号、3 号输出端与“AGV（智能小车）”组件的“组件属性”面板中的“AGV_ID”文本框中输入同一个参数名称，如图 7-12 所示，而在 5 号、7 号、9 号输出端与“AGV Train（车头）”组件的“组件属性”面板中的“AGV_ID”文本框中输入与“AGV”组件不同的参数名称即可，如图 7-13 所示。

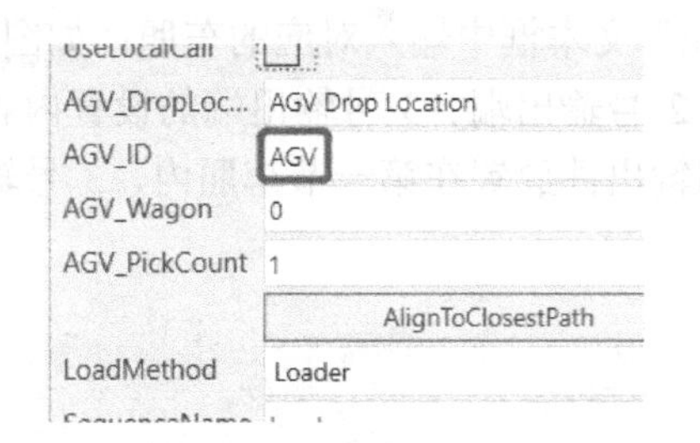

图 7-12 AGV（智能小车）货运组

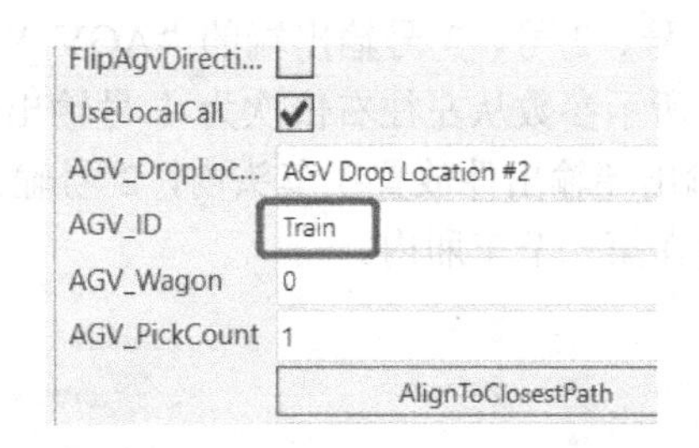

图 7-13 AGV Train 车头货运组

在运输任务中“AGV（智能小车）”组件的与两个车厢作为 3 条加工线毛坯的运输工具，具备在每节车厢内放置一组毛坯的条件，意味着这组 AGV 小车可将 3 条加工线的毛坯装入车厢，然后分别运输至各个加工线的接收端。因此，取消勾选 1 号、2 号、3 号输出端的“组件属性”面板中的“UseLocalCall”复选框，如图 7-14 所示，则输出端不会直接发送信号给小车。

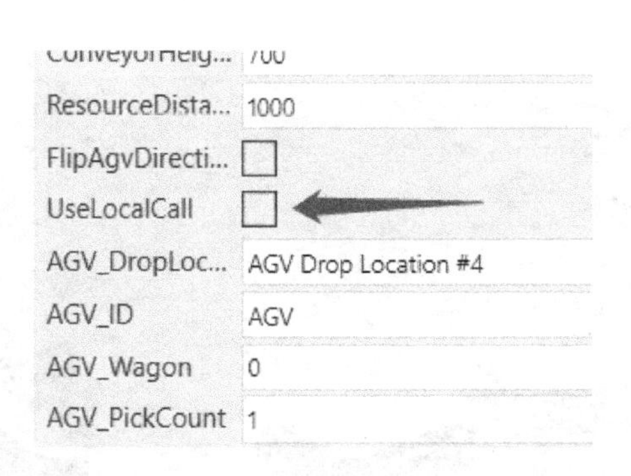

图 7-14 取消勾选“UseLocalCall”复选框

由于 1 号输出端对应左侧加工线，2 号输出端对应中间加工线，3 号输出端对应右侧加工线，因此在布局设置中将零件的拾取顺序按照先 1 号输出端，再 2 号输出端，最后 3 号输出端的顺序输入任务管理器中即可。

选择“AGV Task Sequencer（任务编辑器）”组件，在“组件属性”面板中的“PickSequences”组中单击“在编辑器中打开”按钮，将 3 个接收端的名称按照拾取顺序依次写入，名称之间用逗号隔开（逗号为半角输入），如图 7-15 所示。

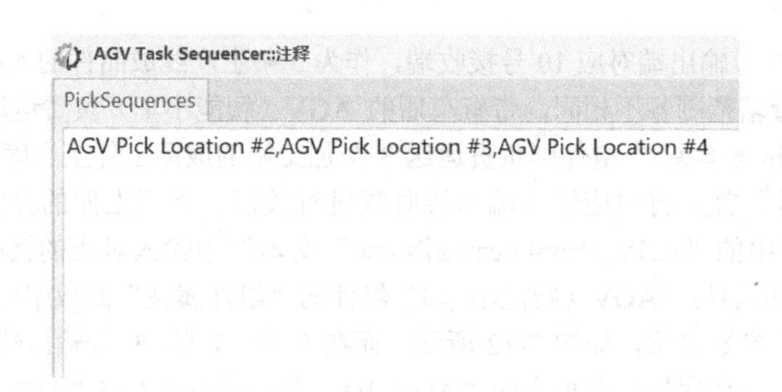

图 7-15　写入拾取顺序

在 1 号、2 号、3 号输出端的“AGV_Wagon”文本框中输入对应的车厢，如图 7-16 所示，图中所示参数从左往右依次为 1 号输出端、2 号输出端、3 号输出端的设置内容，意味着 1 号输出端输出件放置在车头内，2 号输出端输出件放置在第一节车厢内，3 号输出端输出件放置在第二节车厢内。

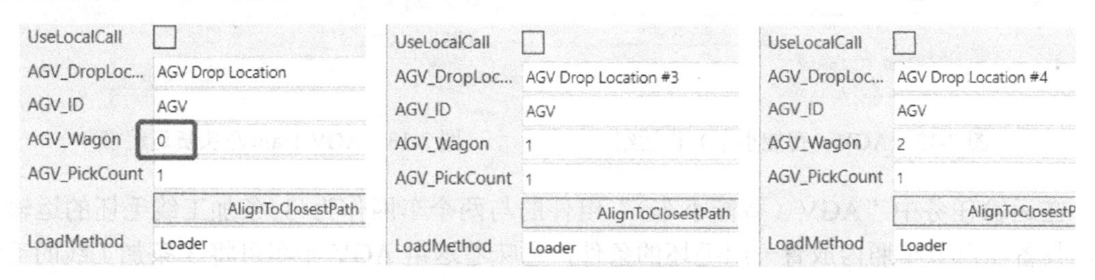

图 7-16　指定放置车厢

此时进行布局模拟验证，可观察到小车与车厢装载着毛坯送往 3 个加工线的接收端，如图 7-17 所示。

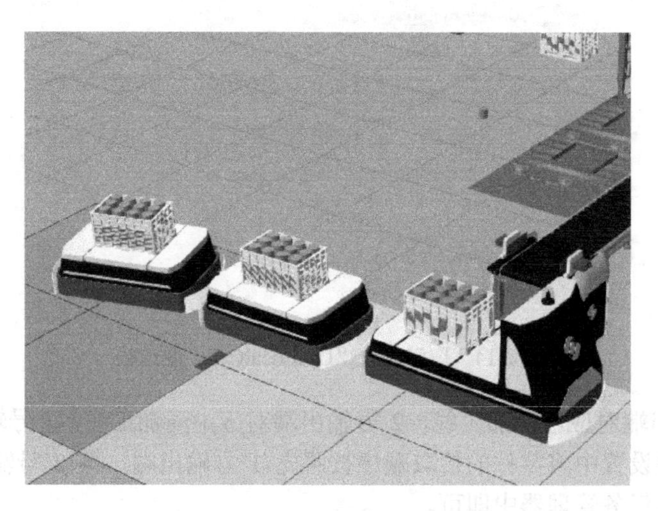

图 7-17　运输货物

然后在布局右侧加入一条支路，如图 7-18 所示，作为小车充电站位置，将“AGV Charging Station（充电站）”组件放在路径内，如图 7-19 所示。

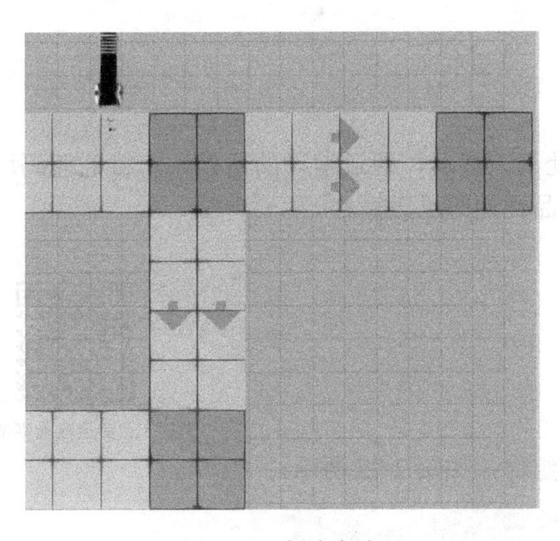

图 7-18　创建支路

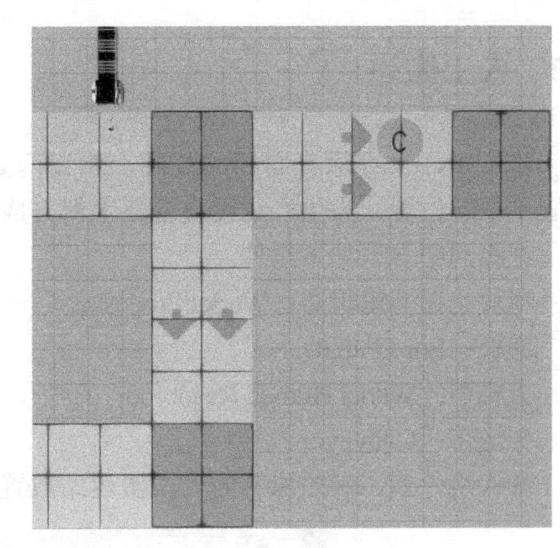

图 7-19　放入充电站

选择支路中的直线路径，在“组件属性”面板中勾选“Direction1”复选框，使其形成双向路径，如图 7-20 所示。更改为双向路径意味着小车在支路中可进可出。

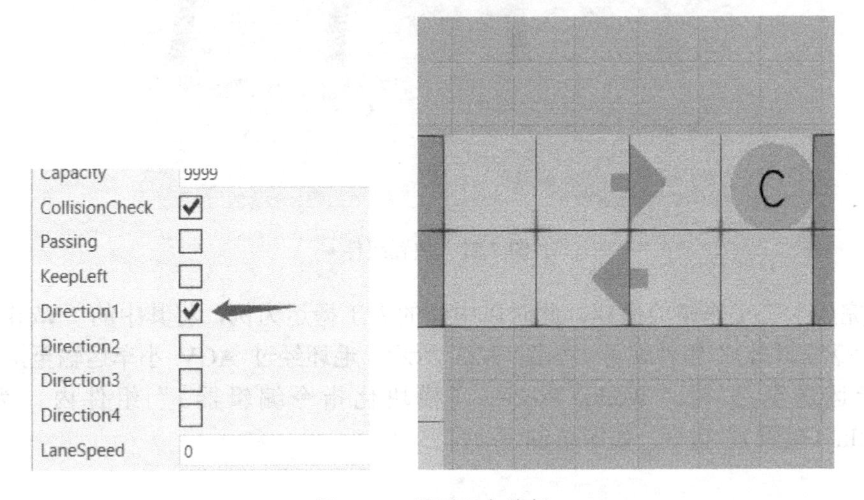

图 7-20　设置双向路径

复制充电站的名称，选择“AGV（智能小车）”组件，在“组件属性”面板中选择“ReCharge”组，将复制的充电站的名称粘贴至“Stations”文本框中，如图 7-21 所示。按照同样的方法将充电站名称粘贴至“AGV Train（车头）”组件内。

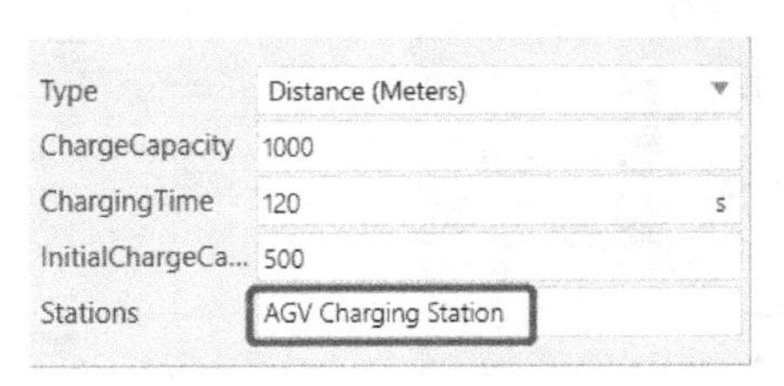

图 7-21　充电站指定

7.3 人工搬运

本节中，会在原有布局的基础上增设两处人工搬运，通过增设的两处人工将毛坯码垛放置于中转位置，为生产线设置毛坯上料与成品件的码垛运输。

在布局中导入如下组件。

模块化指令编辑器：Works Process；

托板：Euro Pallet；

人模型：Works Human Resource；

传送带：Conveyor。

人工搬运注意事项

导入组件后，参照原有的人工搬运站放置组件，如图 7-22 所示。

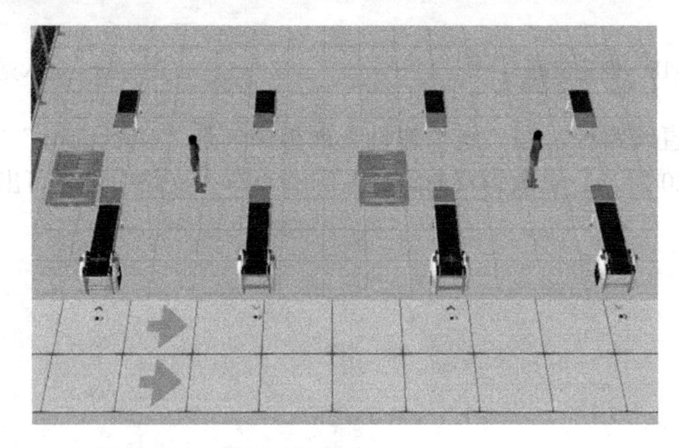

图 7-22　放置组件

至此完成人工工作站的搭建。此时以中间的人工搬运为例，将其中的“Works Process（模块化指令编辑器）”组件编号，如图 7-23 所示。毛坯经过 AGV 小车运输至接收端后，经传送带运送至 5 号“Works Process（模块化指令编辑器）”组件内，为其创建“TransportIn（接收）”指令，如图 7-24 所示。

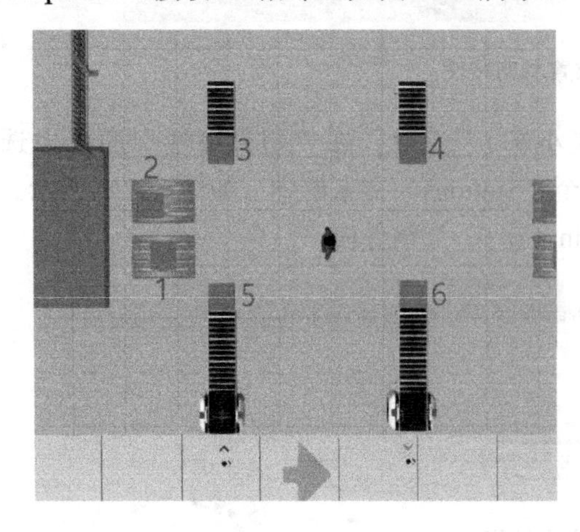

图 7-23　组件编号

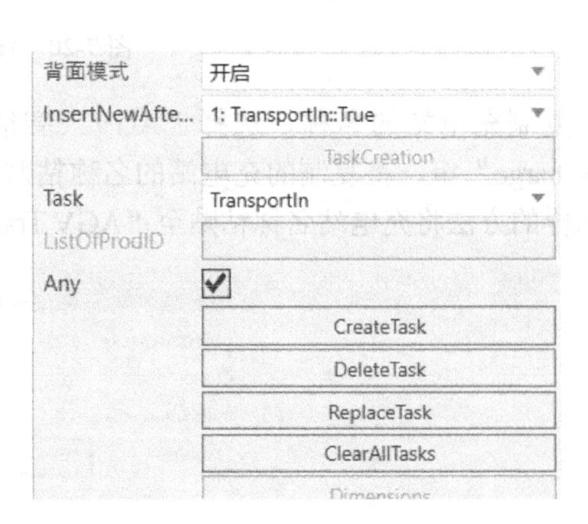

图 7-24　创建接收指令

在软件中设置零件的搬运所用到的指令涉及搬运零件名称与任务名两个重要的参数，而同一个布局中出现两个或两个以上的执行单位（搬运零件的组件，如人模型与机器人等）时，要确保两个参数设置的“唯一性”，即同一个名称（零件名或任务名）不可出现在两个或两个以上的“Works Process（模块化指令编辑器）”组件设置内。若出现设置错误，则会导致执行单位对任务的执行度不明确（不会按照规定的路径执行任务）。

接收零件后应进行人工搬运，但考虑到接收的零件名与左侧已完成工作站中的名称相同，为了避免名称冲突，在此更改组件名称，加入“ChangeID”指令，如图 7-25 所示。

创建“Feed（抓取）”指令，在“组件属性”面板中的“TaskName”文本框中输入任务名称，要避免与布局中其他的任务名参数相同，如图 7-26 所示。

InsertNewAfte... 2: ChangeID:Empty Crate:zubie2
TaskCreation
Task ChangeID
SingleProdID Empty Crate
NewProdID zubie2
CreateTask
DeleteTask
ReplaceTask
ClearAllTasks

图 7-25　更改组件名称

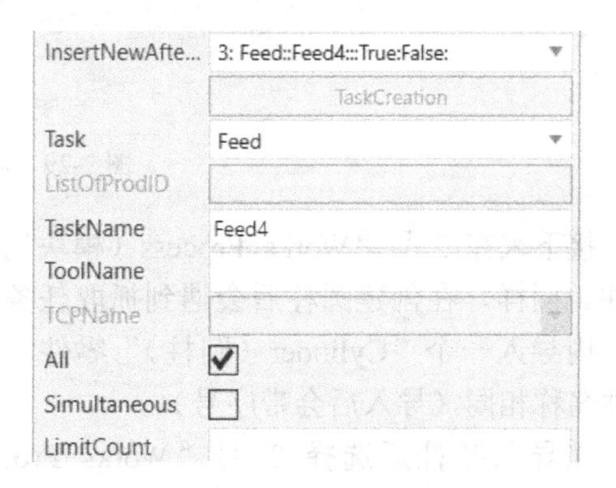

图 7-26　创建抓取指令

在布局中需要将毛坯码垛放置在 1 号“Works Process（模块化指令编辑器）”处，而码垛列表需要手动设置。选择“Works Process（模块化指令编辑器）”组件的“Works TaskControl（服务器）”组件，在服务器内的“组件属性”面板中选择“Custom Patterns”组，将之前设置的“Pattern1”列表复制并粘贴过来，如图 7-27 所示。修改粘贴的列表，将列表名称与零件名修改为本次抓取所使用的参数，如图 7-28 所示。

chengpin,-150,-100,169.1,0,0,0
<>

<Pattern1>
Empty Crate,300,0,0,0,0,0
Empty Crate,-300,0,0,0,0,0
Empty Crate,300,0,350,0,0,0
Empty Crate,-300,0,350,0,0,0
Empty Crate,300,0,700,0,0,0
Empty Crate,-300,0,700,0,0,0
<>

文字字体大小 16

图 7-27　复制并粘贴列表

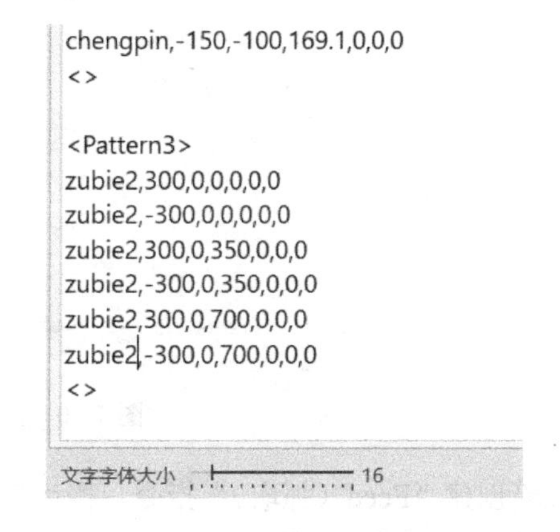

图 7-28　修改列表参数

至此完成“Pattern3”的创建。

选择 1 号“Works Process（模块化指令编辑器）”组件，为其创建“NeedCustomPattern（自定义阵列放置）”指令，调用创建的“Pattern3”列表，将零件码垛放置在 1 号“Works Process（模块化指令编辑器）”组件所在位置，如图 7-29 所示。

InsertNewAfte...	1: NeedCustomPattern:Pattern3:1:
	TaskCreation
Task	NeedCustomPattern
PatternName	Pattern3
StartRange	1
EndRange	999999
Simultaneous	
	CreateTask

图 7-29　创建阵列码垛

接下来在 2 号“Works Process（模块化指令编辑器）”组件内创建圆柱模型作为待加工零件。同样，在创建圆柱后会遇到抓取任务，需要考虑名称重复的问题。可以在“电子目录”内导入一个“Cylinder（圆柱）”零件，因为导入后的零件名称不会与布局中任何一个组件名称相同（导入后会带序号）。

在导入圆柱后选择 2 号“Works Process（模块化指令编辑器）”组件，为其创建“CreatePattern（阵列产生）”指令，在任务设置中将新导入的圆柱零件名称输入“SingleCompName”文本框，如图 7-30 所示，完成零件的阵列。

InsertNewAfte...	1: CreatePattern:Cylinder #38:4:3:3
	TaskCreation
Task	CreatePattern
SingleCompN...	Cylinder #38
AmountX	4
AmountY	3
AmountZ	3
StepX	100
StepY	100
StepZ	100
StartRange	1
EndRange	999999

图 7-30　阵列产生圆柱零件

接着创建“Feed（抓取）”指令，搬运产生的待加工“Cylinder（圆柱）”零件，如图 7-31 所示，完成后选择 3 号“Works Process（模块化指令编辑器）”组件，在其任务中创建“Need（放置）”指令，如图 7-32 所示。

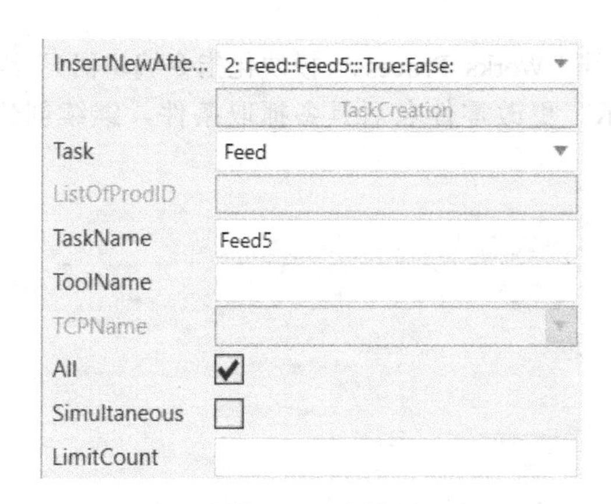

图 7-31　创建抓取指令

图 7-32　创建放置指令

在放置零件后为其创建“TransportOut（输出）”指令，如图 7-33 所示，使放置的零件移至传送带。

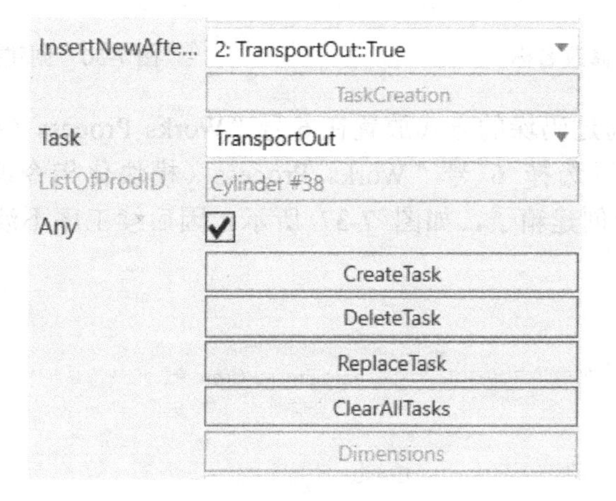

图 7-33　创建输出指令

选择 4 号“Works Process（模块化指令编辑器）”组件，这个位置作为加工线的输出端，成品零件最后将被送往此处以供人工搬运。4 号“Works Process（模块化指令编辑器）”组件作为加工线末端位置，为其创建“TransportIn（接收）”指令，在此处拦截接收成品零件，如图 7-34 所示。

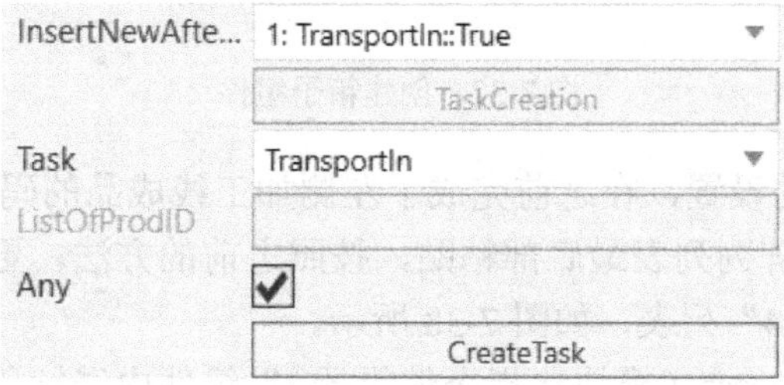

图 7-34　接收零件

由于零件经过的加工线为接口控制的工序生成，因此加工前后零件名相同。在接收零件后为避免与上一组抓放任务冲突，继续在 4 号“Works Process（模块化指令编辑器）”组件内创建“ChangeID”指令，如图 7-35 所示。更改零件名后具备抓取条件，继续创建“Feed（产生）”指令，如图 7-36 所示。

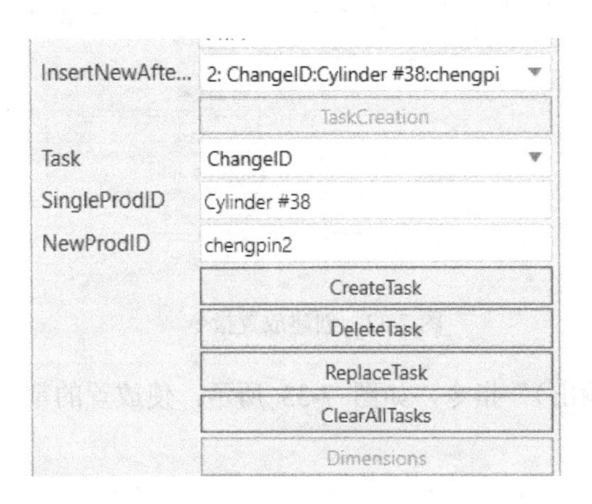

图 7-35　修改名称

图 7-36　创建抓取任务

零件搬运后应当通过码垛的方式放置在 6 号“Works Process（模块化指令编辑器）”组件上的箱子内，所以选择 6 号“Works Process（模块化指令编辑器）”组件，利用“Create（产生）”指令创建箱子，如图 7-37 所示。因后续工序不涉及搬运，故不用更改零件名称。

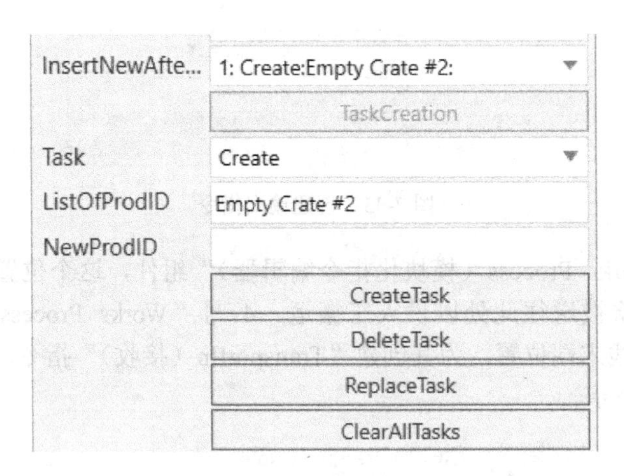

图 7-37　创建箱子组件

在此进入阵列列表的设置，在之前完成了左侧加工线成品的码垛“Pattern2”列表，复制“Pattern2”列表，在阵列列表最底部粘贴，按照之前的方法，更改列表名称与列表内的组件名称，得到“Pattern4”列表，如图 7-38 所示。

在 6 号“Works Process（模块化指令编辑器）”组件内继续创建“NeedCustomPattern（自定义阵列放置）”指令，调用之前创建的“Pattern4”列表，如图 7-39 所示，完成后创建“TransportOut（输出）”指令，如图 7-40 所示。

```
<Pattern4>
chengpin2,150,100,69.1,0,0,0
chengpin2,150,0,69.1,0,0,0
chengpin2,150,-100,69.1,0,0,0
chengpin2,50,100,69.1,0,0,0
chengpin2,50,0,69.1,0,0,0
chengpin2,50,-100,69.1,0,0,0
chengpin2,-50,100,69.1,0,0,0
chengpin2,-50,0,69.1,0,0,0
chengpin2,-50,-100,69.1,0,0,0
chengpin2,-150,100,69.1,0,0,0
chengpin2,-150,0,69.1,0,0,0
chengpin2,-150,-100,69.1,0,0,0
chengpin2,150,100,169.1,0,0,0
chengpin2,150,0,169.1,0,0,0
chengpin2,150,-100,169.1,0,0,0
chengpin2,50,100,169.1,0,0,0
chengpin2,50,0,169.1,0,0,0
chengpin2,50,-100,169.1,0,0,0
chengpin2,-50,100,169.1,0,0,0
chengpin2,-50,0,169.1,0,0,0
chengpin2,-50,-100,169.1,0,0,0
chengpin2,-150,100,169.1,0,0,0
chengpin2,-150,0,169.1,0,0,0
chengpin2,-150,-100,169.1,0,0,0
<>
```

图 7-38　粘贴并修改 Pattern 4 列表

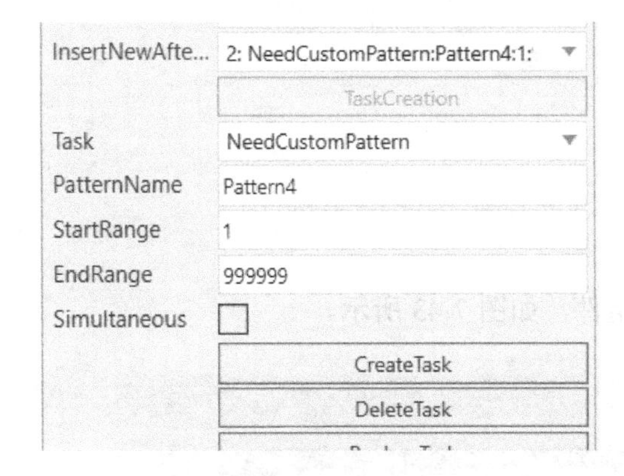

图 7-39　调用 Pattern 4

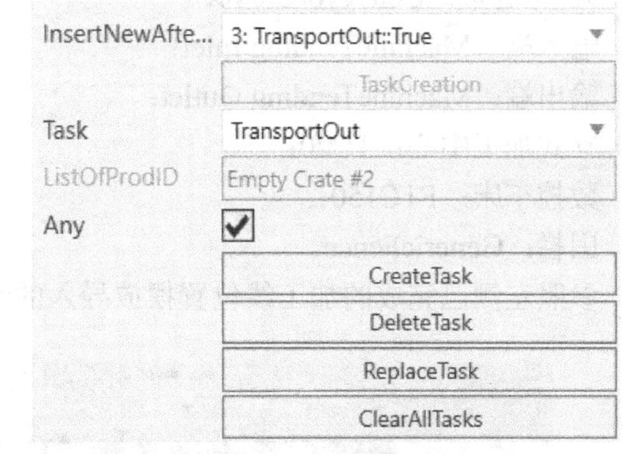

图 7-40　创建“TransportOut（输出）”指令

最后选择“Works Human Resource（人模型）”组件，将布局内的搬运任务名称输入至人模型的“组件属性”面板中的“TaskList”文本框，如图 7-41 所示。如需设置人工工作区域显示，可在 Works 文件夹选择“Work Area（地板）”组件导入，并且在“组件属性”面板的“AreaLength”文本框中输入“25000”并按<Enter>键，地板区域就会包含三个人工搬运站，如图 7-42 所示。

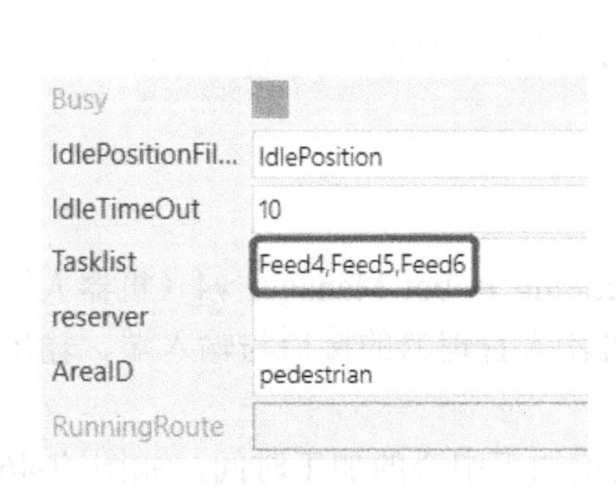

图 7-41　输入任务名

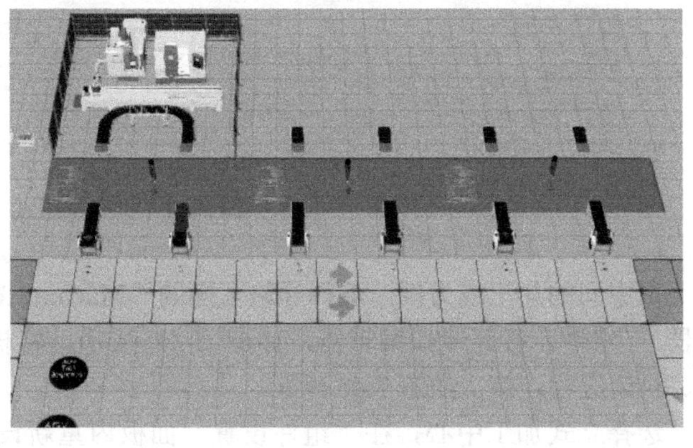

图 7-42　延长地板范围

至此完成中间的人工搬运工作站，右侧的人工搬运工作站设置方法与此相同。在设置时要注意任务名称与零件名称冲突的问题。

7.4 柔性上、下料

柔性上、下料

在布局中导入如下组件。

机器人：arcMate_120iC10L；

导轨：RobotFloorTrack；

手爪：SingleGripper；

机器人管理器：MachineTending Robot Manager v4；

传送带：Conveyor；

90°传送带：ConveyorCurve；

输入端：MachineTending Inlet；

输出端：MachineTending Outlet；

立式加工中心：TC20；

数控车床：FTC150；

围栏：GenericFence。

参照左侧已完成的加工线位置摆放导入的组件，如图 7-43 所示。

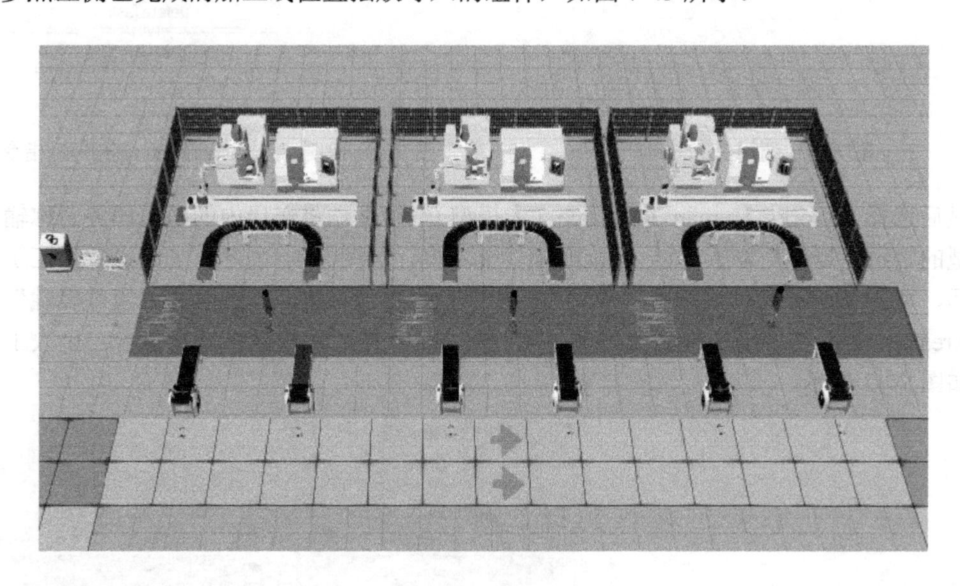

图 7-43　扩充加工线

以中间的加工线为例，选择导轨下面的“MachineTending Robot Manager v4（机器人管理器）”组件，打开接口编辑器，如图 7-44 所示，将机器人管理器的接口与输入端、输出端、机床进行连接，如图 7-45 所示。

选择立式加工中心，在“组件设置”面板内重新设置加工中心的加工时间，如图 7-46 所示。同样，选择车床，在“组件属性”面板内设置车床的加工时间，如图 7-47 所示。

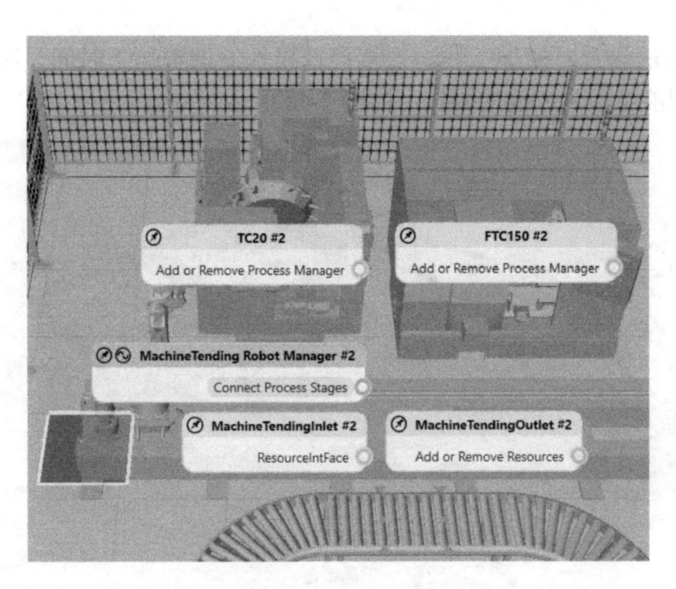

图 7-44　打开接口管理器

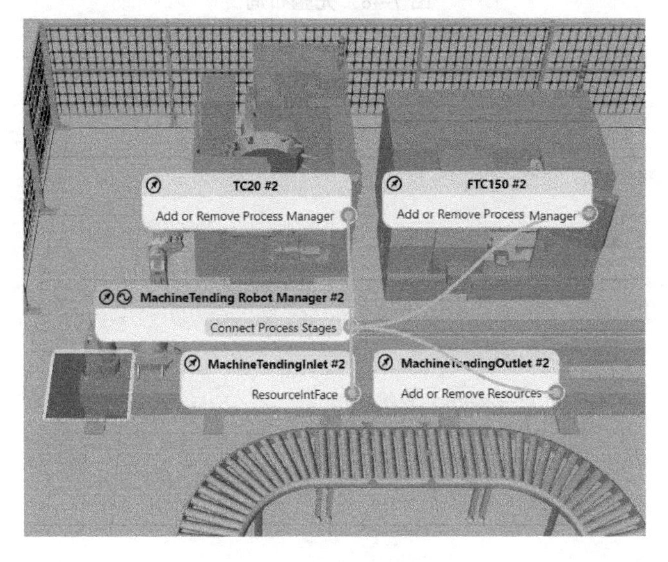

图 7-45　连接组件接口

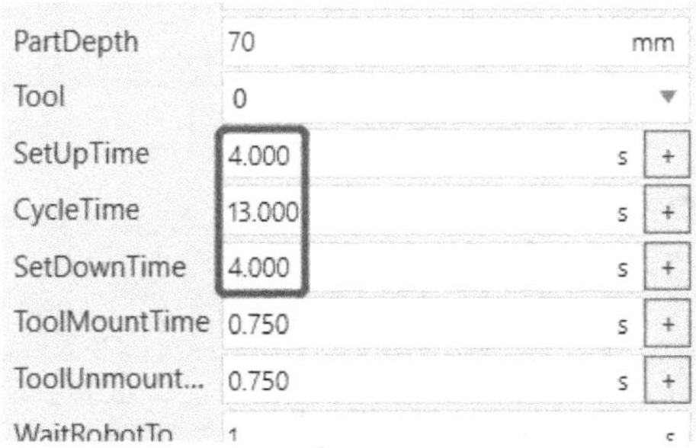

PartDepth	70	mm
Tool	0	▼
SetUpTime	4.000	s +
CycleTime	13.000	s +
SetDownTime	4.000	s +
ToolMountTime	0.750	s +
ToolUnmount...	0.750	s +
WaitRobotTo	1	s

图 7-46　设置加工中心加工时间

PanelJoint	-28.885	°
ParallelReques...	1	
SetUpTime	4.000	s +
CycleTime	12.000	s +
SetDownTime	4.000	s +
WaitRobotTo...	1	s
ShowBeaconLi...	✔	

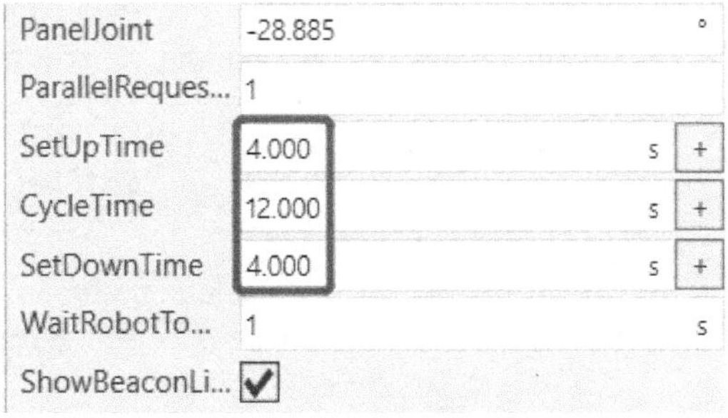

图 7-47　设置车床加工时间

按照同样的方法设置右侧加工线，连接接口属性，调整加工时间，即完成整个布局的制作。至此完成智能工厂生产线的制作，如图 7-48 所示。

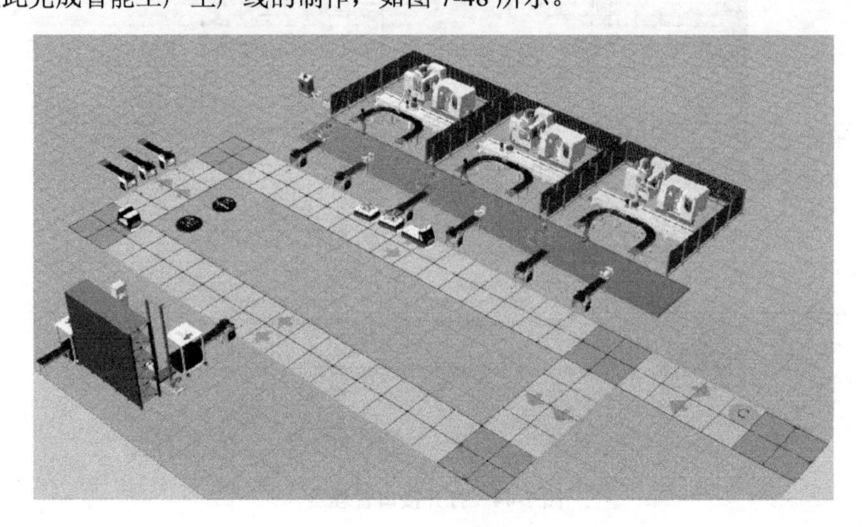

图 7-48　完整布局

单元 8　轮毂装配线

学习导航

在本单元中，将导入提供的练习布局，布局中只有完整的组件摆放，但内部设置缺失，利用之前所学内容完善布局内的设置，完成“轮毂”零件的整个装配线及运行。

8.1　装配线供给

在布局中导入“Indexing Table layout-练习”文件，布局整体，将 4 个装配件通过工序内的执行单位完成零件的组装并输出。

布局内主要由机器人、人模型、传送带和分度台等组件组成。布局中存在多个“Works Process（模块化指令编辑器）”组件，通过多个“Works Process（模块化指令编辑器）”组件的任务设置完成不同工序的任务及配合。在布局中 4 个组成零件由四条传送带向布局中心运输，并统一运送至分度台进行装配工作。根据输送零件以及工序，可对传送带进行编号，如图 8-1 所示。

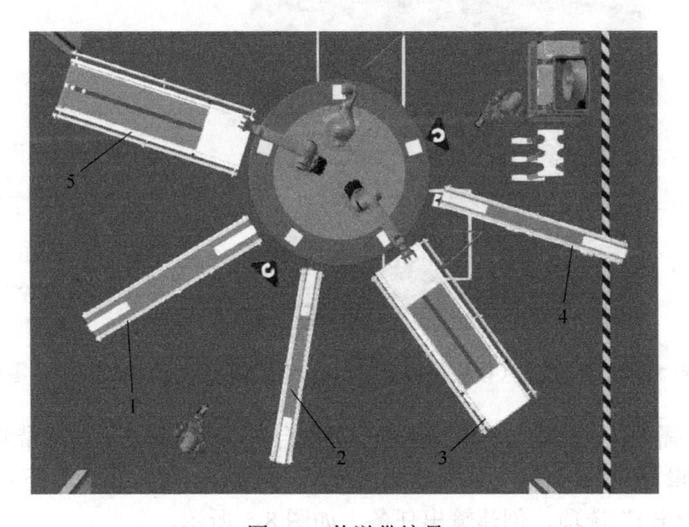

装配线供给

图 8-1　传送带编号

作为生产线的运行条件，有源源不断的零件供给是基础，因此应当创建装配件的零件供应。在标记序号的传送带内均有指定输出的零件，即 1 号传送带输出 Motorcycle Brake Disc 零件，2 号传送带输出 VC Motorcycle Wheel Spacer 35mm 零件，3 号传送带输出 VC Motorcycle Wheel 零件，4 号传送带输出 Motorcycle Drive Gear 零件。

在布局中找到角落内的红色零件箱，如图 8-2 所示，零件箱内的组件为四个装配件（4 条传送带的输出件），在此可得到一一对应。

图 8-2　装配件收纳箱

找到并选择 1 号传送带的“Works Process（模块化指令编辑器）#15”组件，如图 8-3 所示，在“组件属性”面板内的“Task”下拉列表框中选择“Create（产生零件）”选项，在“ListOfCompNames”文本框中输入“Motorcycle Brake Disc”，即产生零件名称。单击“CreateTask”按钮提交任务设置，完成零件产生任务设置，如图 8-4 所示。

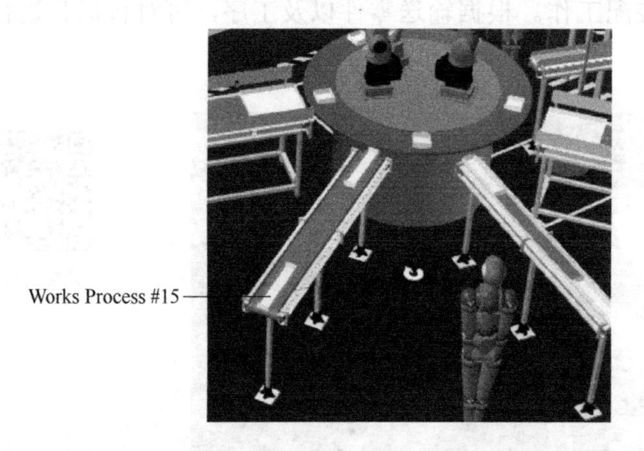

图 8-3　选择“Works Process（模块化指令编辑器）”组件

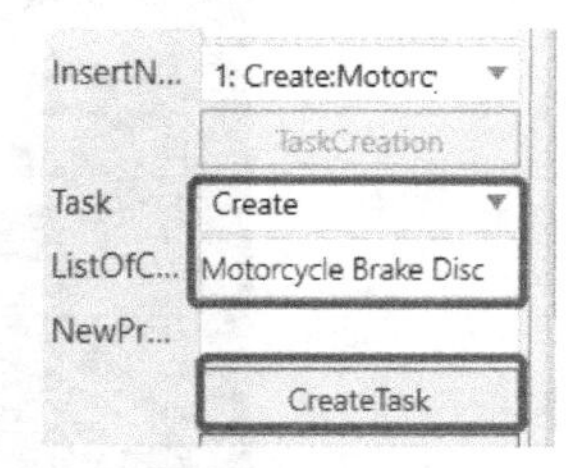

图 8-4　零件产生

创建零件后，需要通过传送带将零件运送到分度台附近。选择 1 号传送带的“Works Process（模块化指令编辑器）”组件，在“组件属性”面板内的“Task”下拉列表框中选择“TransportOut（输出）”选项，创建输出任务，如图 8-5 所示。

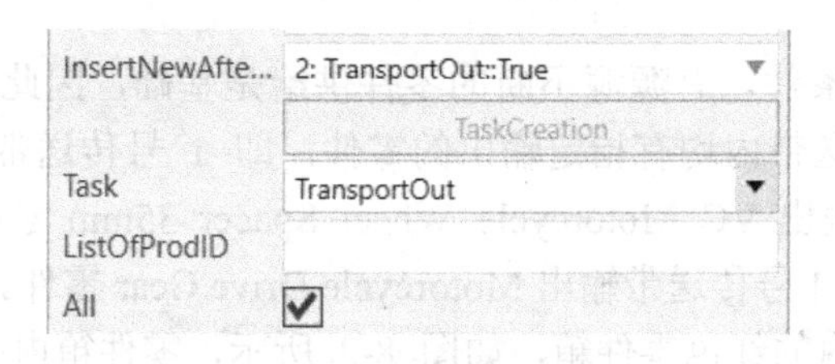

图 8-5　创建输出任务

选择 1 号传送带末端的“Works Process（模块化指令编辑器）#14”组件，如图 8-6 所示，在“组件属性”面板内的“Task”下拉列表框中选择，“TransportIn”选项，创建接收指令，如图 8-7 所示，则零件由起始端的“Works Process（模块化指令编辑器）#15”组件产生并输出后，通过传送带的运送在末端的“Works Process（模块化指令编辑器）#14”组件位置停止。

图 8-6　组件位置

背面模式	特征
InsertNewAfte...	1: TransportIn::True
	TaskCreation
Task	TransportIn
SingleProdID	
Any	☑
	CreateTask
	DeleteTask
	ReplaceTask

图 8-7　接收零件

以同样的方法对 2 号、3 号、4 号传送带设置零件的产生、输出与接收。

将零件分别对应不同传送带，完成零件供应设置，即 1 号传送带输出 Motorcycle Brake Disc 零件，2 号传送带输出 VC Motorcycle Wheel Spacer 35mm 零件，3 号传送带输出 VC Motorcycle Wheel 零件，4 号传送带输出 Motorcycle Drive Gear 零件。

完成后传送带分别输出不同零件至分度台，如图 8-8 所示。

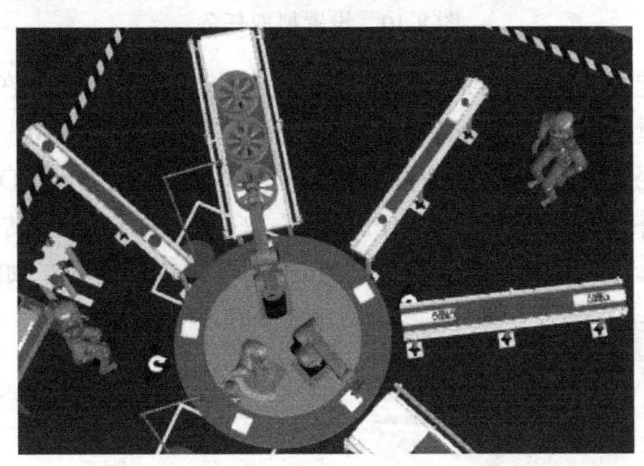

图 8-8　传送带分别输出不同零件

8.2　第一工序：人工装配

人工装配

第一工序内需要对 1 号与 2 号传送带输出的零件进行人工装配，装配关系为“Motorcycle Brake Disc”零件在下，“VC Motorcycle Wheel Spacer 35mm”零件在上，如图 8-9 所示。

图 8-9　第一工序装配结果

选择 1 号传送带末端的“Works Process（模块化指令编辑器）#14”组件，在“组件属性”面板内的“Task”下拉列表框中选择“Feed”选项，设置人工抓取任务。在“ListOfProdID”文本框中输入“Motorcycle Brake Disc”，若勾选“All”复选框，此文本框可不必填写；在“TaskName”文本框中输入“wp2”（wp2 为案例示例，可自行定义）；“ToolName”文本框与“TCPName”文本框只有在使用机器人执行时才需填写。完成后单击“CreateTask”按钮提交任务，如图 8-10 所示。

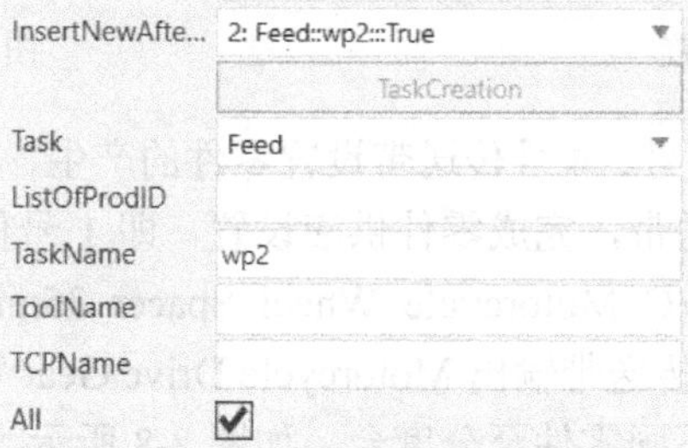

InsertNewAfte... 2: Feed::wp2:::True
TaskCreation
Task Feed
ListOfProdID
TaskName wp2
ToolName
TCPName
All ☑

图 8-10　设置抓取任务

在布局内找到并选择“WorkStation 5”组件，如图 8-11 所示，在“组件属性”面板内的“Task”下拉列表框中选择“Need”选项。“Feed”任务与“Need”任务为相对任务，需成组出现配合完成任务。“Need”任务设置内只有一个“ListOfProdID”文本框，只需将放置的零件名称输入其中即可。在“ListOfProdID”文本框输入 1 号传送带的输出零件名称“Motorcycle Brake Disc”。完成后单击“CreateTask”按钮提交任务，如图 8-12 所示。

图 8-11　选择组件

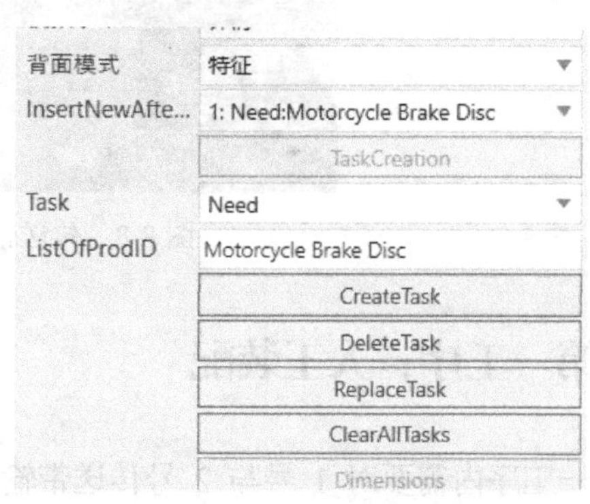

图 8-12　创建放置指令

至此零件有了抓取点与放置点。选择 2 号传送带末端的“Works Process（模块化指令编辑器）#10”组件，以同样的方法在“组件属性”面板的“Task”下拉列表框中选择“Feed”选项，在“TaskName”文本框中输入“wp2”（当两个或两个以上的抓放任务为同一个执行单位时，任务名称可相同）。完成后单击“CreateTask”按钮提交任务，如图 8-13 所示。

选择“WorkStation 5”组件，在“组件属性”面板内再次创建一个“Need”任务，在“ListOfProdID”文本框中输入 2 号传送带的输出零件名称“VC Motorcycle Wheel Spacer 35mm”，单击“CreateTask”按钮提交任务，如图 8-14 所示。

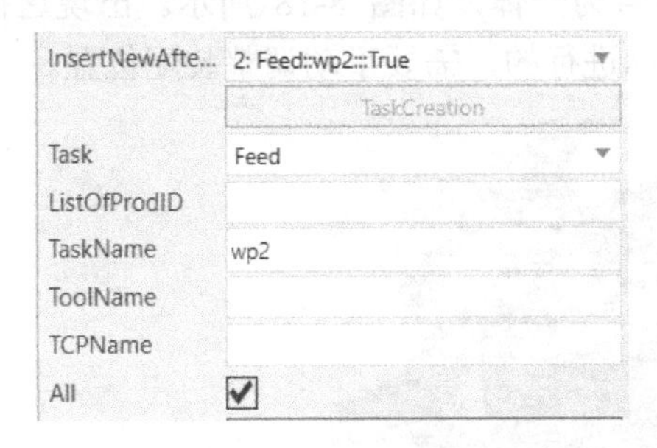

图 8-13　抓取零件

图 8-14　放置零件

选择“Labor Resource 4.0（人模型）”组件，如图 8-15 所示，在“组件属性”面板的“Tasklist”文本框中输入任务名称。由于之前输入的任务名称均为“wp2”，因此在“Tasklist”文本框中只需输入一个“wp2”即可，如图 8-16 所示。

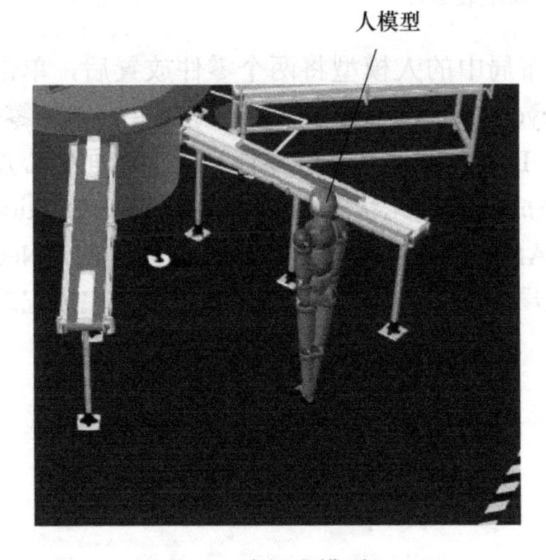

图 8-15　选择人模型

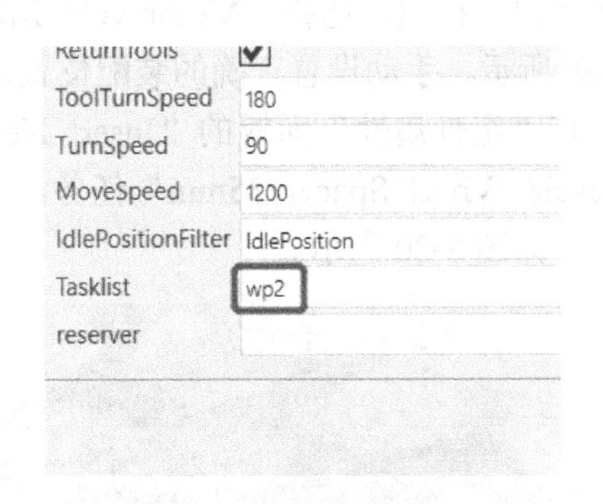

图 8-16　输入任务名称

选择两条传送带之间的“Labor resource location 4.0（黑色地标）”组件，在“组件属性”面板内有“PickTasks（抓取任务）”与“PlaceTasks（放置任务）”两个文本框，其含义为人工抓取或放置时是否固定在此组件所在位置。在“PickTasks”和“PlaceTasks”文本框中输入“wp2”，如图 8-17 所示这意味着人工装配时固定在地标位置执行任务。运行模拟即可看到人工将两个零件放置于“WorkStation 5”组件位置。

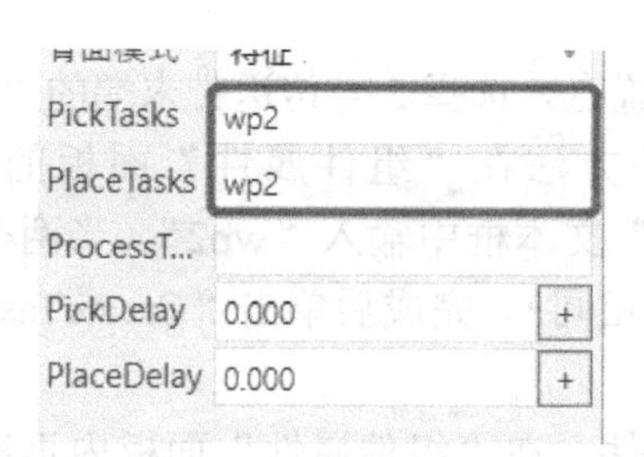

图 8-17　抓取与放置地标任务

在运行模拟后发现通过人工放置的两个组件合为一体，如图 8-18 所示。出现这种情况的原因是零件的放置是参照“WorkStation 5”坐标进行的，需要手动调整装配位置。

图 8-18　错误组装零件

将布局重置后，重新进行布局模拟。当布局中的人模型将两个零件放置后，单击仿真控制器上的“暂停”按钮，选择“VC Motorcycle Wheel Spacer 35mm”零件（上方零件），单击“捕捉”按钮，选择“Motorcycle Brake Disc”零件（下方零件）的上表面中心点，如图 8-19 所示，手动设置正确的装配位置。完成后维持此状态，继续选择“WorkStation 5”组件，在“组件属性”面板的“Insert New After Line”列表框中选择已创建的“Need:VC Motorcycle Wheel Spacer 35mm”任务，单击下方的“TeachLocation”按钮，完成记录位置的更改，如图 8-20 所示。

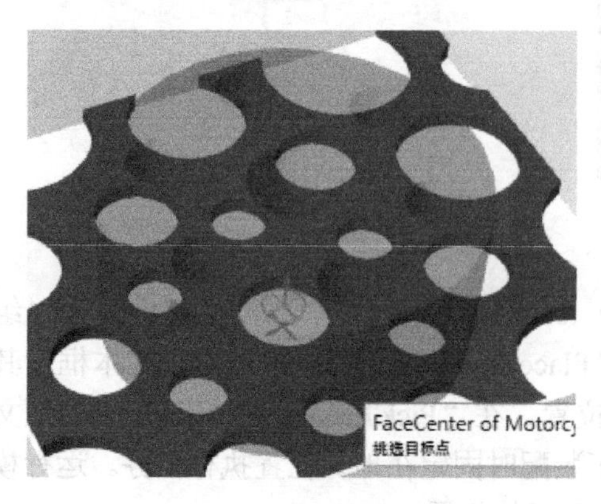

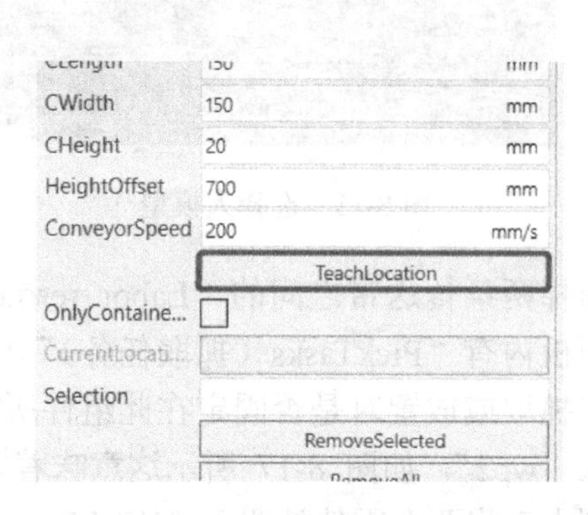

图 8-19　捕捉零件位置　　　　图 8-20　更改零件位置记录

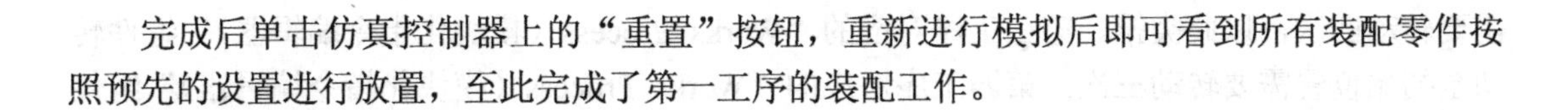

完成后单击仿真控制器上的“重置”按钮，重新进行模拟后即可看到所有装配零件按照预先的设置进行放置，至此完成了第一工序的装配工作。

8.3　分度台旋转

通过分度台的转动，可将第一工序零件运送至第二工序进行装配。选择“WorkStation 5”组件，在已创建两个任务的机床上加入调用分度台工作任务，在“组件属性”面板中的“Task”下拉列表框中选择“MachineProcess”选项，在“SingleCompName”文本框中输入其控制的组件名称，即分度台名称“Indexing Table”，在“ProcessTime”文本框中设置其控制组件的运行时间为 1.5s，单击“CreateTask”按钮提交任务，如图 8-21 所示。

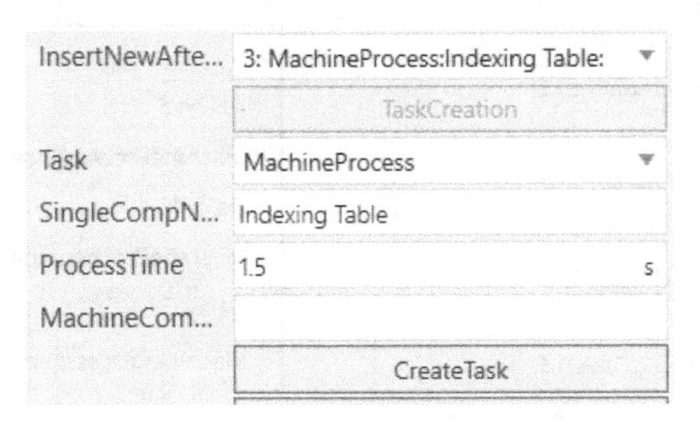

图 8-21　创建控制指令

由于分度台为多线程控制，因此需要每个工位都发送信号才能使分度台转动。为了辅助布局继续搭建，需要在其他工位的“Works Process（模块化指令编辑器）”组件上分别创建“MachineProcess”指令，可参照图 8-22 所示编号区分工序及所对应的“Works Process（模块化指令编辑器）”组件。

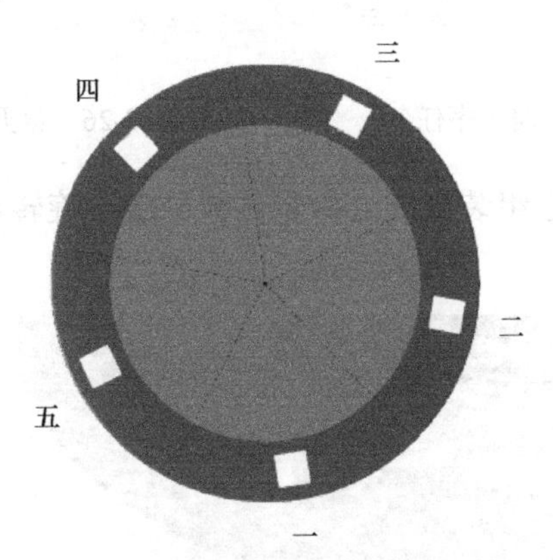

图 8-22　工序对应位置图

“Works Process（模块化指令编辑器）”组件会跟随分度台的转动移动位置。第一工序位置为初始装配位置，也是所有工序的起始位置。以第二工序位置为例，第二工序的“Works Process（模块化指令编辑器）”组件转动一次会移至第三工序，再转动一次会移至第四工序。因此，当第二工序的“Works Process（模块化指令编辑器）”组件转至初始装配位置时需要转动四次，以此类推。第三工序对应的“Works Process（模块化指令编辑器）”组件转动至初始位置需要转动三次；第四工序对应的“Works Process（模块化指令编辑器）”组件转动至初始位置需要转动两次；第五工序对应的“Works Process（模块化指令编辑器）”组件转动至初始位置需要转动一次。

每个工序的转动对应不同的转动次数，也将创建相应个数的“MachineProcess”指令。为了模拟每个工位在不同时段完成任务，可在创建“MachineProcess”指令前加入“Delay（延时）”指令，制造不同时间段的信号发送。选择第二工序的“Works Process（模块化指令编辑器）#4”组件，为其创建两个指令，以完成一组调用指令。完成后以此方法继续创建同样的三组指令，并完成剩余的第三、四、五工序的组件调用指令，如图 8-23～图 8-26 所示。

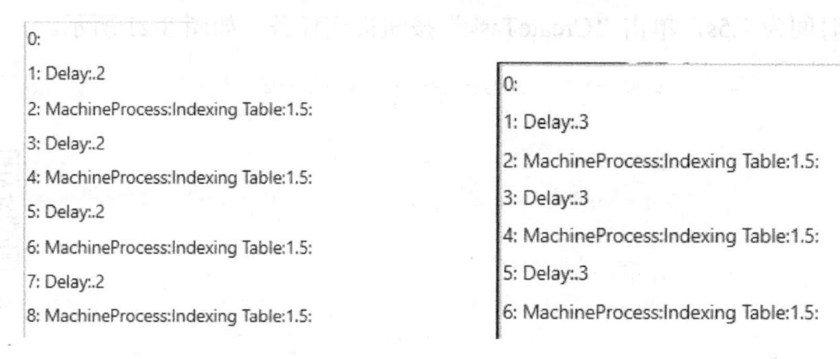

图 8-23　第二工序任务　　图 8-24　第三工序任务

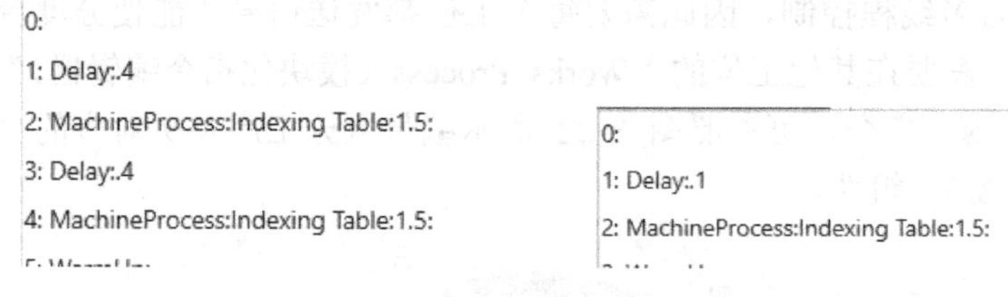

图 8-25　第四工序任务　　图 8-26　第五工序任务

此时进行模拟，第一工序组装完成之后零件被分度台旋转运送至第二工序，如图 8-27 所示。

图 8-27　运送至第二工序

8.4　第二工序：机器人装配

第二工序的任务是利用“KR 10 R1100 sixx（机器人）”组件，在第一工序装配基础上对 3 号传送带输出的叶片进行装配，装配效果如图 8-28 所示。

机器人装配

图 8-28　第二工序装配效果

选择 2 号传送带末端的“Works Process（模块化指令编辑器）#9”组件，如图 8-29 所示，设置第二工序的机器人抓取，在“组件属性”面板中的“Task”下拉列表框中选择“Feed”选项，在“TaskName”文本框中输入此任务的任务名“bigRobot”（可自定义），在“ToolName”文本框中输入机器人使用的手爪名称“SimpleGripper”，在“TCPName”文本框中输入手爪坐标系名称“GripperTool_1”（选择机器人，单击“程序”选项卡中的“点动”按钮，在弹出的下拉菜单中，选择最后一个选项即为手爪坐标系的名字），如图 8-30 所示。

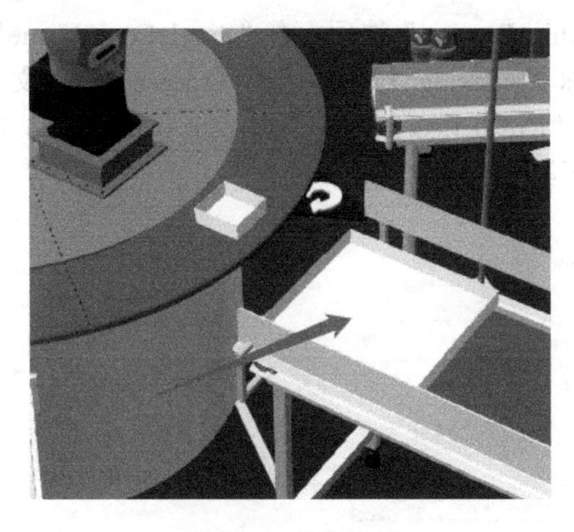

图 8-29　抓取设置

InsertNewAfte...	2: Feed::bigRobot:SimpleGripper:C
	TaskCreation
Task	Feed
ListOfProdID	
TaskName	bigRobot
ToolName	SimpleGripper
TCPName	GripperTool_1
All	☑

图 8-30　设置机器人抓取

选择第一工序的“WorkStation 5”组件，在“组件属性”面板的“Task”下拉列表框中选择“Need”选项，在“ListOfProdID”文本框中输入 3 号传送带输出的零件名称“VC Motorcycle Wheel”，完成机器人放置点的设置，如图 8-31 所示。

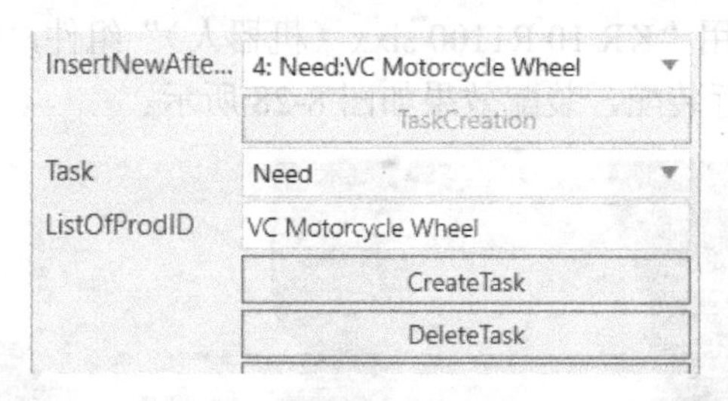

图 8-31　放置叶片零件

选择“WorksRobotController（机器人底座）”组件，如图 8-32 所示，在“组件属性”面板中的“TaskList”文本框中输入第二工序的抓取任务名称“bigRobot”（以“Feed”任务中实际输入的内容为依据），如图 8-33 所示。

图 8-32　选择第二工序底座

图 8-33　输入任务名

完成后在“Task”下拉列表框中选择“MachineProcess”选项，在“SingleCompName”文本框中输入其控制的组件名称，即分度台名称“Indexing Table”，在“ProcessTime”文本框中设置其控制组件的运行时间为 1.5s，单击“CreateTask”按钮提交任务，如图 8-34 所示，使零件在第二工序完成后通过分度台运送至第三工序。

InsertNewAfte...	6: MachineProcess:Indexing Table:
	TaskCreation
Task	MachineProcess
SingleCompN...	Indexing Table
ProcessTime	1.5 s
MachineCom...	
	CreateTask

图 8-34　设置分度台转动参数

8.5 第三工序：人工装配

利用“Labor Resource 4.0（人模型）#2”组件，在第二工序装配基础上将“Motorcycle Drive Gear”零件放至装配半成品上方，完成最后一个零件装配，装配效果如图 8-35 所示。

图 8-35 第三工序装配效果

选择 4 号传送带末端的“Works Process（模块化指令编辑器）#9”组件，如图 8-36 所示，在原有任务基础上创建“Feed”指令，在“组件属性”面板的“TaskName”文本框中输入“wp1”（此处可自行定义输入内容）。完成后单击“CreateTask”按钮提交任务，如图 8-37 所示。

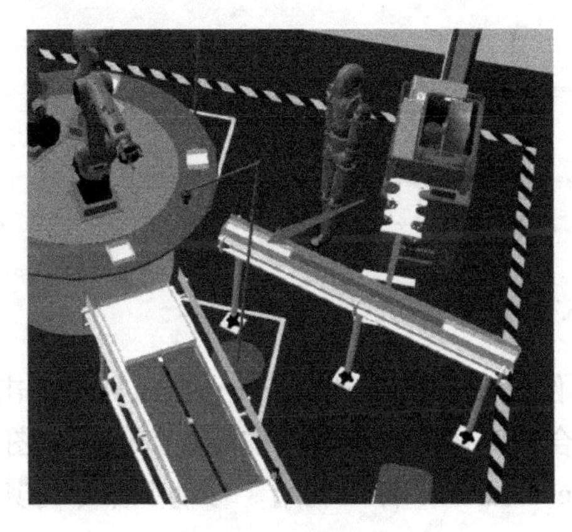

图 8-36 组件位置

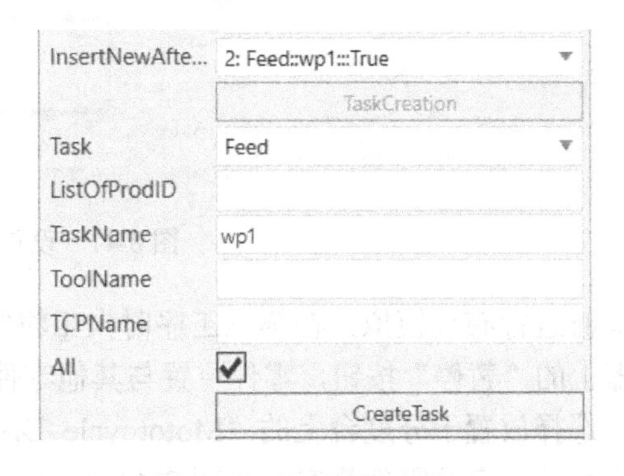

图 8-37 设置抓取任务

选择第一工序的“WorkStation 5”组件，在“组件属性”面板的“Task”下拉列表框中选择“Need”选项，在“ListOfProdID”文本框中输入 4 号传送带输出的零件名称“Motorcycle Drive Gear”，单击“CreateTask”按钮提交任务，完成机器人放置点设置，如图 8-38 所示。

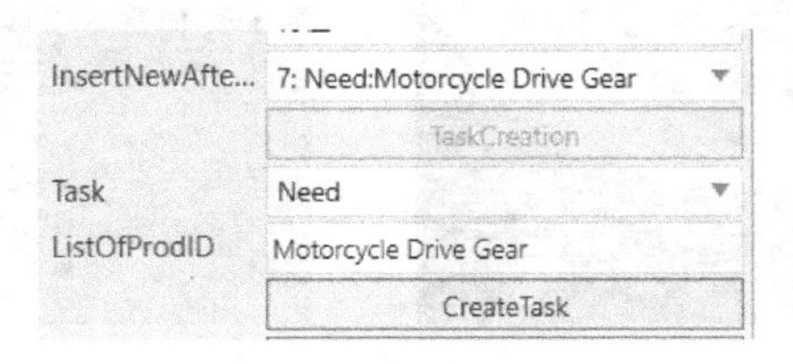

图 8-38 创建放置指令

设置抓取与放置位置之后将任务参数赋予人模型。选择“Labor Resource（人模型）4.0 #2”组件，如图 8-39 所示，在“组件属性”面板的“Tasklist”文本框中输入任务名称“wp1”，如图 8-40 所示。

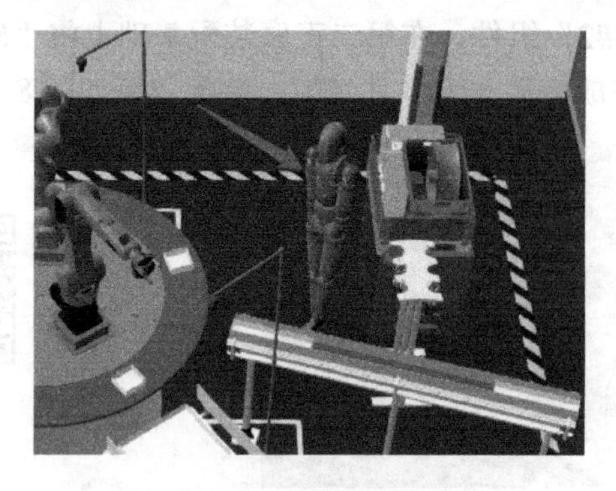

图 8-39　选择人模型

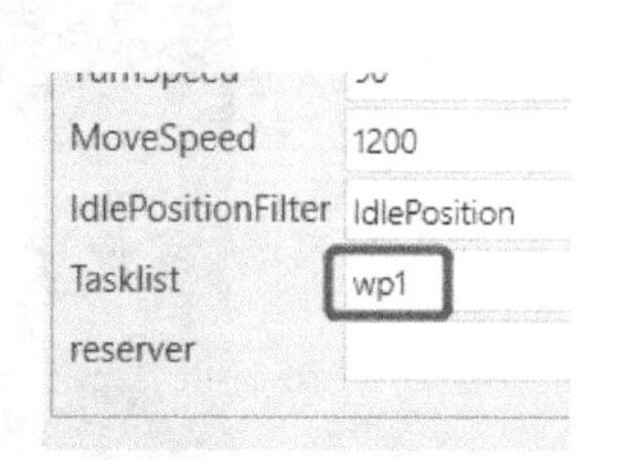

图 8-40　输入任务名称

选择第三工序的“Labor resource location 4.0（黑色地标）#2”组件，在“组件属性”面板内的“PickTasks”与“PlaceTasks”文本框中分别输入“wp1”，如图 8-41 所示，运行模拟即可看到人工将零件放置于“WorkStation 5”组件位置。

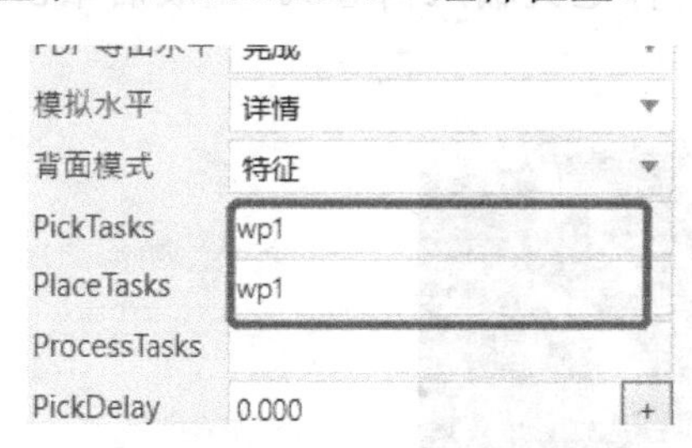

图 8-41　设置人模型站位

此时进行布局模拟，在第三工序时人工将零件放置于“WorkStation 5”组件后单击仿真控制器上的“暂停”按钮，零件位置与其他零件合为一体，导致零件安装不到位，如图 8-42 所示。选择放置于分度台上的“Motorcycle Drive Gear”零件，利用“移动”命令将其沿 Z 轴向上移动，直至零件悬空，如图 8-43 所示。

图 8-42　错误放置

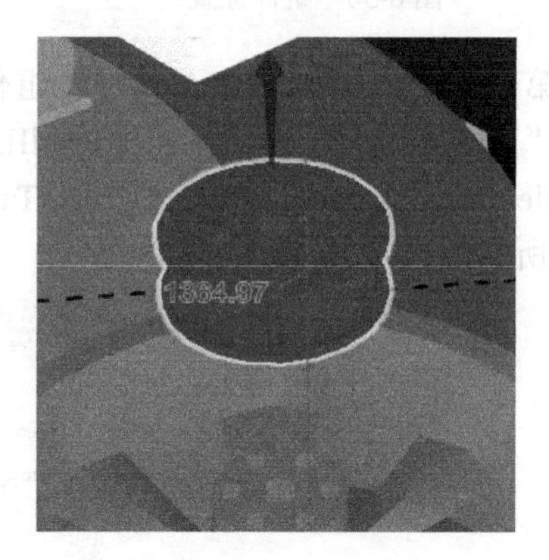

图 8-43　组件移动

单击“开始”选项卡上“工具”组内的“对齐”按钮，先选择摆放错误的“Motorcycle Drive Gear”零件底面位置，如图 8-44 所示，然后单击“VC Motorcycle Wheel”零件顶面中心位置，如图 8-45 所示，完成后零件处于正确放置位置。

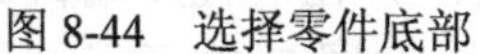

图 8-44　选择零件底部

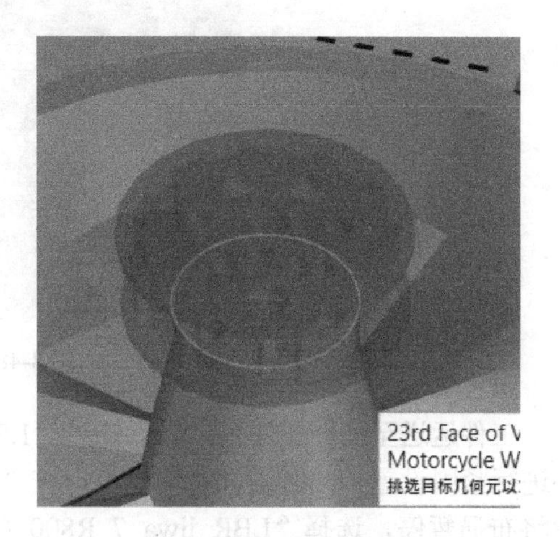

图 8-45　选择零件顶部

在“暂停”状态下选择“WorkStation 5”组件，在“组件属性”面板中找到第三工序的放置任务（Need：Motorcycle Drive Gear），单击“TeachLocation”按钮记录位置状态，如图 8-46 所示。重置后再次模拟即可看到零件按照预定位置放置。完成后在“Task”下拉列表框中选择“MachineProcess”选项，在“SingleCompName”文本框中输入分度台的名称“Indexing Table”，在“ProcessTime”文本框中设置其控制组件的运行时间为 1.5s，单击“CreateTask”按钮提交任务，如图 8-47 所示，在第三工序完成后通过分度台将零件运送至第四工序。

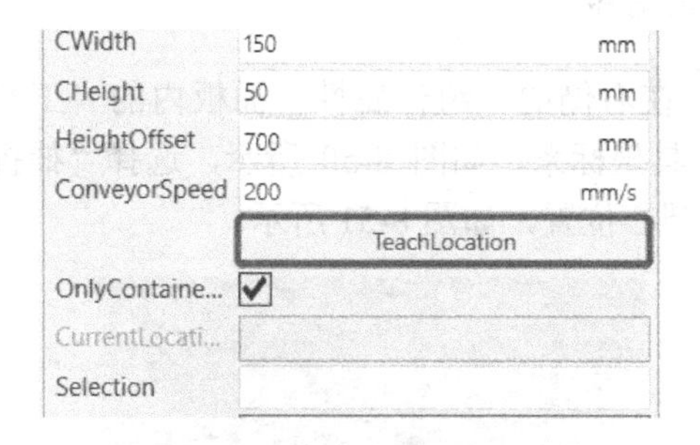

图 8-46　记录状态

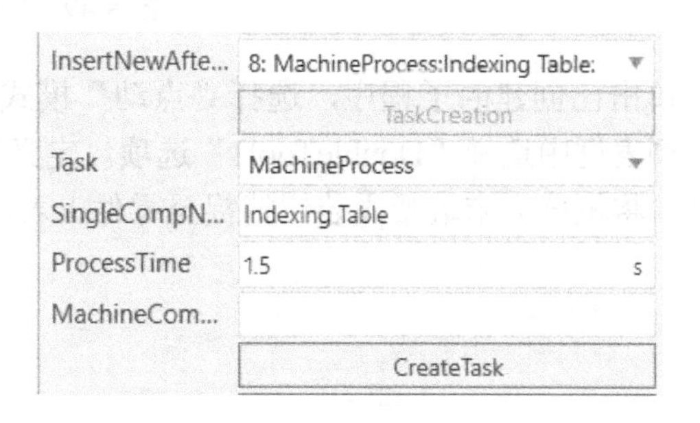

图 8-47　转动分度台

8.6　第四工序：机器人紧固

机器人紧固

截至上一工序，已经完成四个零件的装配。在第四工序中，“LBR iiwa 7 R800（机器人）”组件会在装配体中利用“wheel fastener tool（手爪）”组件执行孔位疏通与零件紧固的动作，如图 8-48 所示。

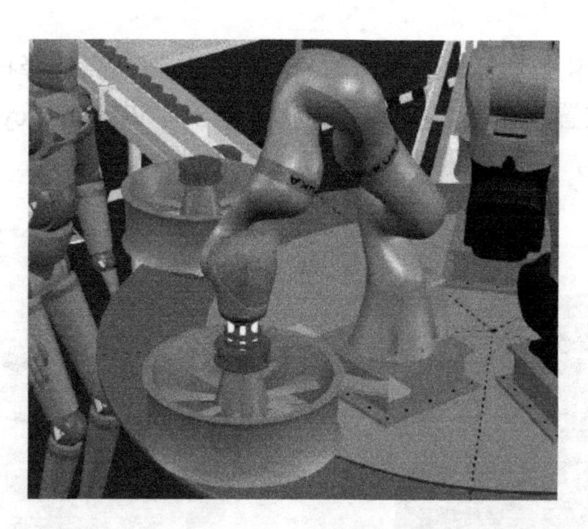

图 8-48　运行效果

工件运送至第四工序后，需要通过“LBR iiwa 7 R800（机器人）”组件对完成装配的零件进行紧固设置。此时进行布局模拟，在“WorkStation 5”组件通过分度台移动至第四工序后将布局暂停，选择“LBR iiwa 7 R800（机器人）组件”，在“程序编辑器”面板内单击“添加”按钮创建一个子程序，可对所创建的子程序命名，如图 8-49 所示。

图 8-49　创建子程序

单击已创建的子程序，选择“点动”模式，在右侧的“组件属性”面板内的“工具”下拉列表框中选择“DoubleTool1”选项，定义工具坐标系，如图 8-50 所示，选择“捕捉”命令，将机器人末端紧固装置捕捉至零件上表面圆心位置，如图 8-51 所示。

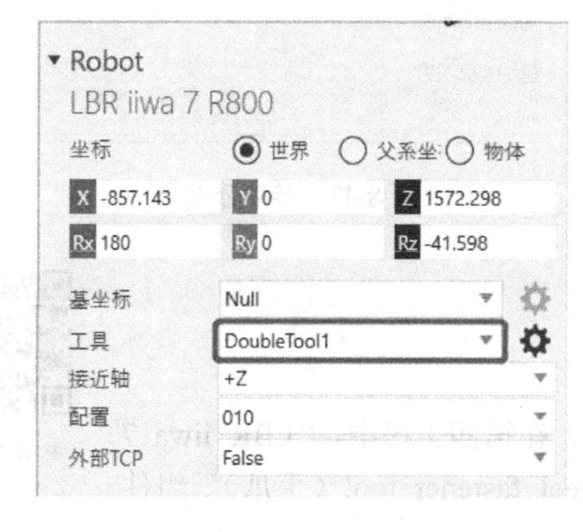

图 8-50　选择工具补偿

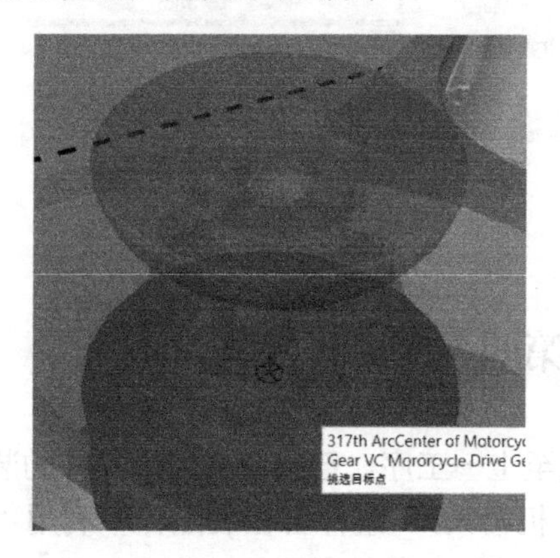

图 8-51　位置捕捉

在“程序编辑器”面板内单击“线性运动动作”按钮，记录移动点位，单击“延迟动作”按钮，将时间设为 2s，使手爪到达紧固点后停顿 2s 后再模拟紧固动作，如图 8-52 所示。

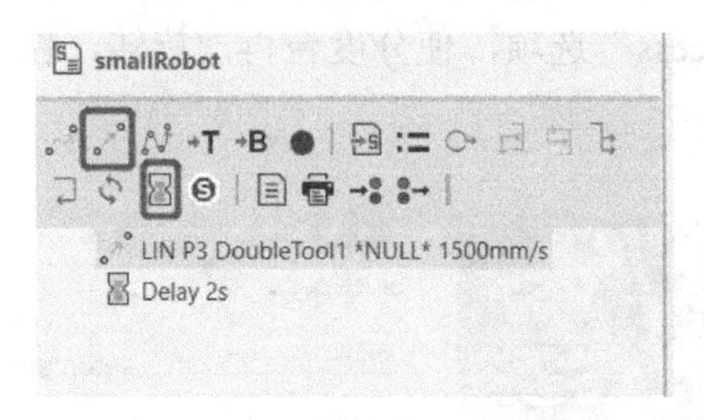

图 8-52　创建程序指令

单击并拖动点动坐标系 Z 轴带动手爪向上移动，使机器人手臂带动紧固装置向上移动，远离零件，如图 8-53 所示。单击“程序编辑器”中的“线性运动动作”按钮记录该点位置，同时对此点位再创建一次线性运动动作。创建后将点位拖至捕捉点位之前，使路径具有接近点与逃离点，完成后的程序列表如图 8-54 所示。

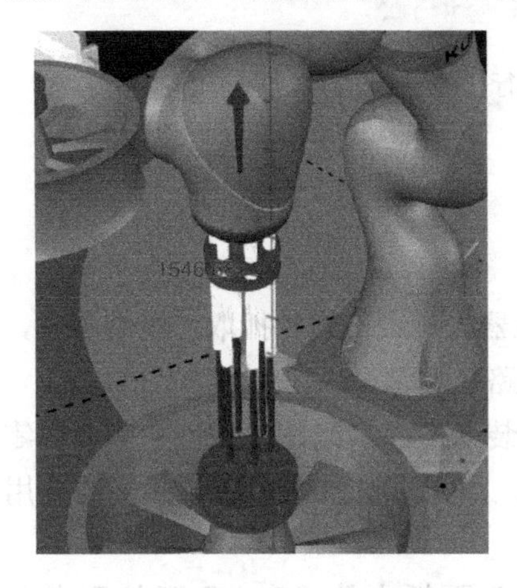

图 8-53　创建接近点与逃离点

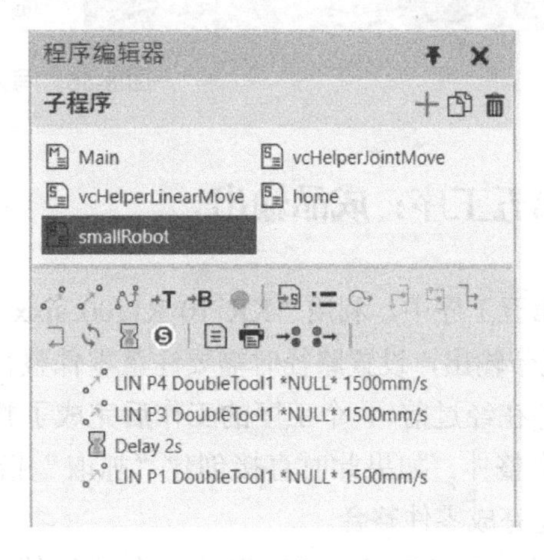

图 8-54　程序列表

完成子程序路径创建后，设置子程序的调用。在仿真控制器内单击“重置”按钮，选择“WorkStation 5”组件，在已设置指令的基础上创建指令，在“Task”下拉列表框中选择“RobotProcess”选项，在“TaskName”文本框中输入其调用子程序的程序名，在“ToolName”与“TCPName”文本框中分别输入手爪名称与手爪坐标系名称。由于在示教机器人路径时指定了工具手爪，此处无须再输入，如图 8-55 所示，单击“CreateTask”按钮提交任务。

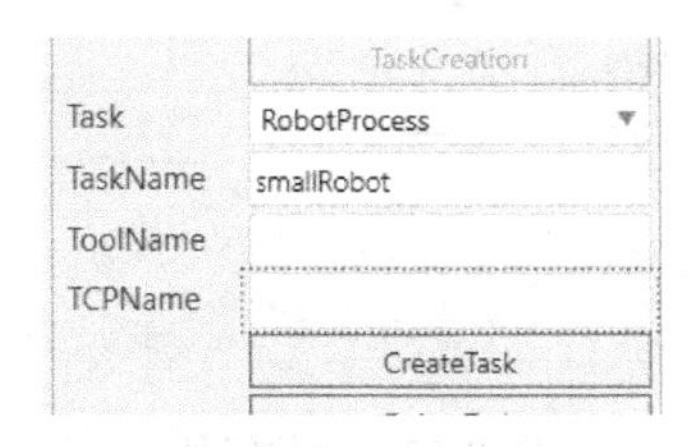

图 8-55　创建调用子程序指令

创建任务后将任务名称（TaskName）输入“WorksRobotController（机器人底座）#2”组件中“组件属性”面板内的“TaskList”文本框，如图 8-56 所示。完成后在“Task”下拉列表框中选择“MachineProcess”选项，使分度台再次旋转，在第四工序完成后将零件运送至第五工序。

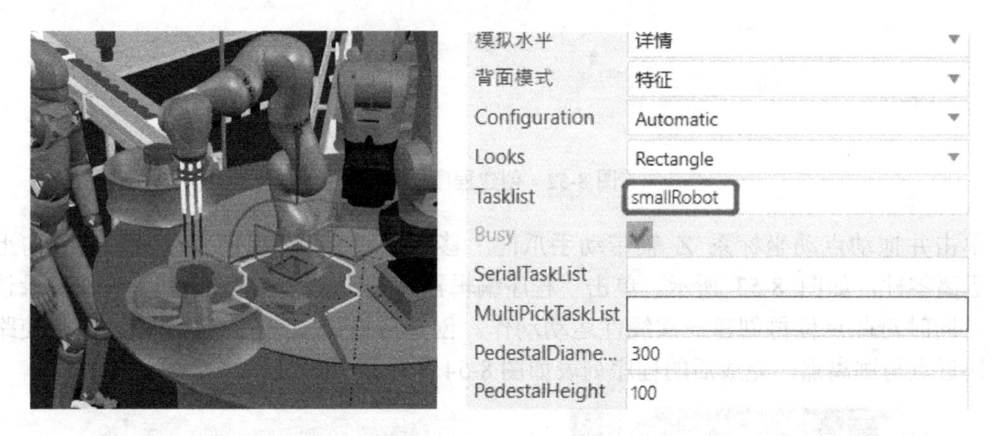

图 8-56　写入执行任务

8.7　第五工序：成品输出

在第五工序中，利用“KR 10 R1100 sixx（机器人）#2”组件抓取已组装零件，放置在 5 号传送带输出，设置路径时需要注意零件整合与路径规避。

零件在经过前 4 个工序的工作后完成了整个装配过程，但在软件识别中此时零件并未形成一个整体。如果此时直接创建“抓取”指令，则无法拾取整个装配件，需要用到“整合”功能完成零件整合。

选择“WorkStation 5”组件，在“组件属性”面板内的“Task”下拉列表框中选择“Merge（零件合并为一体）”选项，在“ParentProdID”文本框中输入 4 个组装零件中的一个零件名称作为主零件，在此处输入法兰零件名称“VC Motorcycle Wheel”，如图 8-57 所示。这意味着装配件在被运送到第五工序时所有零件合并，以“VC Motorcycle Wheel”零件为主零件，而合并后的零件名称为“VC Motorcycle Wheel”。

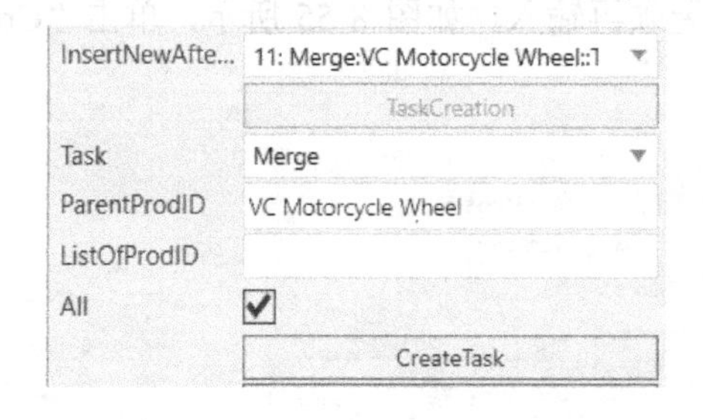

图 8-57　合并组件

成品输出（单工位输出）

由于“VC Motorcycle Wheel”与第一工序装配件的名称冲突，因此在“Task”下拉列表框中选择“ChangeID（更改零件名）”选项，更改合并后的零件名称，便于机器人识别与抓取，在“SingleProdID”文本框中输入零件原名称，由于零件经过了合并，故组装后的零件名称为“VC Motorcycle Wheel”，在“NewProdID”文本框中输入新名称“VC Motorcycle Wheel Assy”（新名称可自行设置，文中仅为示例），如图 8-58 所示，单击“CreateTask”按钮提交任务。

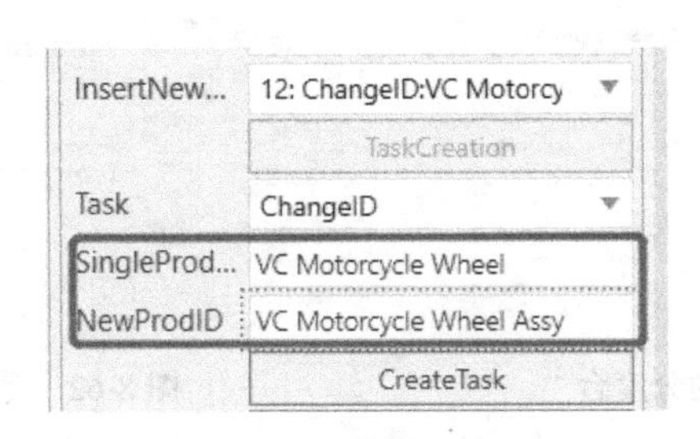

图 8-58 更改零件名称

经过修正后，已具备抓取零件条件。在“Task”下拉列表框中选择“Feed”选项，设置抓取位置，由第五工序的机器人抓取，在“ListOfProdID”文本框中输入其抓取的零件名称“VC Motorcycle Wheel Assy”，在“TaskName”文本框中输入此任务的任务名称“bigRobot2”（可自定义），在“ToolName”文本框中输入机器人使用的手爪名称“SimpleGripper #2”；在“TCPName”文本框中输入手爪坐标系名称“GripperTool_1”，单击“CreateTask”按钮提交任务，完成抓取位置设置，如图 8-59 所示。

选择 5 号传送带初始端的“Works Process（模块化指令编辑器）#17”组件，在“组件属性”面板中的“Task”下拉列表框中选择“Need（接收）”选项，将已完成组装的零件名称“VC Motorcycle Wheel Assy”输入“ListOfProdID”文本框，单击“CreateTask”按钮提交任务，如图 8-60 所示。

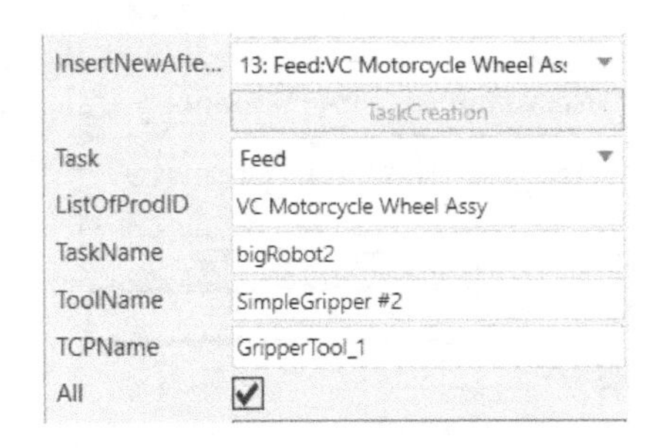

图 8-59 零件抓取定义

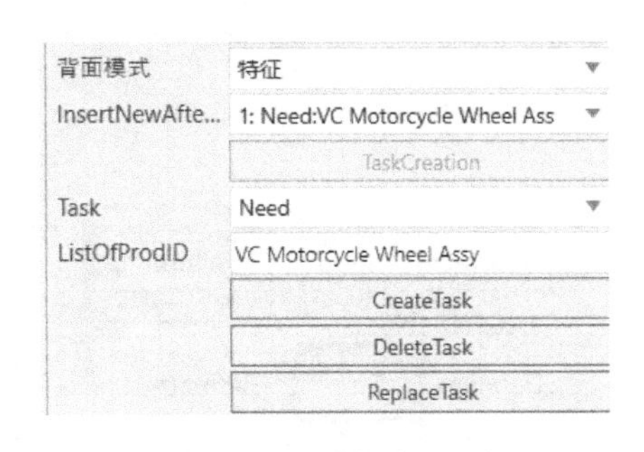

图 8-60 零件放置定义

完成零件专区放置后，选择“WorkStation 5”组件，在“组件属性”面板中的“Task”下拉列表框中选择“MachineProcess”选项，在“SingleCompName”文本框中输入分度台名称“Indexing Table”，在“ProcessTime”文本框中设置其控制组件的运行时间为 1.5s，如图 8-61 所示，单击“CreateTask”按钮提交任务，使零件在第五工序完成后通过分度台被运送至第一工序。

选择 5 号传送带初始端的“Works Process（模块化指令编辑器）#17”组件，在原任务基础上创建输出指令，在其“组件属性”面板内的“Task”下拉列表框中选择“TransportOut”选项，如图 8-62 所示，单击“CreateTask”按钮提交任务，完成成品零件在传送带上的运输。

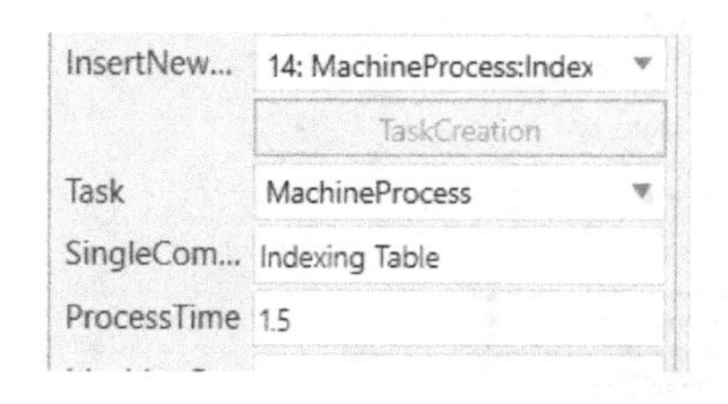

图 8-61 转动分度台

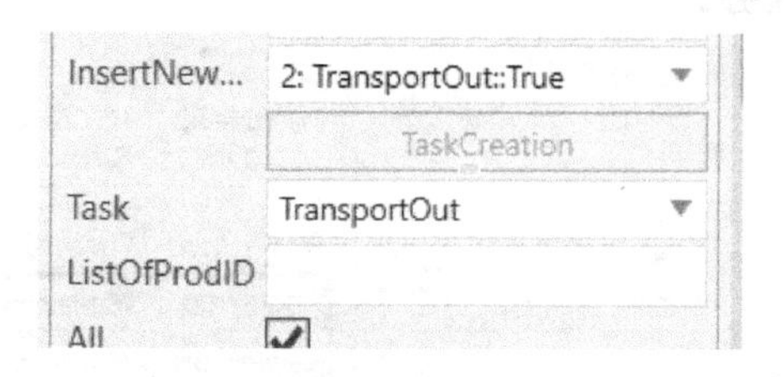

图 8-62 零件输出

多工位装配方法

8.8 多工位装配

在之前的设置中，完成了单个零件的装配循环，但分度台有 5 个工位，因此布局中的单个装配循环不能满足布局需求。在本节内容中将会对其余四个工位设置组件装配，以满足无闲置工位要求。

此时进行模拟可观察到组件装配会在“WorkStation 5”组件中完成，但其余工序对应的“Works Process（模块化指令编辑器）”组件没有加入设置，无法进行同步装配。

选择“WorkStation 5”组件，在“组件属性”面板内选择“Task”组，如图 8-63 所示，单击第二个“在编辑器中打开”按钮，如图 8-64 所示，完成后此前创建的任务均以文本形式显示。

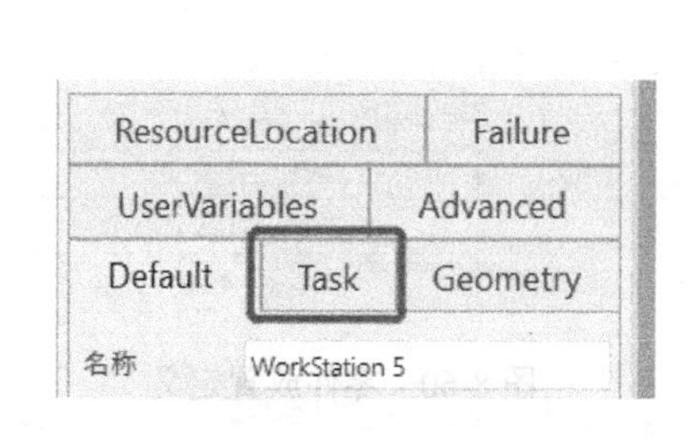

图 8-63 “Task”组

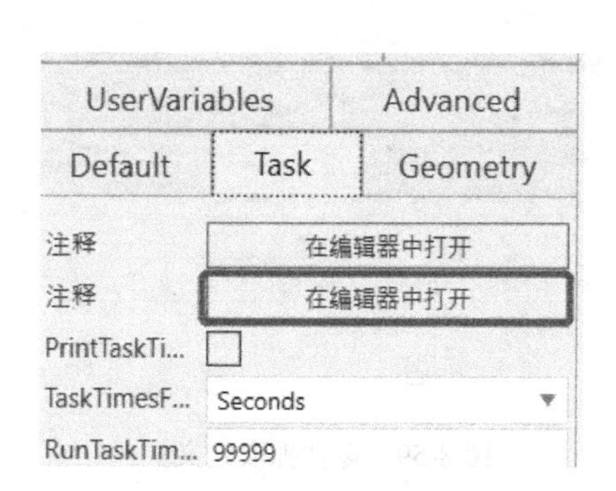

图 8-64 任务编辑位置

进入任务编辑器后，选择所有任务并复制，如图 8-65 所示，将复制的任务粘贴至其他“Works Process（模块化指令编辑器）”组件内。

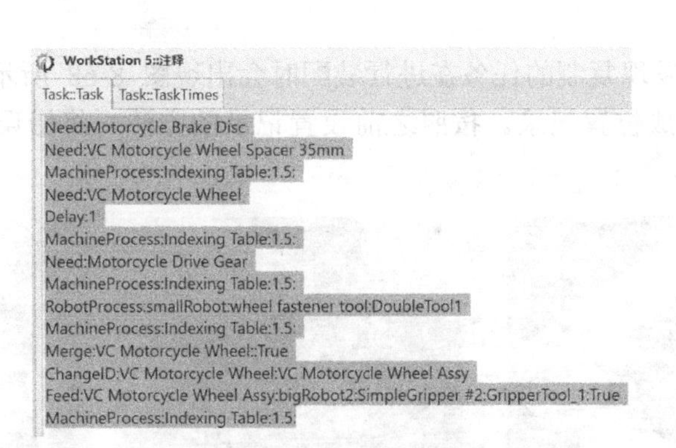

图 8-65　复制创建任务

粘贴任务前，在第二、三、四、五工序所对应“Works Process（模块化指令编辑器）”组件的任务基础上加入“WarmUp”任务。在其“Task”下拉列表框中选择“WarmUp”选项（此任务的作用是在任务列表排序中将此任务之前的任务均执行一遍，第二遍从此任务下一句开始执行），单击“CreateTask”按钮提交任务，如图 8-66 所示。

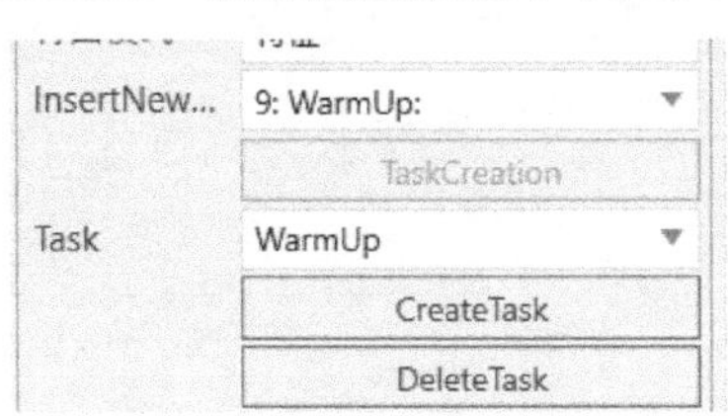

图 8-66　WarmUp 指令

选择第二工序对应的“Works Process（模块化指令编辑器）#4”组件，在“组件属性”面板中选择“Task”组，在任务编辑器内将此前复制的“WorkStation 5”组件的任务粘贴至任务单内，如图 8-67 所示。按照同样的方法完成第三、四、五工序的任务粘贴。

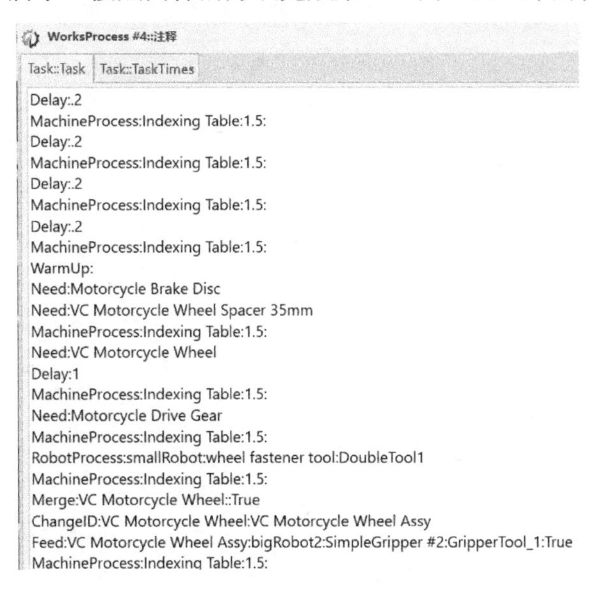

图 8-67　任务粘贴

进行运行模拟，发现复制的任务在进行装配时会出现图 8-68 所示的错误现象。这是因为复制的指令无法完成位置记录。按照之前设置记录的方法，将错误装配对应的指令进行手动校正与记录即可。

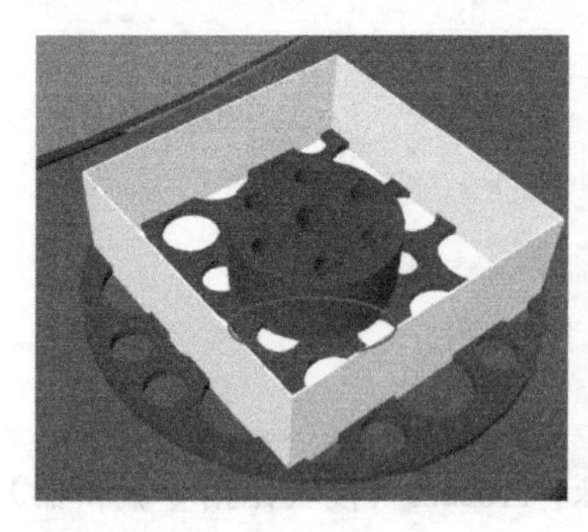

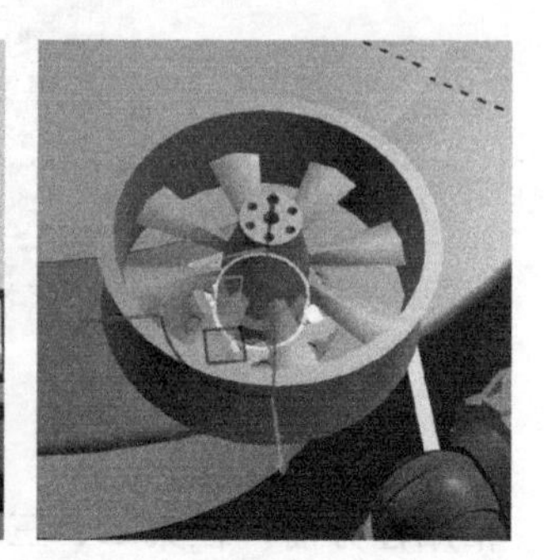

图 8-68 错误装配

单元 9　导轨建模

学习导航

本单元的内容是导轨模型的案例教学。在案例中，主体会围绕导轨运行方式进行建模设置，内容包含模型导入、模型拆分、运动属性定义与生成运动属性等设置方法。

9.1　导轨模型导入设置

单击 SAIDE VisualOne 软件“开始”选项卡上“导入”组中的“几何元”按钮，如图 9-1 所示，弹出“打开”对话框，选择本书提供的三维练习模型“Track.step”文件，如图 9-2 所示，单击“打开”按钮，完成模型导入。

图 9-1　“几何元”按钮

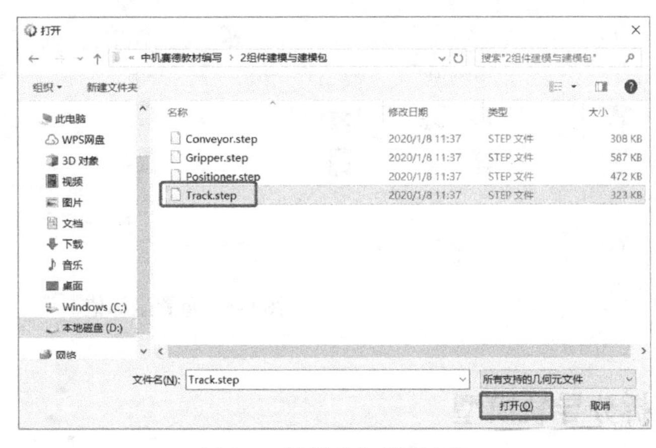

图 9-2　选择导轨模型文件

打开后在软件主界面右侧出现“导入模型”面板，按照图 9-3 所示参数设置导轨模型，完成后单击“导入”按钮。

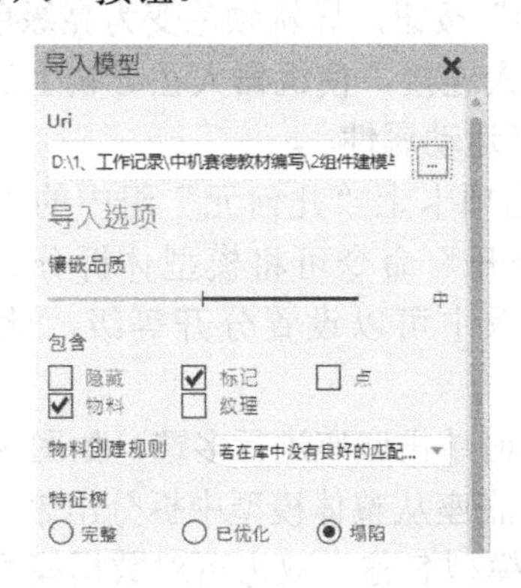

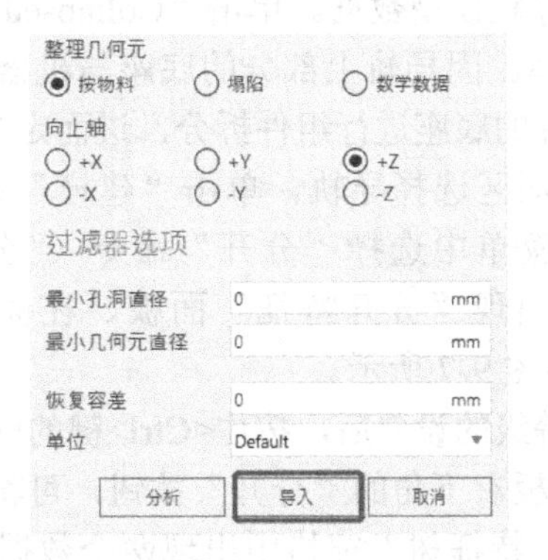

导轨模型导入设置

图 9-3　导入设置

导入后，导轨模型会显示在 3D 视图区中，如图 9-4 所示，单击左侧工具条中的“正交”按钮，使组件显示处于正交模式。

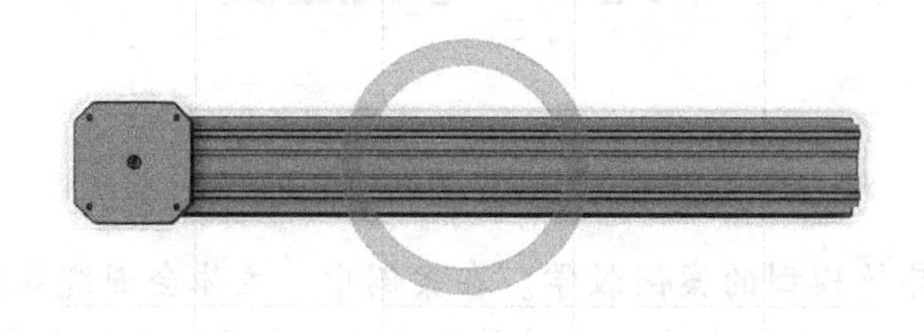

图 9-4　导入组件

单击导轨模型，在“组件属性”面板中可以查看模型现有的坐标系情况，如图 9-5 所示。为了后续操作的统一，在此依次单击坐标系数值前对应的“X”“Y”，即对应的重置按钮，可将数值重置为“0”。

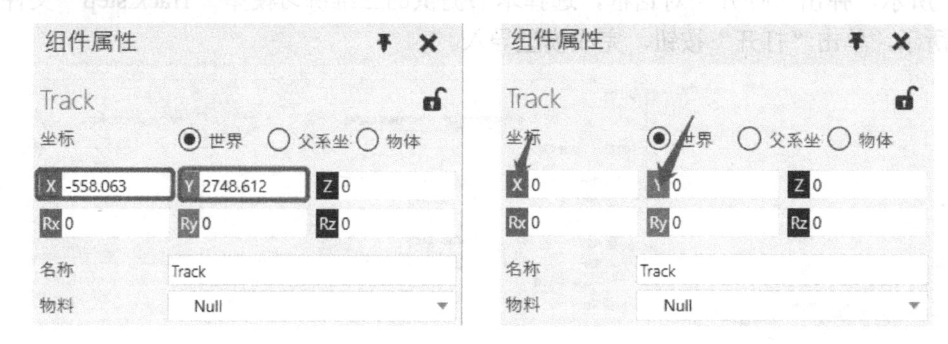

图 9-5　重置坐标值

9.2　拆分导轨模型

拆分导轨模型

选择“建模”选项卡，为模型设置运动参数。

在“组件图形”面板下方的“节点特征树”窗格中，单击“+”按钮，展开对应选项，即可查看当前导轨模型数据。单击“Collapsed0”按钮，导轨颜色变为亮绿色，意味着现在模型为一个整体。因导轨上部分的底座与机器人连接，使机器人在导轨上的移动，故需要对作为运动组件的底座进行组件拆分，进而定义运动属性。

在 3D 视图区选择导轨，单击“建模”选项卡上“几何元”组中的“工具”按钮，在展开的命令菜单中选择“分开”命令（“分开”命令可将模型体拆分），如图 9-6 所示，软件右侧出现“分开特征”面板，在面板中可以设置分开等级，此处选择第一个“面”选项，如图 9-7 所示。

完成分开等级的设置后，按住<Ctrl>键的同时单击底座进行多选，如图 9-8 所示，单击“分开特征”面板右下角的“分开”按钮，可将底座从整体模型中拆分出来，此时在软件主界面左下角的“特征树”窗格中出现两个数据模型名称，双击可对数据模型的名称进行修改，如图 9-9 所示。

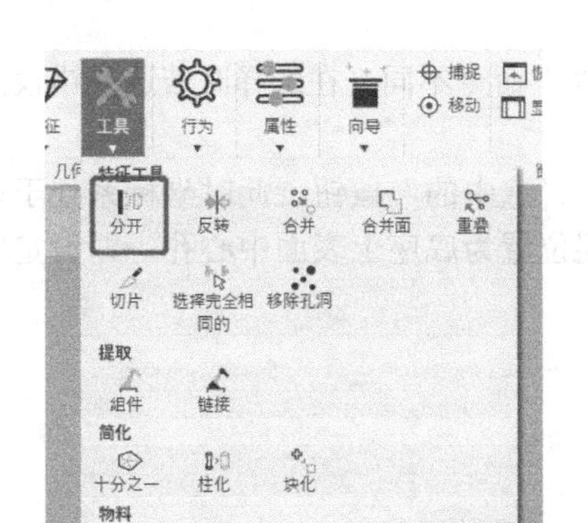

图 9-6　选择“分开”命令

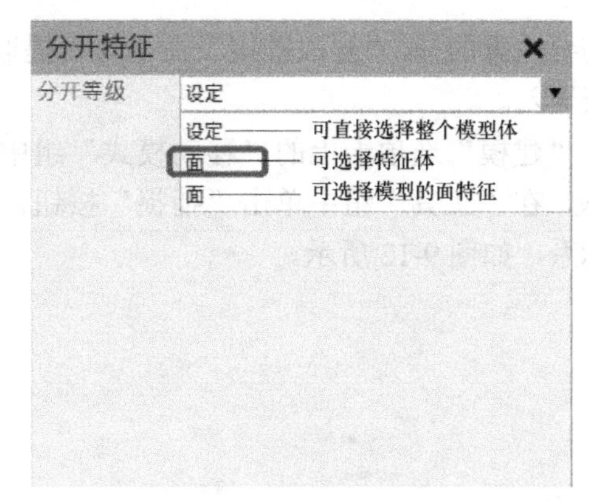

图 9-7　设置分开等级

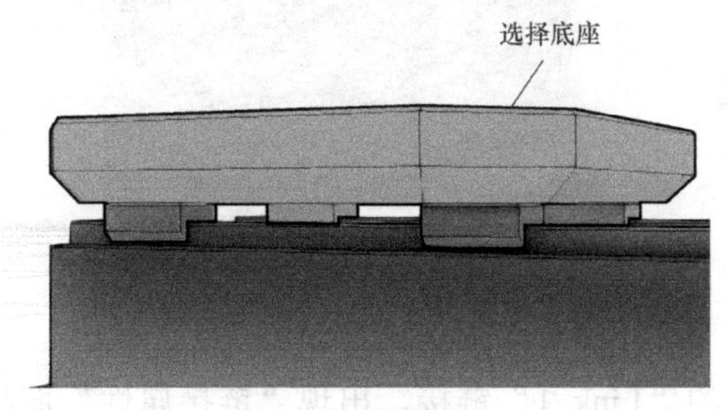

图 9-8　选择底座

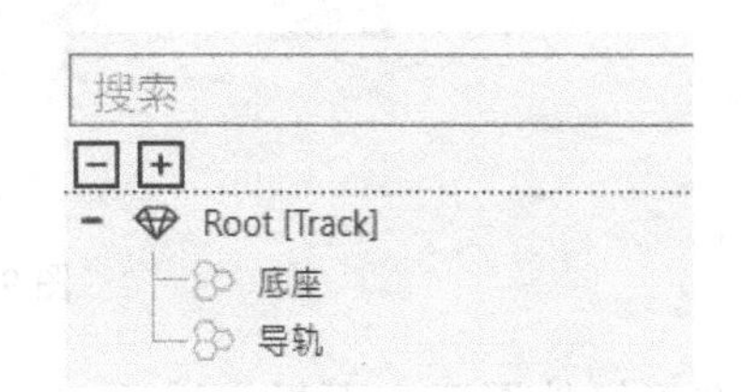

图 9-9　拆分结果

9.3　定义导轨运动方式

定义导轨运动方式

经过之前的设置，已经将模型拆分为两个部分，其中一个是底座部分。接下来需要为其附加运动方式，定义行程范围。

在“特征树”窗格中右击拆分的“底座”，在弹出的菜单中选择“提取链接”命令，如图 9-10 所示，使其成为一个运动链接，提取的链接会在组件图形上方形成一个“Link_1”链接，如图 9-11 所示。在提取链接后，3D 视图区内的底座会呈深蓝色。

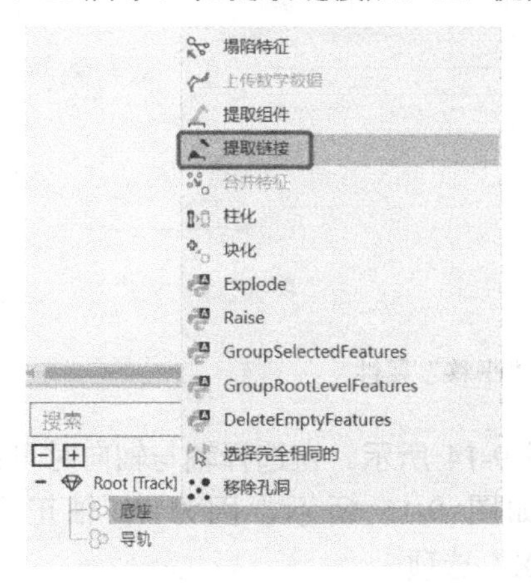

图 9-10　提取链接

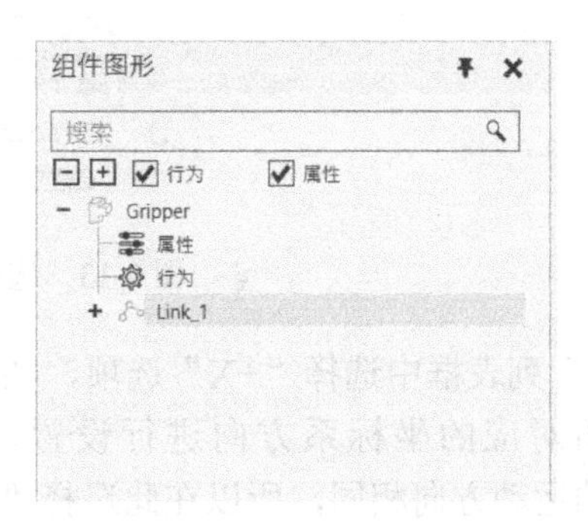

图 9-11　Link_1 链接

需要注意的是，“提取链接”命令与“提取组件”命令不同，在选择时若选择错误，只能重新导入。

在“建模”选项卡上的“移动模式”组中单击“选中的”按钮，此时坐标系处于可移动状态，在“工具”组中单击“捕捉”按钮，捕捉位置为底座上表面中心孔，即设定底座的坐标系，如图 9-12 所示。

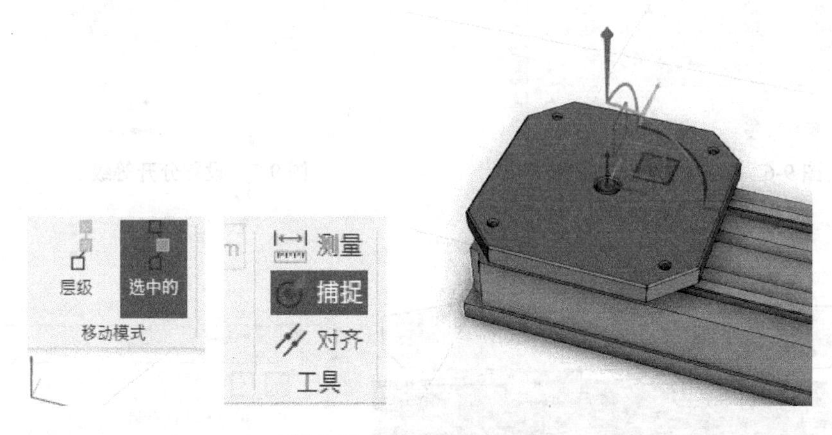

图 9-12　更改坐标系位置

在“组件图形”面板内选择已创建的“Link_1”链接，出现“链接属性”面板，在“JointType”列表框中选择“平移”选项，如图 9-13 所示。

链接属性
Link_1
坐标　世界　父系坐标　物体
X 0　Y 0　Z 0
Rx 0　Ry 0　Rz 0
Name　Link_1
Offset
JointType　固定
固定
旋转的
平移
旋转从动件
平移从动件
自定义

图 9-13　选择“平移”属性

在“轴”列表框中选择“+X”选项，如图 9-14 所示。在选择轴与轴向时可根据 3D 视图区左上角对应的坐标系方向进行设置，如图 9-15 所示，因为 X 轴正方向与所选“Link_1”的运动方向相同，所以在此选择“+X”选项。

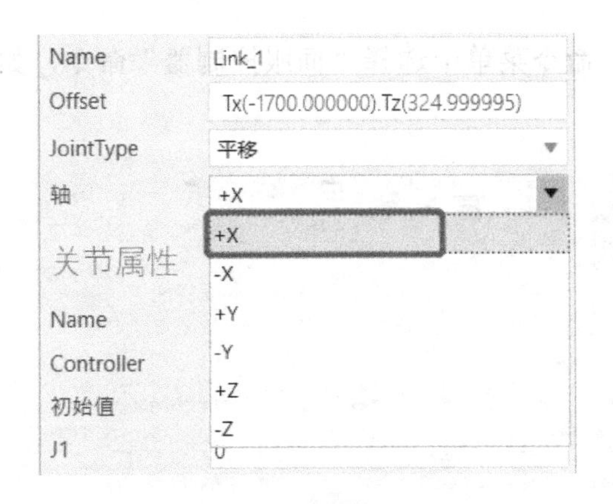

图 9-14　选择轴

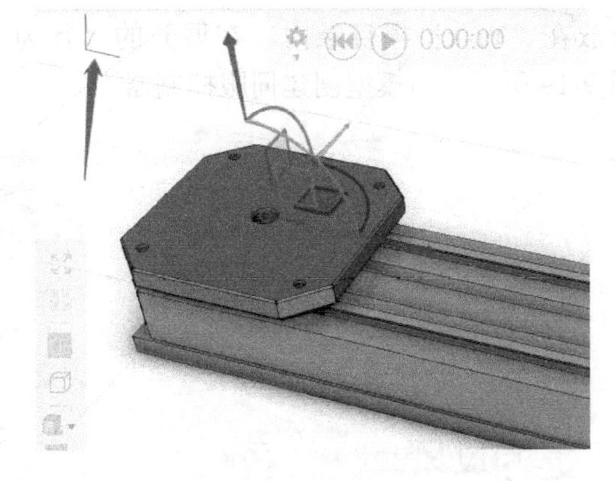

图 9-15　坐标方向

此时利用“测量”命令测量导轨的长度，如图 9-16 所示，得到距离为 3400mm。这意味着底座可运动的范围为 0～3400mm。将得到的数据输入到工作范围内，如图 9-17 所示，在“最小限制”文本框中输入“0”，在“最大限制”文本框中输入“3400”。

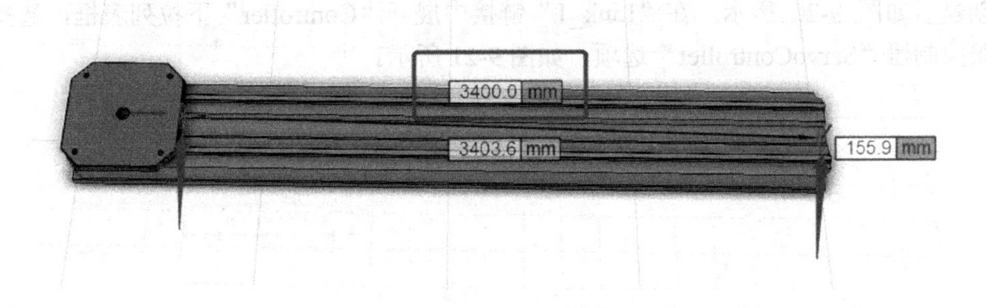

图 9-16　测量长度

关节属性

Name	J1
Controller	Null
初始值	0
J1	0
值表达式	VALUE
最小限制	0.0
最大限制	3400

图 9-17　输入限制参数

创建导轨信号控制属性内容

9.4　创建导轨信号控制属性内容

在“组件图形”面板内选择“Track”选项，如图 9-18 所示，意味着接下来添加的设置会放在“Task”根目录内。在展开的“行为”命令菜单中选择“伺服控制器”命令，如图 9-19 所示，为模型创建伺服控制器。

图 9-18　选择导轨模型

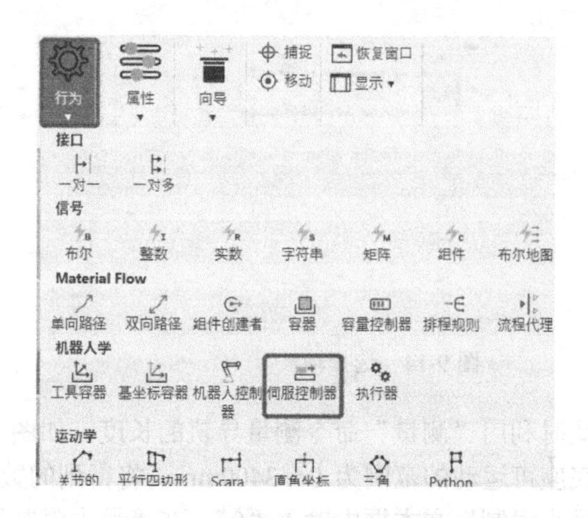

图 9-19　为变位器创建伺服控制器

创建后如图 9-20 所示，在“Link_1”链接中展开“Controller”下拉列表框，选择创建的伺服控制器“ServoController”选项，如图 9-21 所示。

图 9-20　已创建的伺服控制器

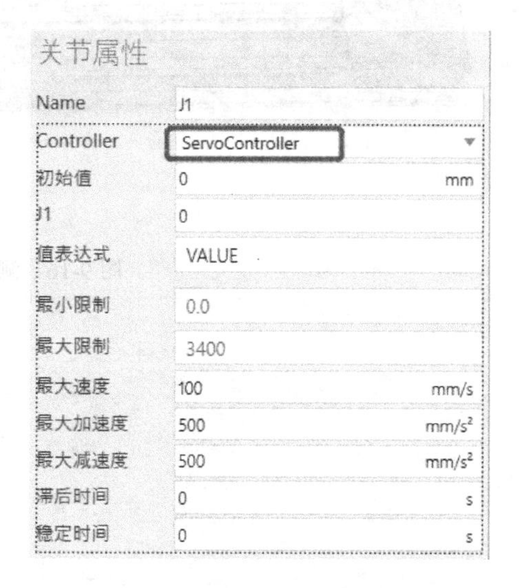

图 9-21　调用伺服控制器

在“Link_1”链接中调用伺服控制器“ServoController”后，“Link_1”链接中会更新更详细设置，其中包含“最大速度”“最大加速度”“最大减速度”“滞后时间”“稳定时间”的设置。若出现这些设置，意味着伺服控制器调用成功。伺服控制器也是后续设置中不可或缺的设置组。

再次选择“组件图形”面板内的模型设置总目录“Track”选项，展开“向导”命令菜单，选择“Positioner”命令，如图 9-22 所示。利用“Positioner”命令可快速生成简单的导轨模型建模设置，可在出现的“Positioner”面板中设置相关参数，如图 9-23 所示。

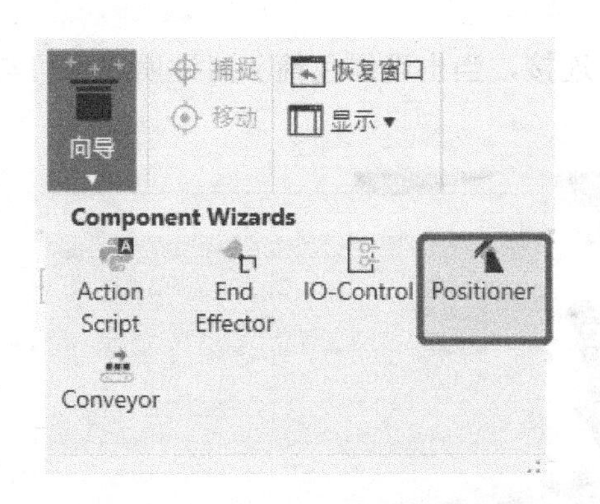

图 9-22　选择“Positioner”命令

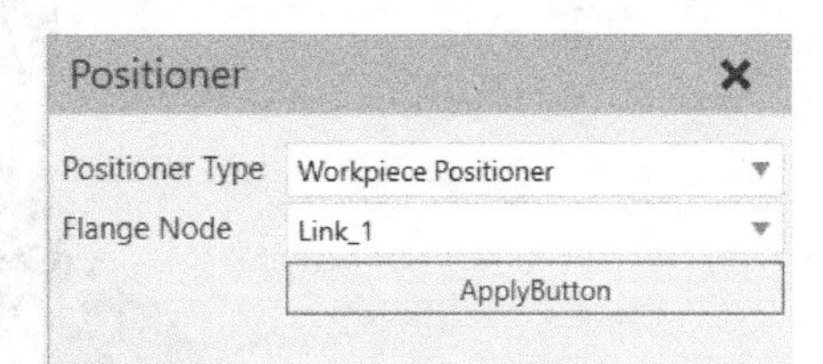

图 9-23　选项设置

快速生成有两种方式，即“Positioner”面板中“Positioner Type”列表框的两种生成方式，分别为“Workpiece Positioner”和“Robot Positioner”，如图 9-24 所示，此时选择“Robot Positioner”方式，如图 9-25 所示，单击“ApplyButton”按钮，创建“Robot Positioner”信号控制设置。

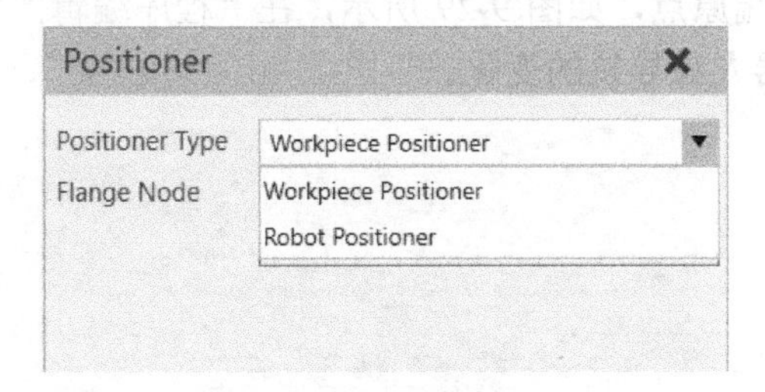

图 9-24　选项内容

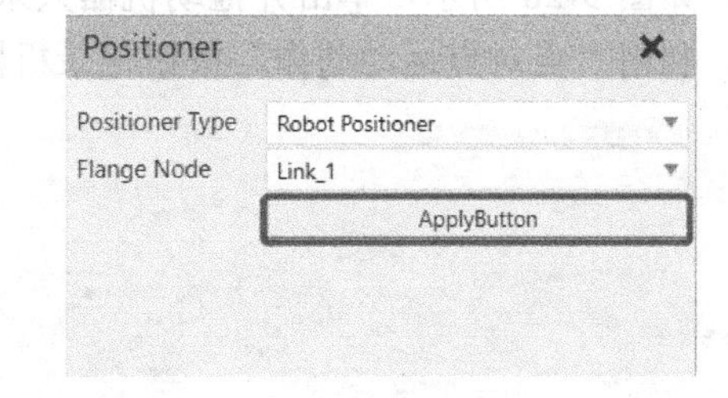

图 9-25　创建 Robot Positioner 控制

生成后关闭“Positioner”面板。此时可以在“组件图形”面板中看到已经通过创建“Robot Positioner”控制自动生成了其他选项设置，如图 9-26 所示。

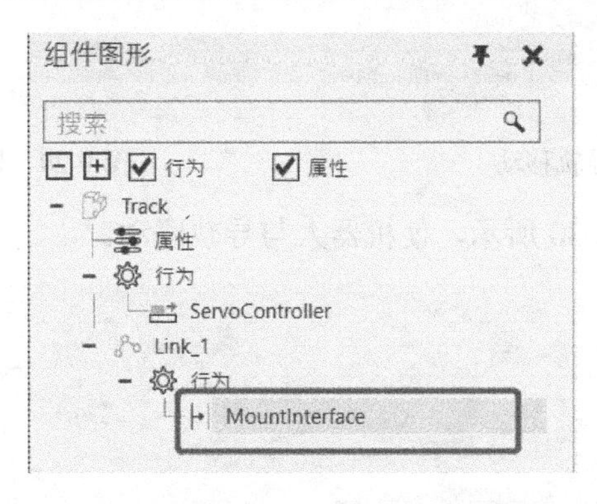

图 9-26　生成设置

导轨信号控制验证

9.5　导轨信号控制验证

回到“开始”选项卡，在布局中导入一个机器人，在此以“arcMate_120iC10L（机器人）”组件为例，将导轨与机器人进行“PnP”连接，当出现绿色箭头时证明底座可与机器人连接，接口设置无误，如图 9-27 所示。

图 9-27　连接导轨

选择“程序”选项卡，在“操作”组中单击“点动”按钮，单击并拖动导轨移动一段距离，如图 9-28 所示，单击并拖动机器人末端原点，如图 9-29 所示，在“程序编辑器”面板内，利用“点对点运动动作”按钮记录机器人与导轨的变化。

图 9-28　拖动导轨移动

图 9-29　拖动机器人末端

进行模拟验证，如图 9-30 所示，使机器人与导轨联动。

图 9-30　模拟验证

单元 10　变位机建模

学习导航

本单元以变位机为例，讲解模型的建模过程，包括模型导入、链接拆分、限位设定、模型设置快捷生成等内容。

10.1　变位机模型导入设置

单击“开始”选项卡上“导入”组中的“几何元”按钮，如图 10-1 所示，在“打开”对话框中找到本书提供的三维练习模型“Positioner.step”文件，如图 10-2 所示，单击“打开”按钮，完成模型导入。

图 10-1　“导入”组中的“几何元”按钮

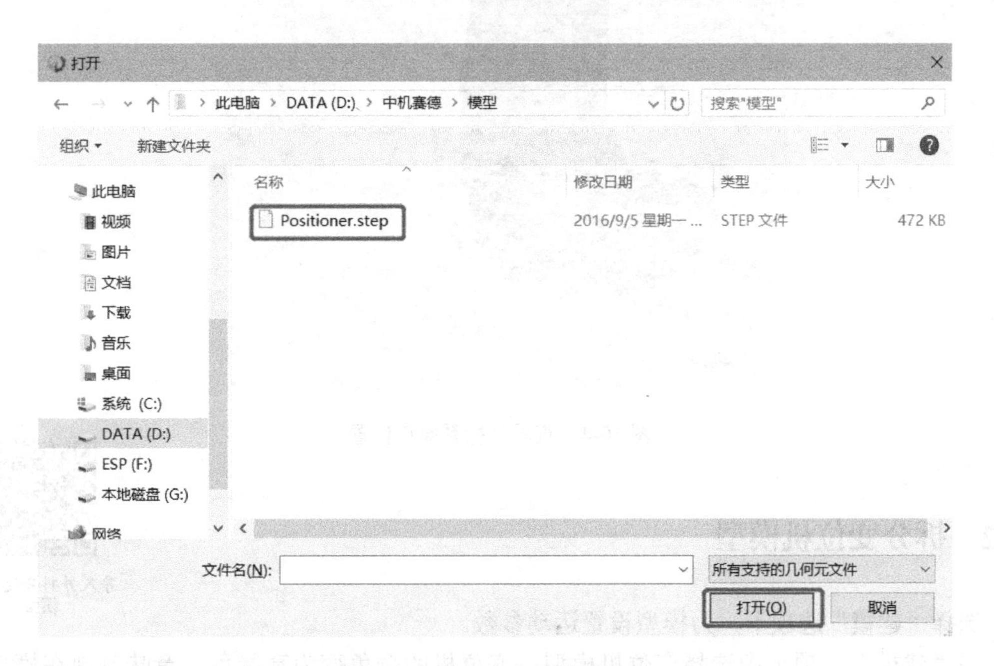

图 10-2　选择变位机模型文件

打开后在软件主界面右侧出现“导入模型”面板，按照图 10-3 所示参数设置变位机模型，完成后单击“导入”按钮。

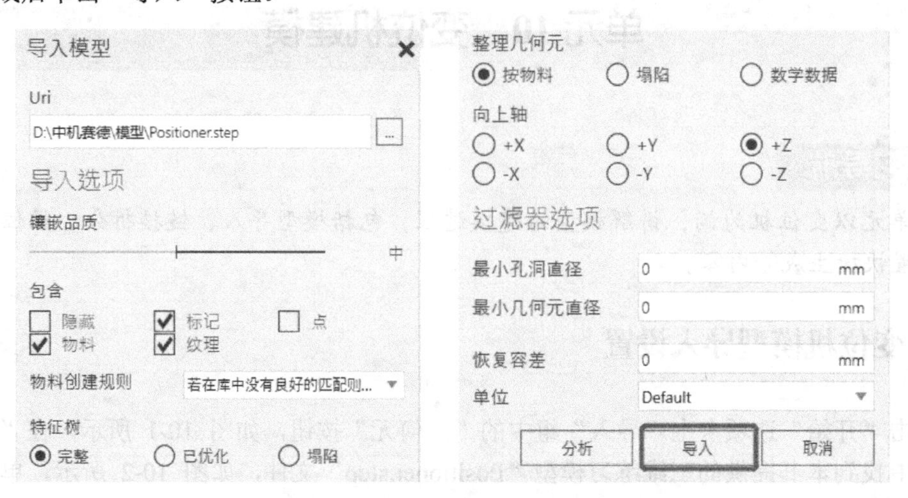

图 10-3　导入设置

模型导入后会处于世界坐标系原点位置，此时可利用“移动”命令，查看坐标系原点是否处于适当位置，如图 10-4 所示。坐标系原点位置可以是整个模型的底面中心或某个平面的正中心。

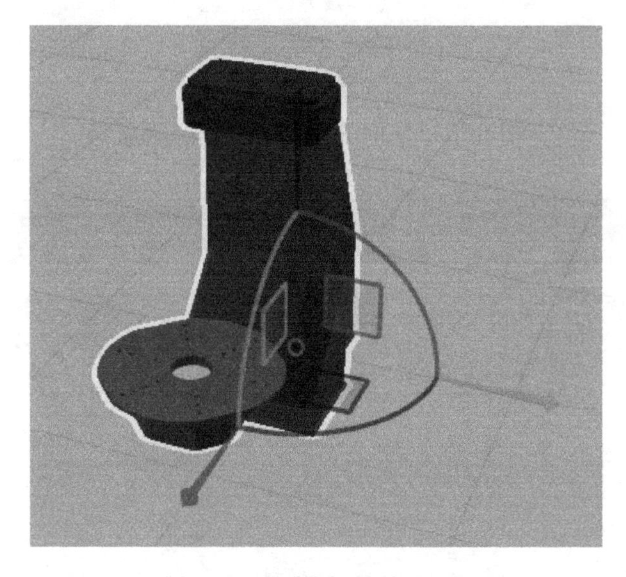

图 10-4　查看坐标系原点位置

10.2　拆分变位机模型

导入并拆分变位机模型

选择“建模”选项卡，为模型设置运动参数。

在“建模”选项卡中选择变位机模型，变位机的颜色变为亮绿色，意味着现在模型为一个整体。在变位机中，手臂与托盘会根据布局要求执行一定角度的旋转动作，因此需要对作为运动组件的手臂与托盘进行组件拆分，进而定义运动属性。

在 3D 视图区选择变位机，单击“建模”选项卡上“几何元”组中的“工具”按钮，在展开的命令菜单中选择“分开”命令，如图 10-5 所示，软件右侧出现“分开特征”面板，在面板中可设置分开等级，此处选择“面”选项，如图 10-6 所示。

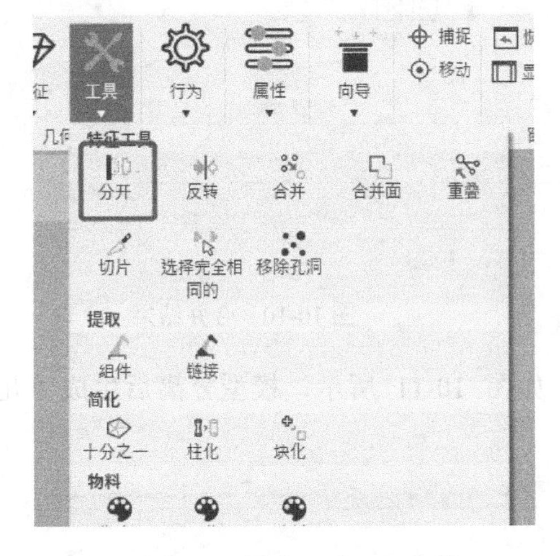

图 10-5　选择“分开”命令

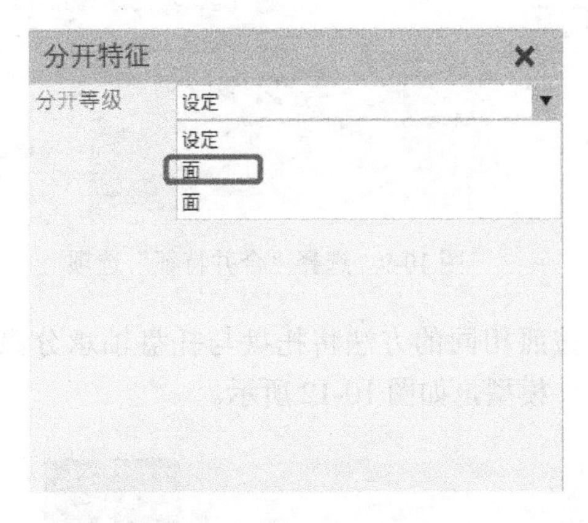

图 10-6　设置分开等级

完成分开等级设置后，按住<Ctrl>键的同时单击变位机手臂特征进行多选，将整个手臂选中，如图 10-7 所示，单击“分开特征”面板右下角的“分开”按钮，可将手臂从整体模型中拆分出来，此时在软件主界面左下角的“特征树”窗格中出现分出的多个模型名称，如图 10-8 所示。

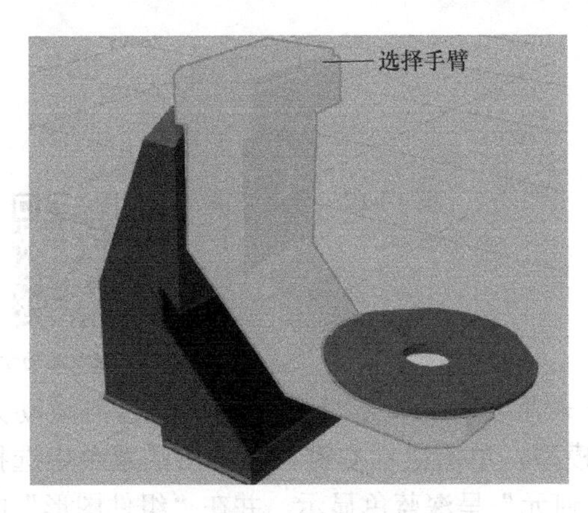

图 10-7　选中手臂

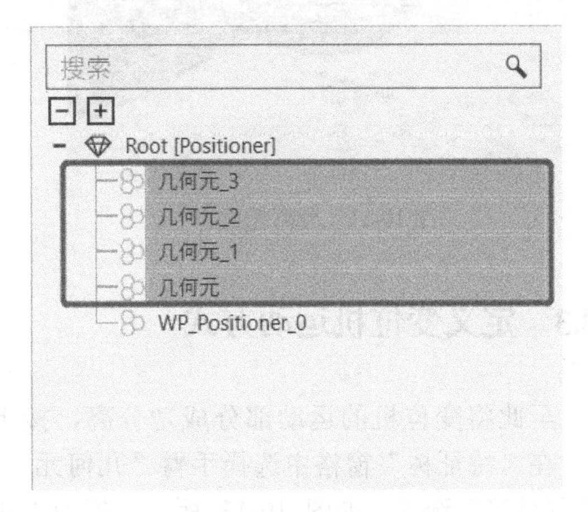

图 10-8　分开结果

在“特征树”窗格中选择拆分的“几何元”“几何元_1”“几何元_2”“几何元_3”模型，右击，在弹出的菜单中选择“合并特征”选项，如图 10-9 所示，将 4 个几何元模型整合为 1 个几何元模型，如图 10-10 所示。

图 10-9　选择“合并特征”选项

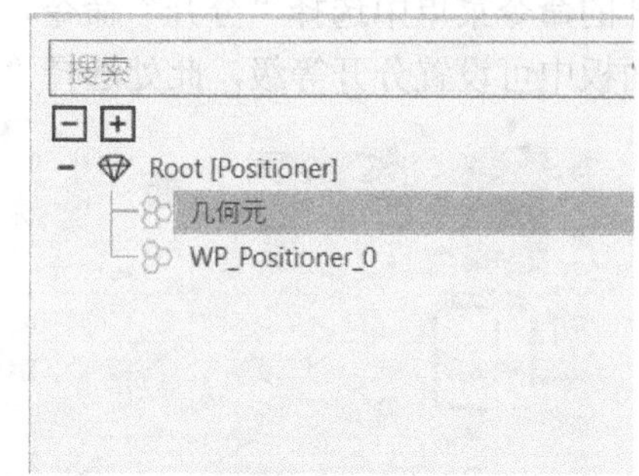

图 10-10　合并结果

按照相同的方法将托盘与托盘轴承分离，如图 10-11 所示，模型分离后生成“几何元_1”模型，如图 10-12 所示。

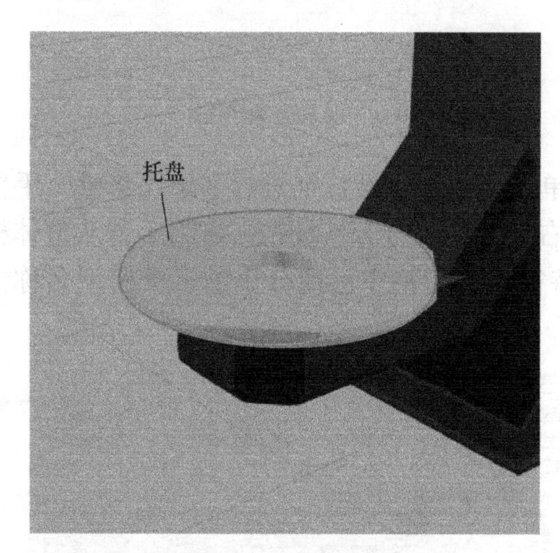

图 10-11　分离托盘

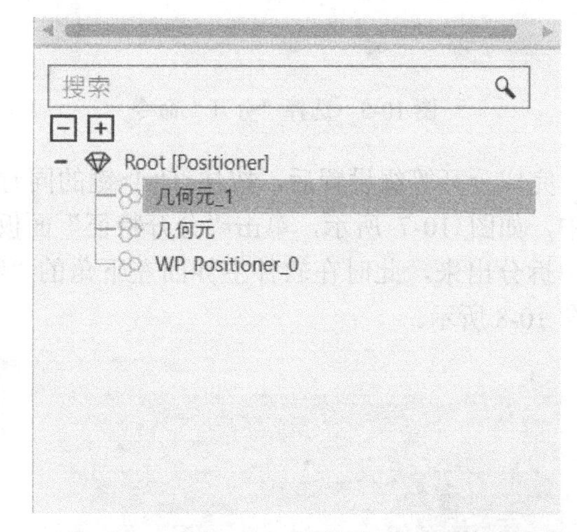

图 10-12　分离结果

10.3　定义变位机运动方式

定义变位机运动方式

至此将变位机的运动部分成功分离，接下来需要对运动部分附加运动链接与运动方式。在“特征树”窗格中选择手臂“几何元”模型，单击鼠标右键，在弹出的菜单中选择“提取链接”选项，如图 10-13 所示，模型“几何元”呈深蓝色显示，并在“组件图形”面板内生成“Link_1”链接，如图 10-14 所示。

按照同样的方法为托盘的“几何元_1”模型生成“Link_2”链接。

在“组件图形”面板中单击并拖动“Link_2”链接至“Link_1”链接中，当出现蓝色选框后释放鼠标左键，如图 10-15 所示，完成后“Link_2”链接成为“Link_1”链接的层级，如图 10-16 所示。

图 10-13　选择“提取链接”选项

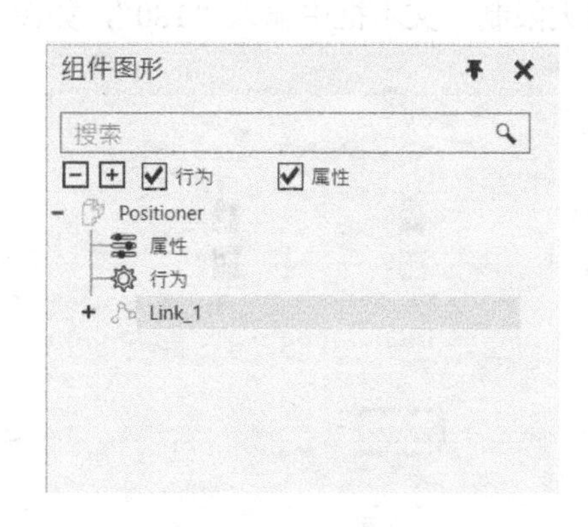

图 10-14　创建链接

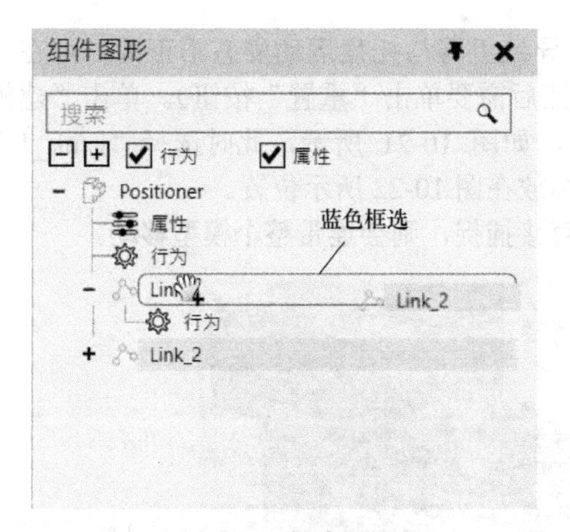

图 10-15　创建层级

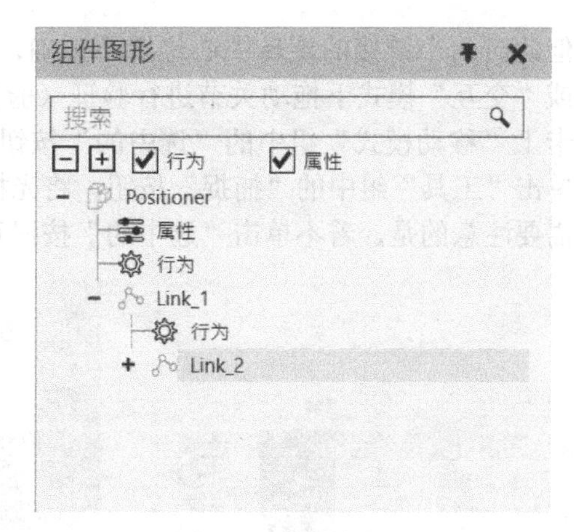

图 10-16　创建成果

选择“Link_1”链接，在“链接属性”面板的“JointType”列表框中选择“旋转的”选项，在“轴”列表框中选择“+X”选项，如图 10-17 所示。在“关节属性”选项区域中的“最小限制”文本框中输入“−90”，在“最大限制”文本框中输入“90”，如图 10-18 所示。

图 10-17　设置“Link_1”链接的运动方式

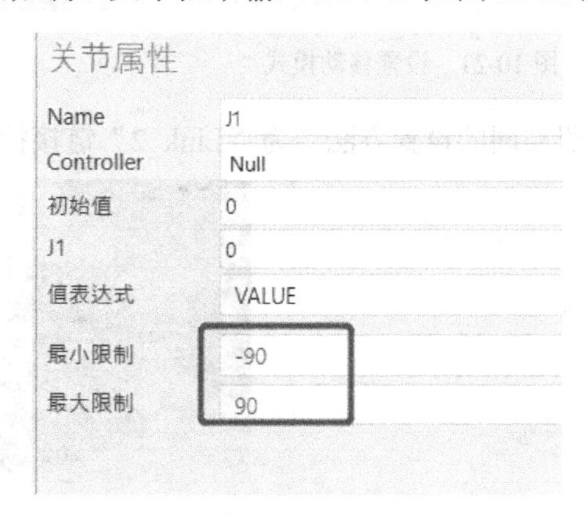

图 10-18　设置“Link_1”链接的运动限位

选择“Link_2”链接，在“链接属性”面板的“JointType”列表框中选择“旋转的”选项，如图 10-19 所示。在“关节属性”选项区域中的“最小限制”文本框中输入“−180”，在“最大限制”文本框中输入“180”，如图 10-20 所示。

图 10-19　设置“Link_2”链接的运动方式

关节属性

Name	J2
Controller	Null
初始值	0
J2	0
值表达式	VALUE
最小限制	-180
最大限制	180

图 10-20　设置“Link_2”链接的运动限位

但此时两个链接的旋转中心位置不正确，导致手臂与托盘运动姿态不正确。可在“点动”或“交互”模式下拖动关节进行验证（验证后需要单击“重置”按钮）。单击“建模”选项卡上“移动模式”组中的“选中的”按钮，如图 10-21 所示，此时选择“Link_1”链接，单击“工具”组中的“捕捉”按钮，将光标放在图 10-22 所示位置。

需要注意的是，若不单击“选中的”按钮直接捕捉，则会连带整个模型移动。

图 10-21　设置移动模式

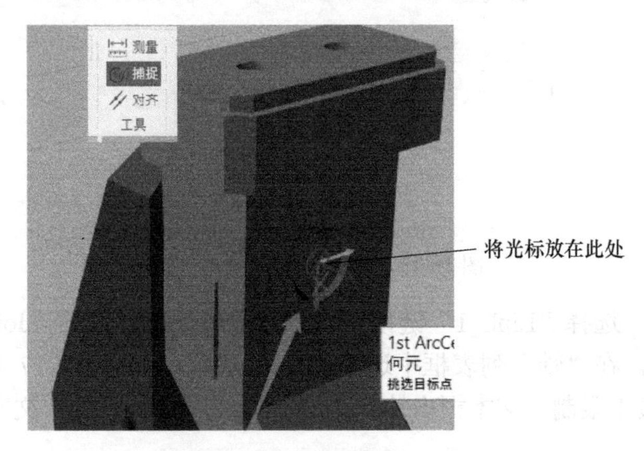

图 10-22　捕捉旋转轴位置

按照相同的设置方法，为“Link_2”链接捕捉托盘的几何中心位置，如图 10-23 所示。

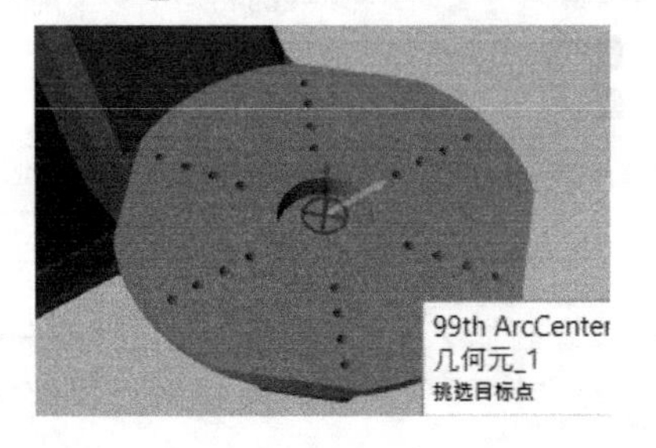

图 10-23　为 Link_2 捕捉旋转轴位置

10.4　创建变位机模型属性内容

创建变位机属性并验证

在“组件图形”面板内选择“Positioner”选项，如图 10-24 所示，意味着接下来添加的设置会放在“Positioner”根目录内。在展开的“行为”命令菜单中选择“伺服控制器”命令，如图 10-25 所示，为模型创建伺服控制器。

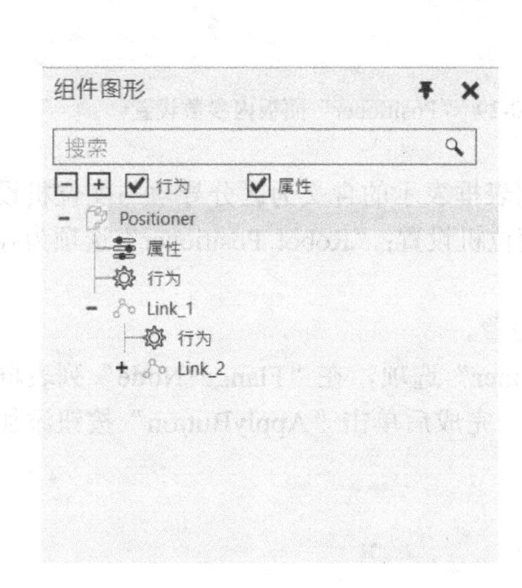

图 10-24　选择变位机模型

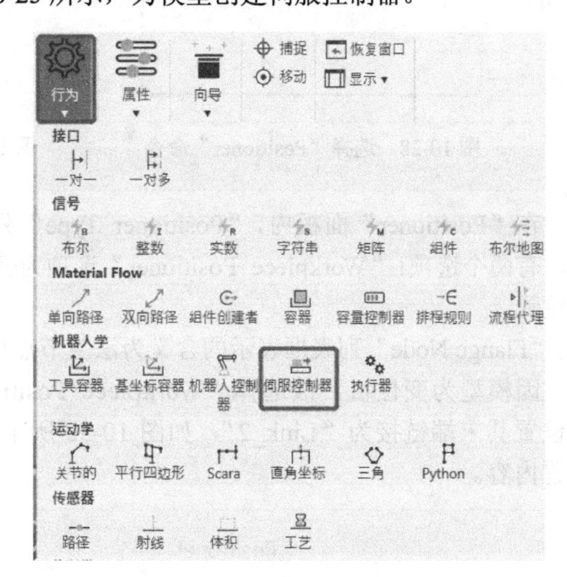

图 10-25　为变位机创建伺服控制器

分别为两个链接关联伺服控制器。在“链接属性”面板的“Controller”下拉列表框中选择已创建的伺服控制器“ServoController”选项与之关联，如图 10-26 和图 10-27 所示。

关节属性

Name	J1
Controller	ServoController
初始值	0 mm
J1	0
值表达式	VALUE
最小限制	-90
最大限制	90
最大速度	100 °/s
最大加速度	500 °/s²

图 10-26　Link_1 设置

关节属性

Name	J2
Controller	ServoController
初始值	0 mm
J2	0
值表达式	VALUE
最小限制	-180
最大限制	180
最大速度	100 °/s
最大加速度	500 °/s²

图 10-27　Link_2 设置

再次选择“组件图形”面板内模型设置总目录“Positioner”选项，展开“向导”命令菜单，选择“Positioner”命令，如图 10-28 所示。利用“Positioner”命令可快速生成常规的变位机与导轨的模型建模设置，可在右侧出现的“Positioner”面板中设置相关参数，如图 10-29 所示。

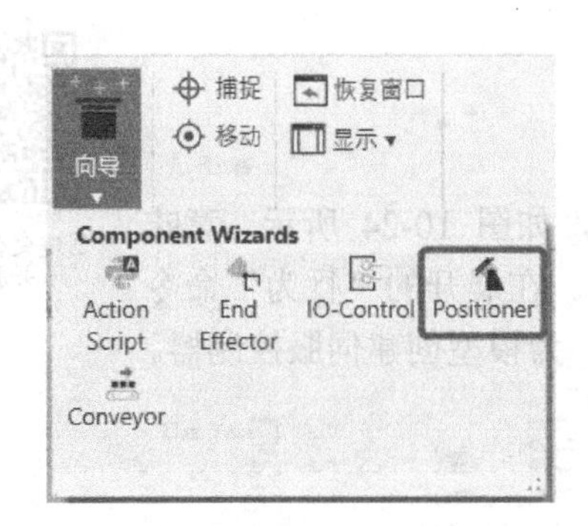

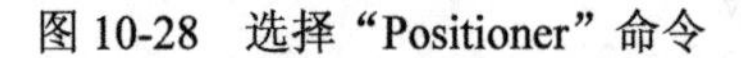

图 10-28 选择“Positioner”命令

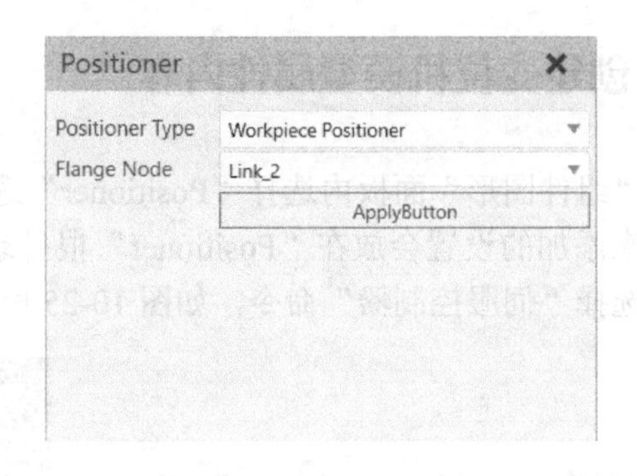

图 10-29 “Positioner”面板内参数设置

在“Positioner”面板内，“Positioner Type”列表框表示的含义为区分导轨与变位机设置，有两个选项：“Workpiece Positioner”选项为变位机设置；“Robot Positioner”选项为导轨设置。

“Flange Node”列表框表示的含义为法兰节点设置。

因模型为变位机，故选择“Workpiece Positioner”选项，在“Flange Node”列表框中设置其末端链接为“Link_2”，如图 10-30 所示。完成后单击“ApplyButton”按钮添加设置内容。

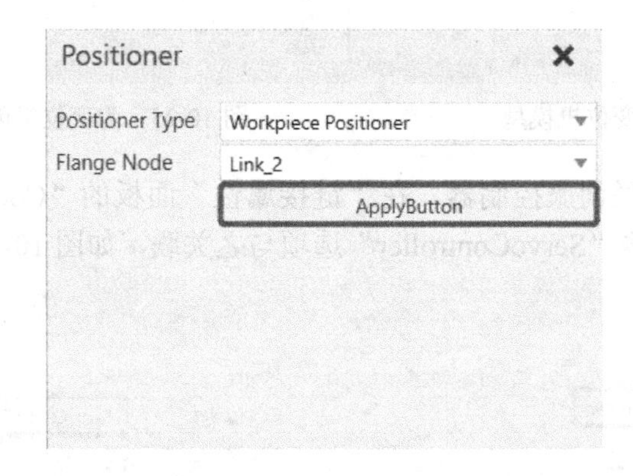

图 10-30 选项设置内容

10.5 验证模型

回到“开始”选项卡，在布局内导入一个“IRB_120（机器人）”组件，导入后将机器人放置在变位机旁，选中导入的机器人，打开接口编辑器，将机器人与变位机连接，如图 10-31 所示。建立接口连接后，变位机的移动可以一并记录到机器人程序中。

选择“程序”选项卡，在 3D 视图区选择机器人，在“操作”组中单击“点动”按钮，在 3D 视图区单击并拖动机器人末端的坐标系原点，如图 10-32 所示，拖动位置可自定。继续转动变位机的手臂与托盘，如图 10-33 所示。

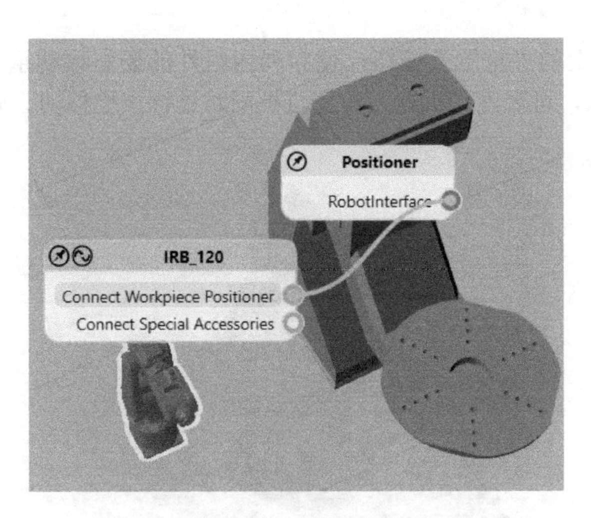

图 10-31　接口连接

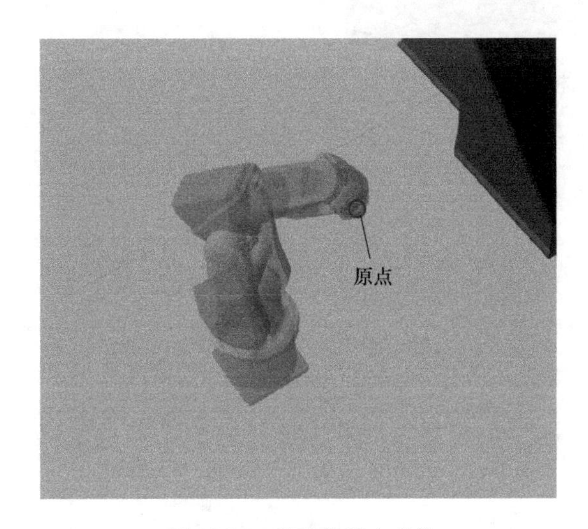

图 10-32　移动机器人点位

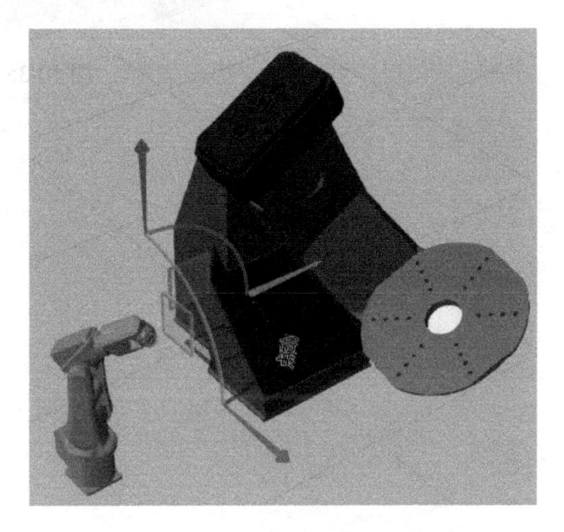

图 10-33　变位机关节移动

在“程序编辑器”面板内单击“点对点运动动作”按钮，如图 10-34 所示，记录两个组件模型的点位移动。

图 10-34　记录点位

单击仿真控制器上的“重置”按钮，使布局内组件的姿态移动重置到初始状态。单击“播放”按钮重新模拟，可观察到机器人与变位机同时进行点位移动，如图 10-35 所示，完成变位机模型验证。

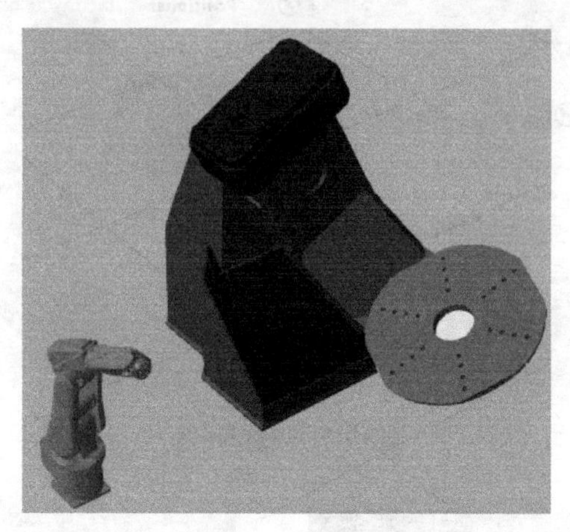

图 10-35　模拟运动

单元 11　手爪建模

学习导航

本单元以机器人末端执行器——手爪为例，讲解组件的快速建模过程，分为信号控制与手动设置两种，包含模型导入、模型拆分、运动属性定义与生成运动属性等内容，同时围绕手爪的两种控制方式进行建模设置。

11.1　手爪模型导入设置

在“开始”选项卡上的“导入”组中单击“几何元”按钮，如图 11-1 所示，弹出“打开”对话框，选择本书提供的三维练习模型“Gripper.SLDPRT”文件，如图 11-2 所示，单击右下角“打开”按钮，完成模型导入。

手爪模型导入及拆分

图 11-1　“几何元”按钮

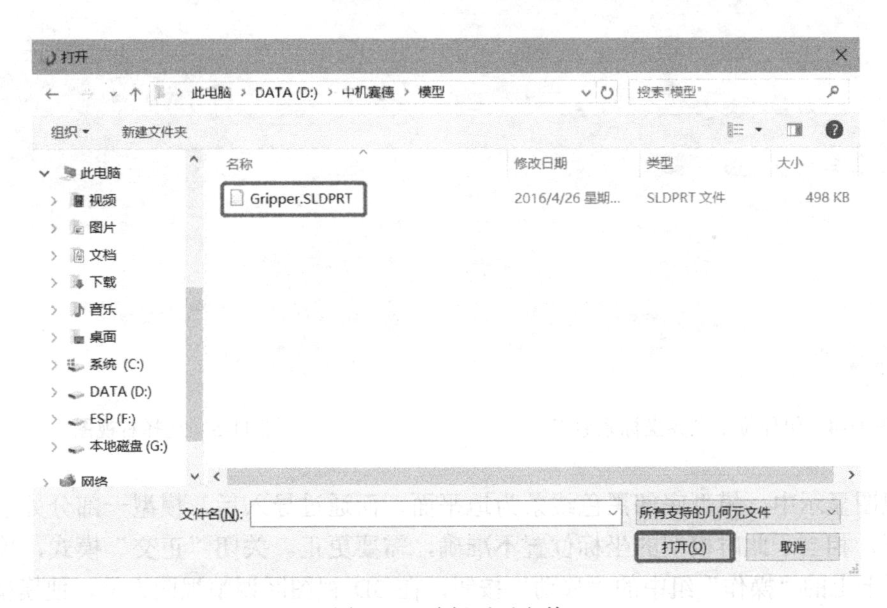

图 11-2　选择手爪文件

打开后在软件主界面右侧出现“导入模型”面板，按照图 11-3 所示参数设置手爪模型，完成后单击“导入”按钮。

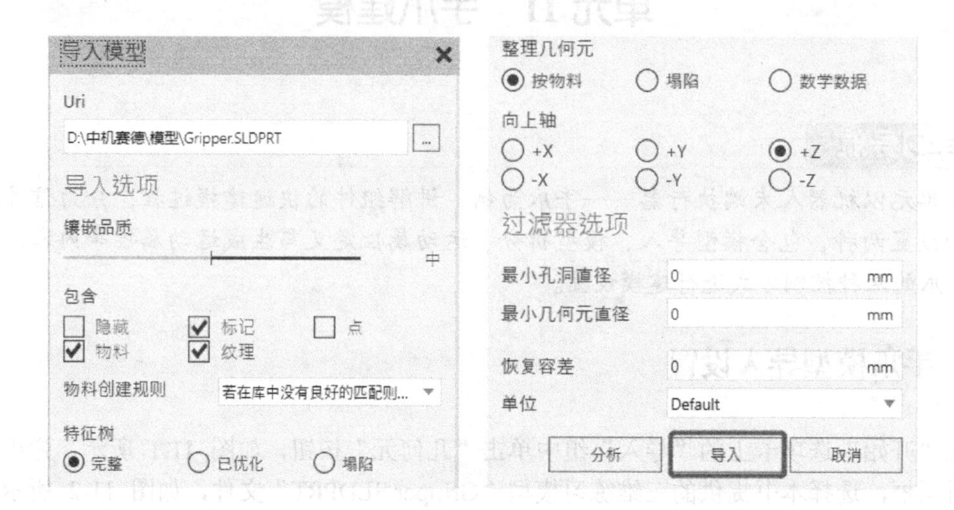

图 11-3　导入设置

导入后手爪模型会处于世界坐标系原点位置，如图 11-4 所示，单击左侧工具条中的“正交”按钮，使组件显示处于正交模式并选择右视图，如图 11-5 所示。

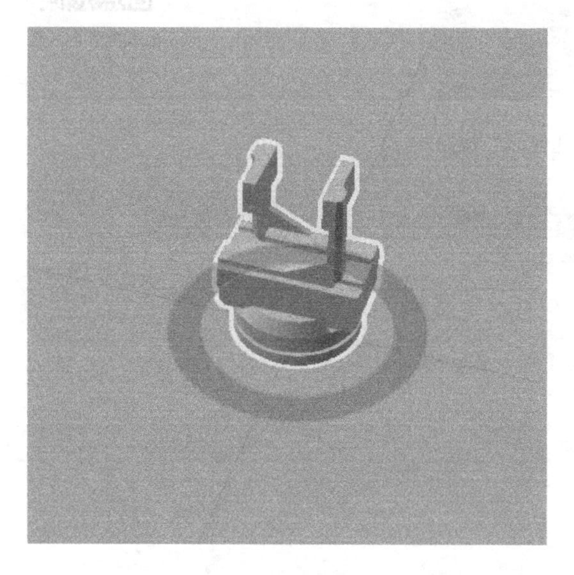

图 11-4　组件位于世界坐标系原点

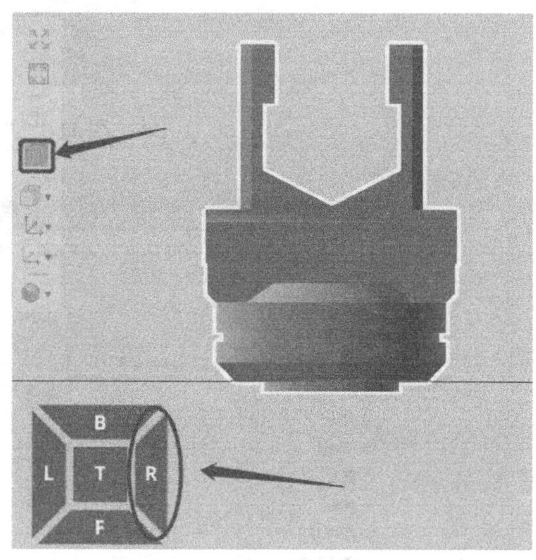

图 11-5　选择右视图

在视图显示中，模型底部黑色线条为地平面，而通过导入后，模型一部分处于地平面以下位置，相当于此时模型的坐标位置不准确，需要更正。关闭“正交”模式，单击“开始”选项卡上的“操作”组中的“移动”按钮，在 3D 视图区调整视图方位，使模型底部正常显示，如图 11-6 所示。

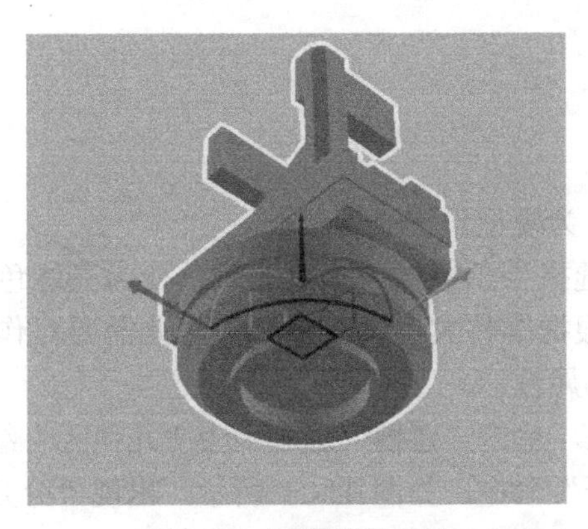

图 11-6　调整模型位置

单击“开始”选项卡上的“原点”组内的“移动”按钮，更改原点坐标。按住<Ctrl>键的同时，单击并拖动坐标系的 Z 轴（蓝色显示），使其向下移动，如图 11-7 所示，此时将光标放在模型最底部的圆环平面上，如图 11-8 所示，手动捕捉坐标位置。此时先释放鼠标左键，再松开<Ctrl>键。完成后单击“应用”按钮，记录参数。

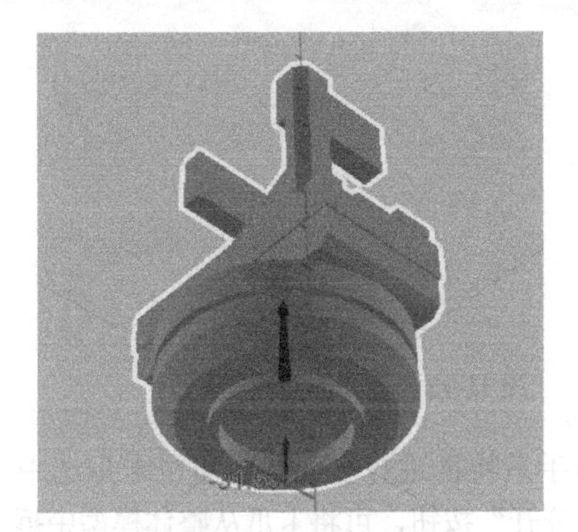

图 11-7　移动坐标系

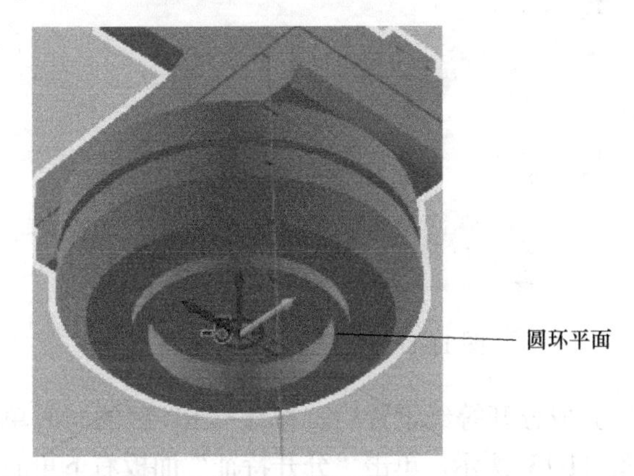

图 11-8　手动捕捉坐标位置

完成应用设置后，在“组件属性”面板内将坐标位置归零，如图 11-9 所示，此时再次进入“正交”模式，并选择右视图，如图 11-10 所示，可观察到零件已经处于地平面上方，即通过以上操作修正了零件的原点位置。

组件属性
Gripper
坐标　世界　父系坐标　物体
X 0　Y 0　Z 0
Rx 0　Ry 0　Rz 0
名称　Gripper
物料　Null
可视
BOM
BOM 描述

图 11-9　Z 坐标归零

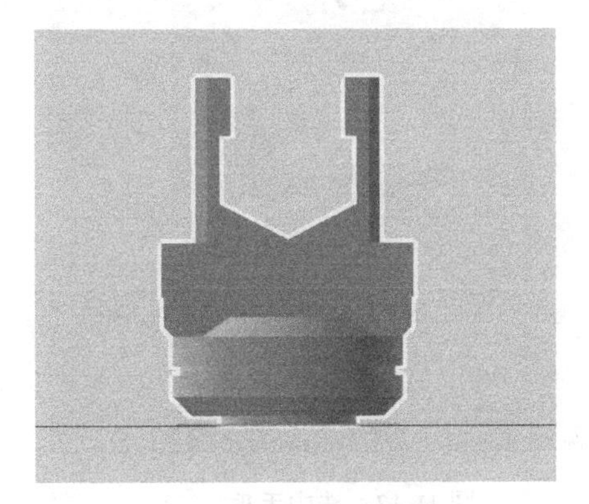

图 11-10　正交右视图

11.2 拆分手爪模型

选择“建模”选项卡，为模型设置运动参数。

在“建模”选项卡中选择手爪模型，手爪的颜色变为亮绿色，意味着现在模型为一个整体。在手爪中，卡爪会根据零件大小调节爪距，因此需要对作为运动组件的两个卡爪进行组件拆分，进而定义运动属性。

在 3D 视图区选择手爪，单击“建模”选项卡上“几何元”组中的“工具”按钮，在展开的命令菜单中选择“分开”命令，如图 11-11 所示，出现“分开特征”面板，在面板内可以设置分开等级，此处选择“面”选项，如图 11-12 所示。

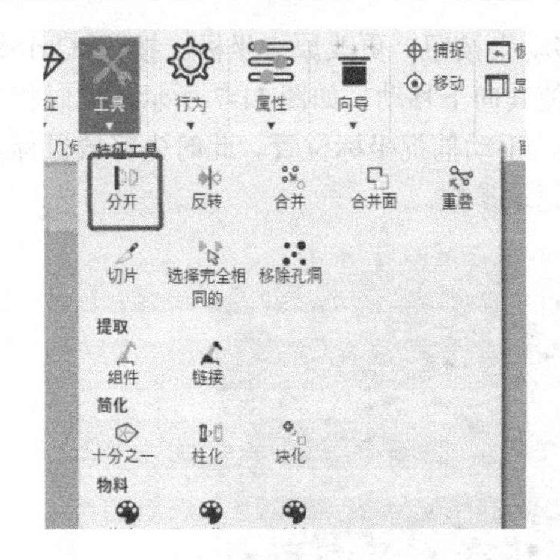

图 11-11 分开命令

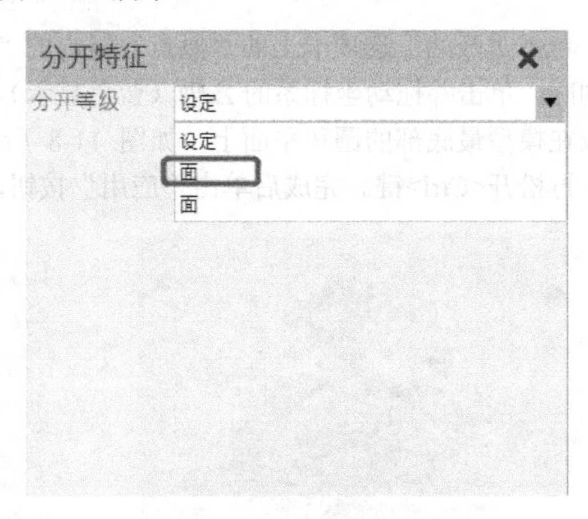

图 11-12 分开等级设置

完成分开等级设置后，按住<Ctrl>键的同时单击手爪特征进行多选，将单个卡爪选中，如图 11-13 所示，单击“分开特征”面板右下角的“分开”按钮，可将卡爪从整体模型中拆分出来，此时在软件主界面左下角的“特征树”窗格中出现两个模型名称，如图 11-14 所示。

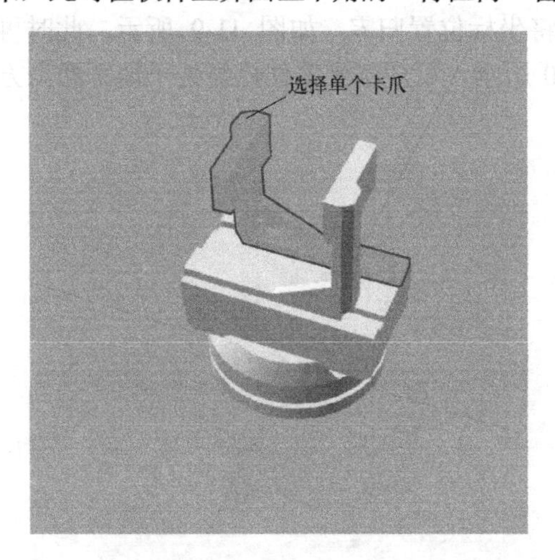

图 11-13 选中手爪

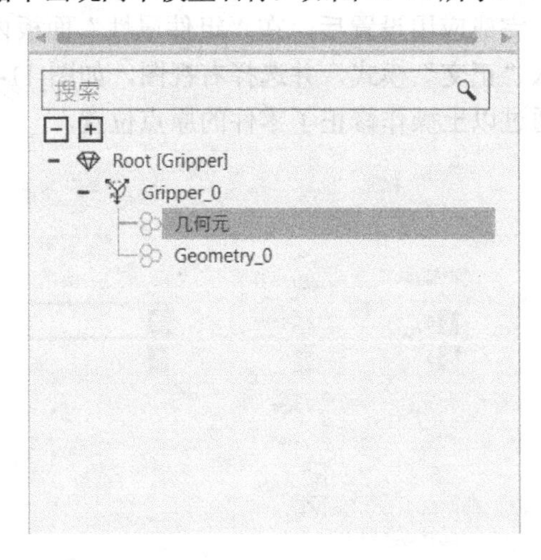

图 11-14 拆分结果

按照相同的操作方法，选择另一个卡爪，如图 11-15 所示，将其拆分，此时“特征树”窗格中的模型名称如图 11-16 所示。

图 11-15　选择第二个卡爪

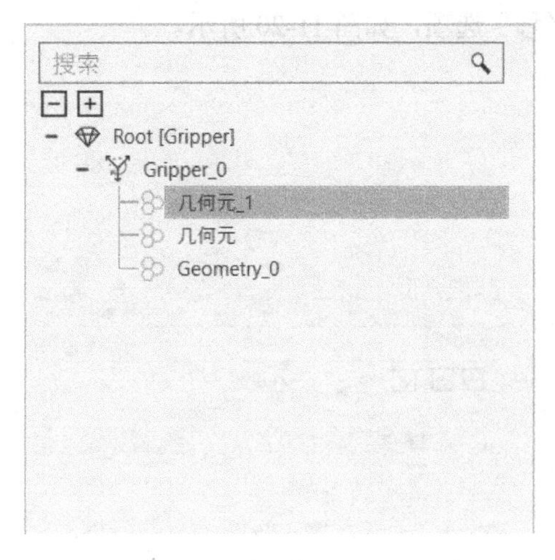

图 11-16　拆分第二个手爪

11.3　定义手爪运动方式

定义手爪运动方式

经过以上设置，已经将模型分为 3 个部分，其中 2 个是卡爪部分，名称分别为“几何元”“几何元_1”，两个卡爪作为运动部分，需要为其附加运动方式、定义行程范围。

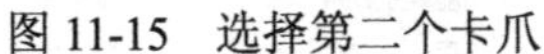

此时右击选择第一个拆分的卡爪“几何元”模型，在弹出的菜单中选择“提取链接”选项，如图 11-17 所示，使其成为一个运动链接，提取的链接会在“组件图形”面板上形成一个“Link_1”链接，如图 11-18 所示。在提取链接后视图区内的卡爪“几何元”模型呈深蓝色显示。

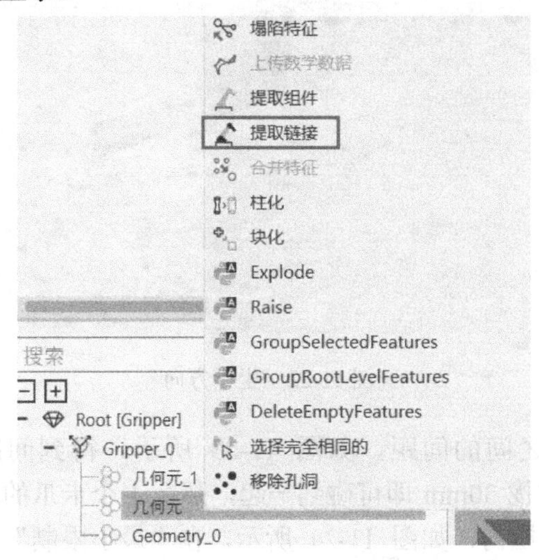

图 11-17　选择“提取链接”选项

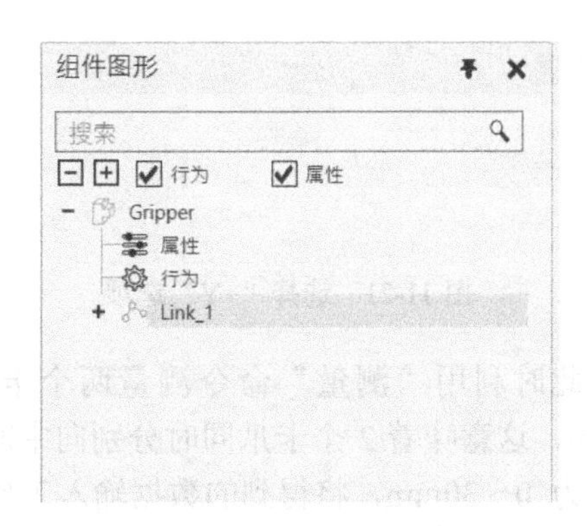

图 11-18　Link_1 链接

按照同样的方法，为卡爪“几何元_1”模型生成“Link_2”链接，如图 11-19 所示。

选择已创建的“Link_1”链接，出现“链接属性”面板，在“JointType”列表框中选择“平移”选项，如图 11-20 所示。

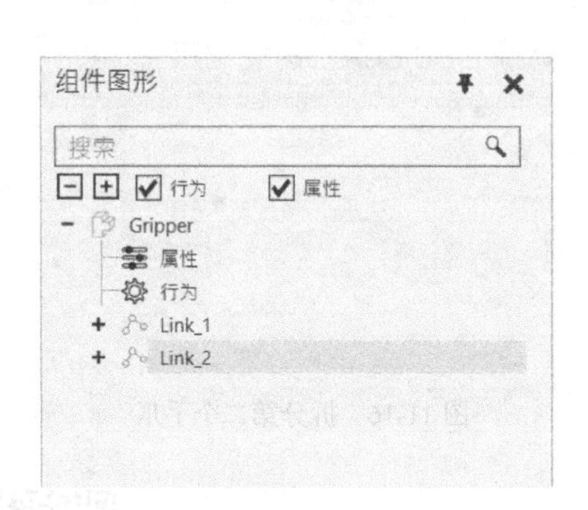

图 11-19　生成“Link_2”链接

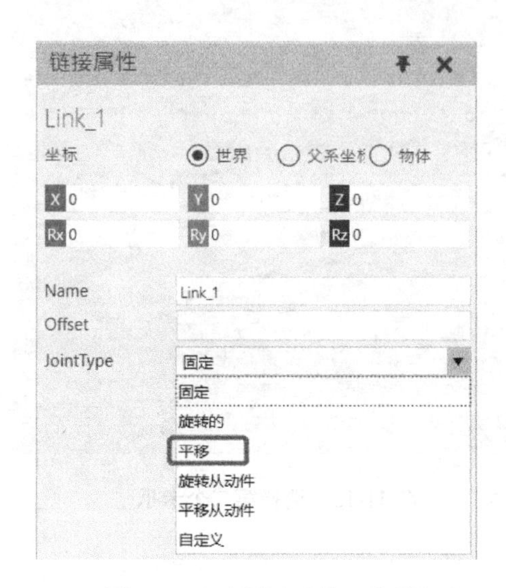

图 11-20　选择“平移”选项

在“轴”列表框中选择“+Y”选项，如图 11-21 所示。在选择轴与轴向时可根据 3D 视图区左上角对应的坐标系方向进行设置，如图 11-22 所示，因为 Y 轴正方向与所选“Link_1”的运动方向相同，所以在此选择“+Y”选项。

图 11-21　选择“+Y”选项

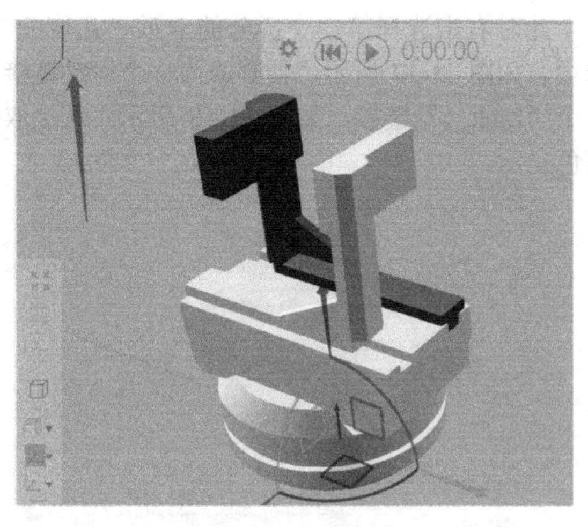

图 11-22　坐标方向

此时利用“测量”命令测量两个卡爪之间的间距，如图 11-23 所示，得到间距为 60mm，这意味着 2 个卡爪同时分别向中间靠拢 30mm 即可碰到一起，那么 1 个卡爪的运动范围为 0～30mm，将得到的数据输入工作范围内，如图 11-24 所示，在“最小限制”文本框中输入“0”，在“最大限制”文本框中输入“30”。

1.7 mm
60.0 mm
60.0 mm
3rd Face of Gripper Geometry_0

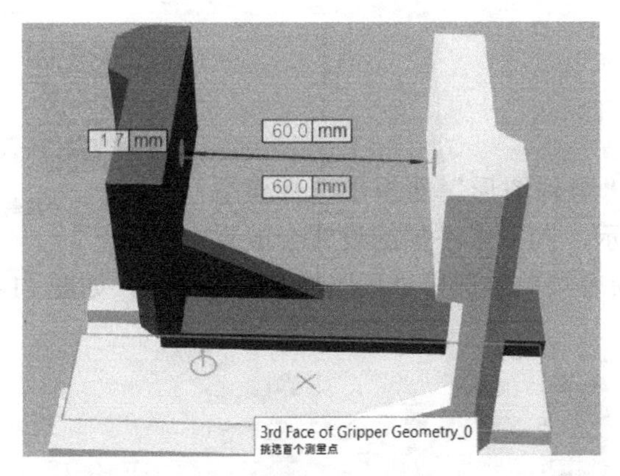

图 11-23　测量两个卡爪的间距

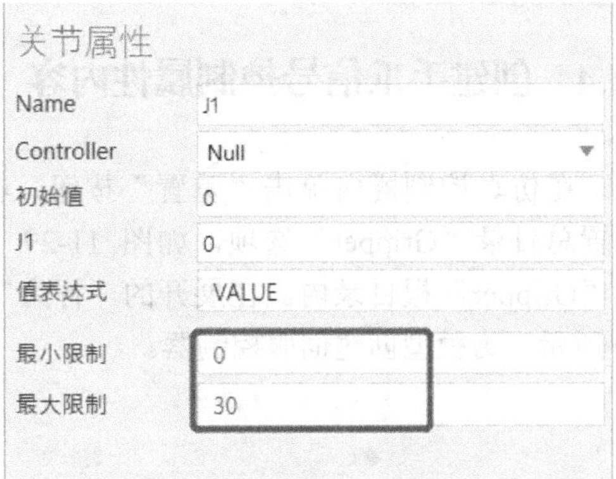

关节属性
Name
J1
Controller
Null
初始值
0
J1
0
值表达式
VALUE
最小限制
0
最大限制
30

图 11-24　输入限制参数

选择“Link_2”选项，因手爪模型在收缩和张开时 2 个卡爪同时运动，故在“链接属性”面板中的“JointType”列表框中选择“平移从动件”选项，如图 11-25 所示。根据 3D 视图区中左上角的坐标方向，在“轴”列表框中选择“−Y”选项，如图 11-26 所示。在“驱动器”列表框中选择“J1”选项，如图 11-27 所示。意味着此时设置的“Link_2”链接将跟随“Link_1”链接移动。单击“建模”选项卡上“操作”组中的“交互”按钮，在 3D 视图区单击并拖动卡爪即可观察到，手爪模型的两个卡爪会跟随光标的拖动而向内或向外运动，如图 11-28 所示。

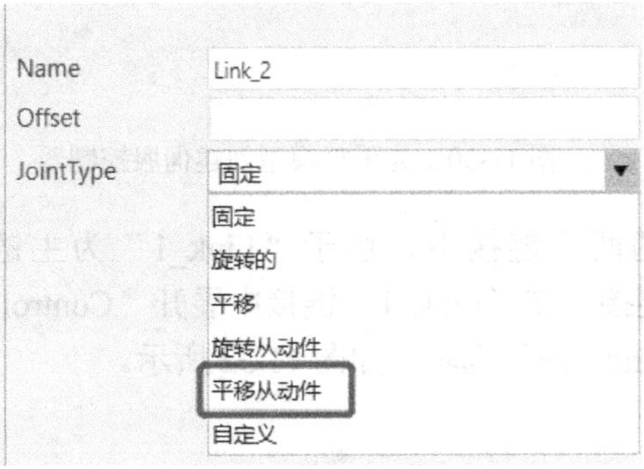

Name
Link_2
Offset
JointType
固定
固定
旋转的
平移
旋转从动件
平移从动件
自定义

图 11-25　定义运动方式

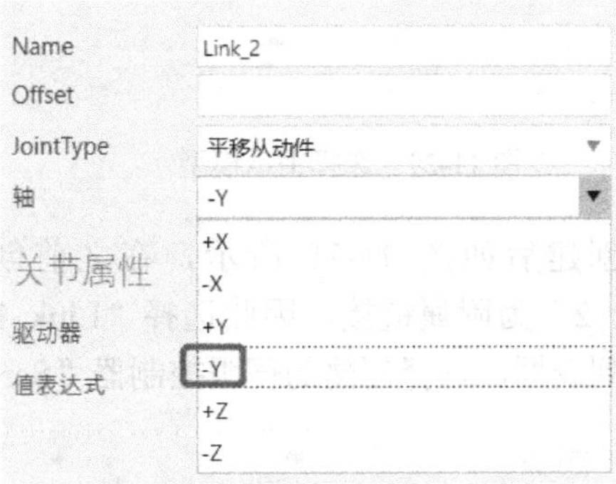

Name
Link_2
Offset
JointType
平移从动件
轴
-Y
+X
-X
+Y
-Y
+Z
-Z
关节属性
驱动器
值表达式

图 11-26　定义运动方向

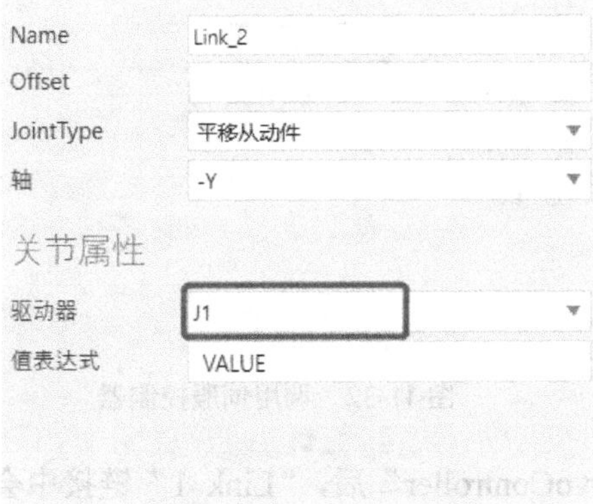

Name
Link_2
Offset
JointType
平移从动件
轴
-Y
关节属性
驱动器
J1
值表达式
VALUE

图 11-27　定义驱动器

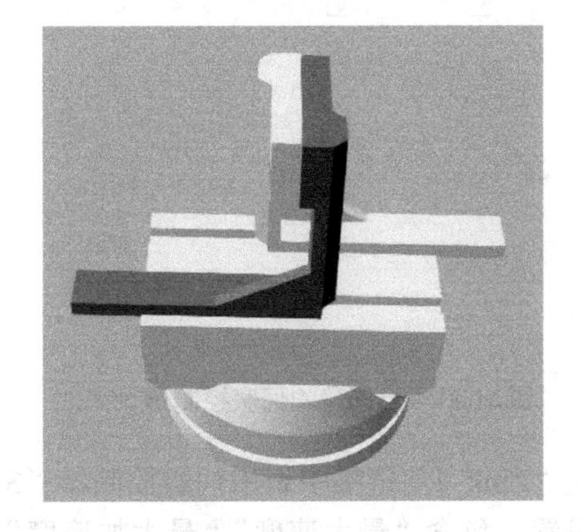

图 11-28　验证结果

11.4 创建手爪信号控制属性内容

创建手爪信号控制属性内容

在仿真控制器内单击“重置”按钮，在“组件图形”面板中选择模型设置总目录“Gripper”选项，如图 11-29 所示，接下来添加的设置会放置在“Gripper”根目录内。在展开的“行为”命令菜单中选择“伺服控制器”命令，如图 11-30 所示，为模型创建伺服控制器。

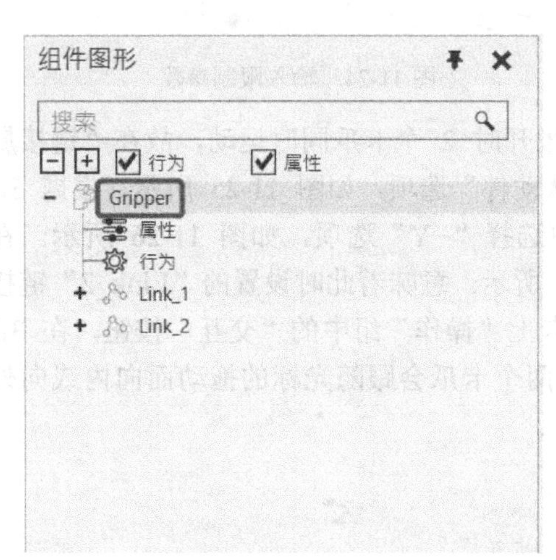

图 11-29 选择手爪模型

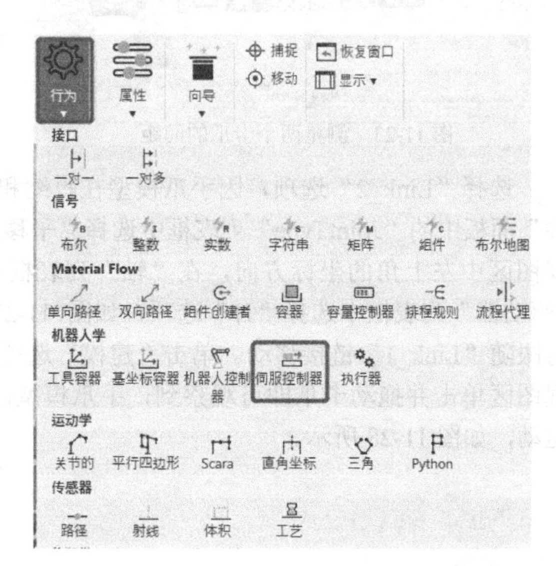

图 11-30 为手爪模型创建伺服控制器

创建后如图 11-31 所示，在之前创建的两个链接中，由于“Link_1”为主链接，“Link_2”为附属链接，因此选择“Link_1”链接。在“Link_1”链接中展开“Controller”下拉列表框，选择创建的伺服控制器“ServoController”选项，如图 11-32 所示。

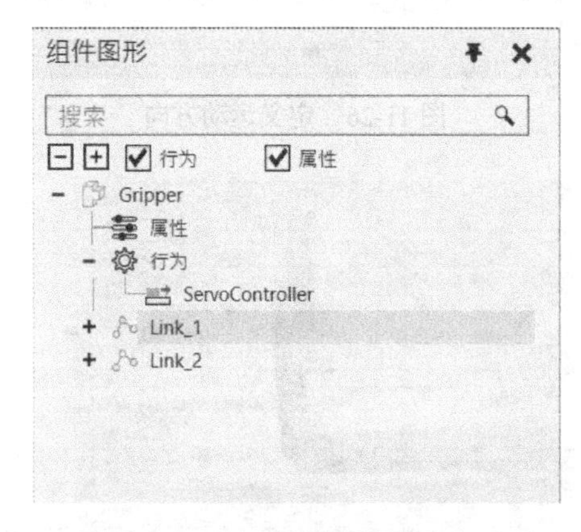

图 11-31 已创建的伺服控制器

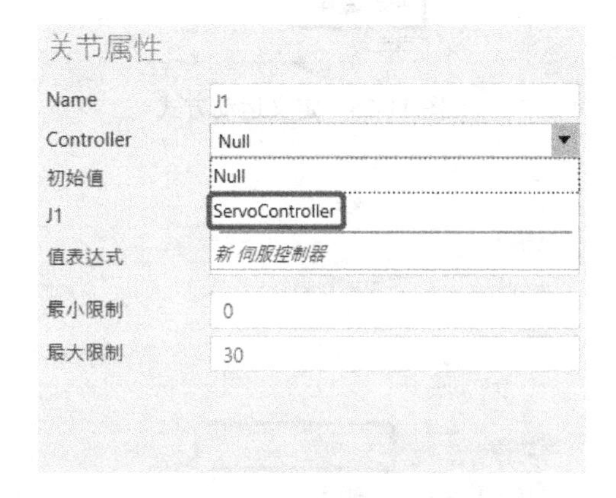

图 11-32 调用伺服控制器

在“Link_1”链接中调用伺服控制器“ServoController”后，“Link_1”链接中会更新更详细设置，包含“最大速度”“最大加速度”“最大减速度”“滞后时间”“稳定时间”的设置，如图 11-33 所示。若出现这些设置，则伺服控制器调用成功。

Name	J1
Controller	ServoController
初始值	0 mm
J1	0
值表达式	VALUE
最小限制	0
最大限制	30
最大速度	100 mm/s
最大加速度	500 mm/s^2
最大减速度	500 mm/s^2
滞后时间	0 s
稳定时间	0 s

图 11-33　Link_1 设置

再次选择“组件图形”面板中的模型设置总目录“Gripper”选项，展开“向导”命令菜单，选择“End Effector”命令，如图 11-34 所示。利用“End Effector”命令可快速生成简单的末端执行器模型建模设置，可在右侧出现的“End Effector”面板中设置相关参数，如图 11-35 所示。

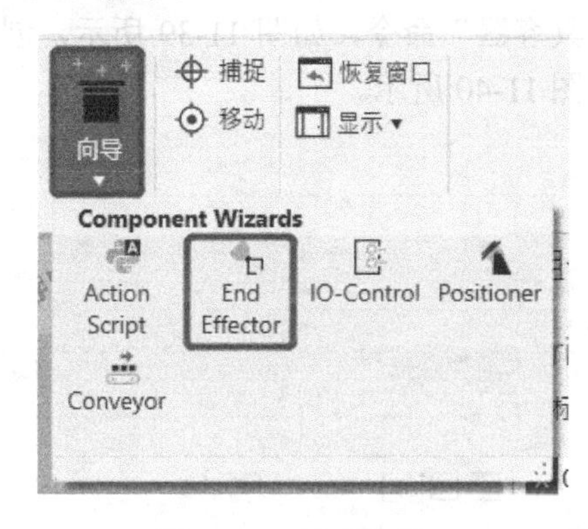

图 11-34　选项位置

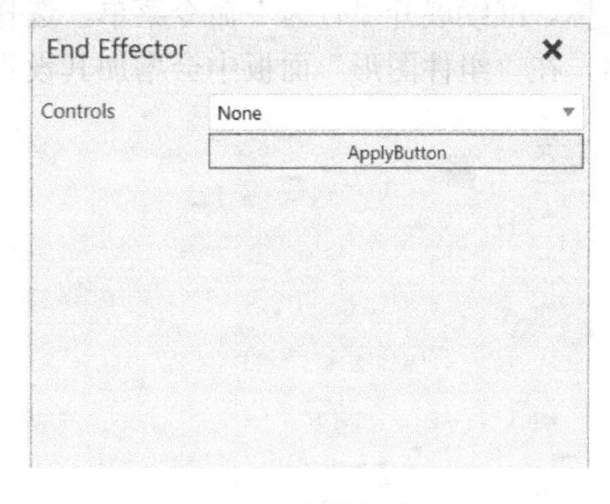

图 11-35　选项设置

快速生成有两种方式，即“End Effector”面板“Controls”列表框中的两种生成方式，分别为“IO”和“ExternalAxis”，如图 11-36 所示。此时选择“IO”，如图 11-37 所示，单击“ApplyButton”按钮，创建“IO”信号控制设置。

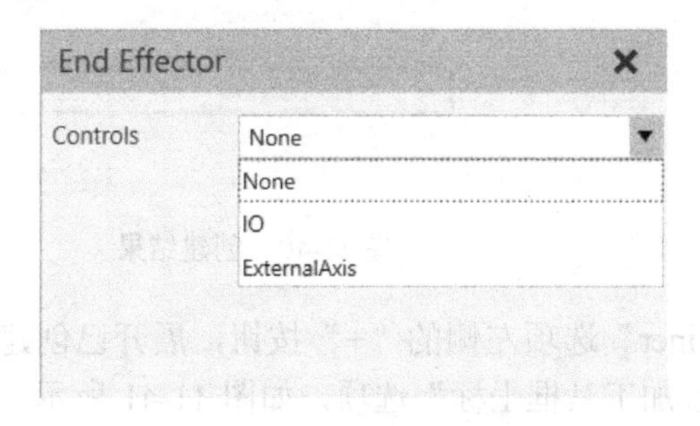

图 11-36　选项内容

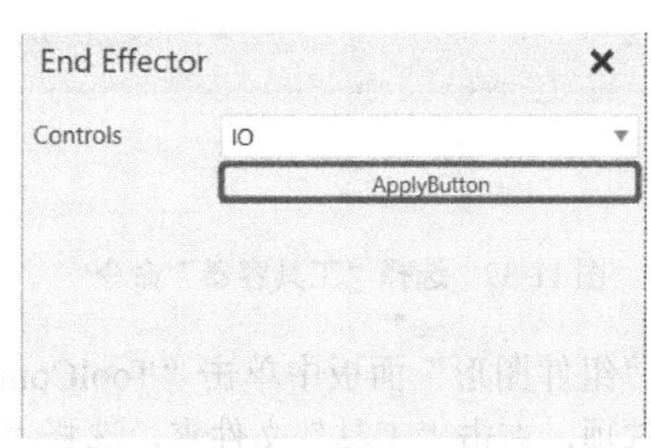

图 11-37　创建 IO 控制

关闭“End Effector”面板，此时可以在“组件图形”面板中观察到已经通过创建“IO”控制自动生成了其他选项设置，包含 Python 脚本、布尔信号与之前的“IO”设置，如图 11-38 所示。

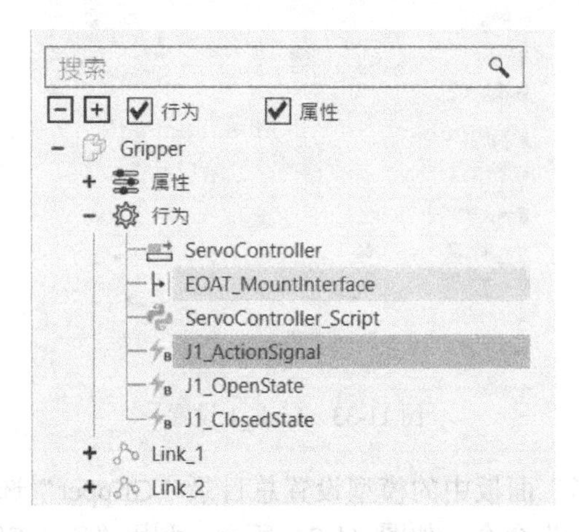

图 11-38 生成设置

在前面章节的学习中涉及机器人与手爪时会调用手爪补偿坐标，所以接下来创建手爪补偿坐标。继续展开“行为”命令菜单，选择“工具容器”命令，如图 11-39 所示，创建工具容器，在“组件图形”面板中会增加其设置，如图 11-40 所示。

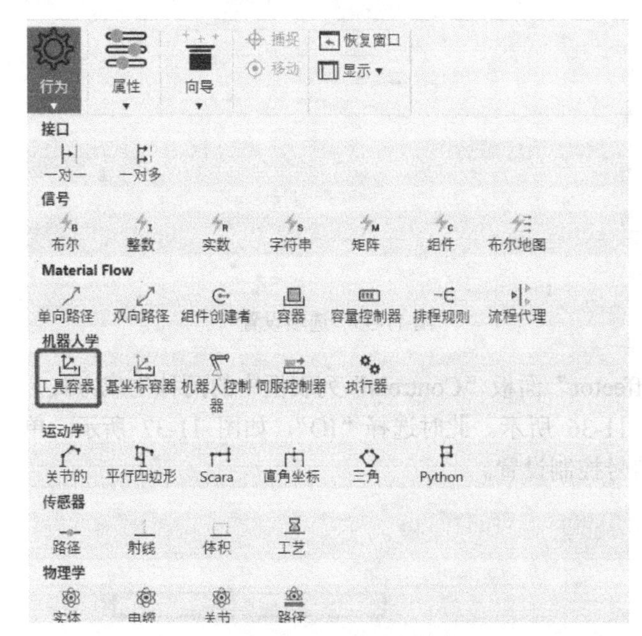

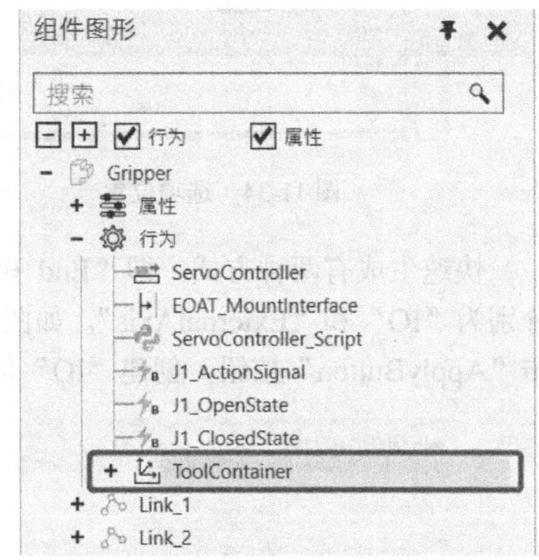

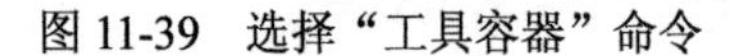
图 11-39 选择“工具容器”命令

图 11-40 创建结果

在“组件图形”面板中单击“ToolContainer”选项左侧的“+”按钮，展开已创建的工具容器选项，右击“工具”文件夹，选择“添加工具框坐标”选项，如图 11-41 所示，则会在目录下增加一个坐标系属性“Tool”选项，如图 11-42 所示。

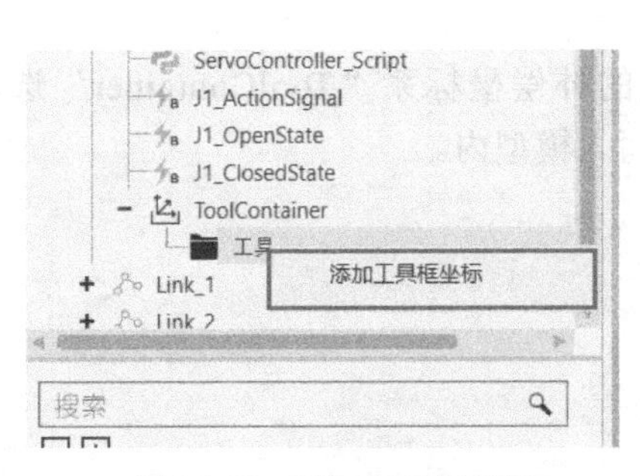

图 11-41　添加工具框坐标

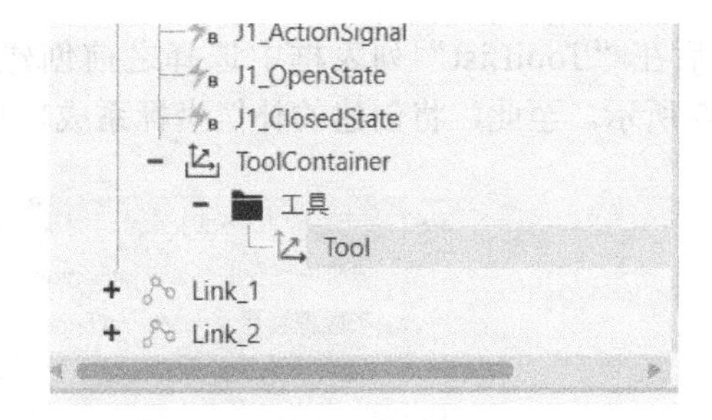

图 11-42　生成 Tool

选择已创建的“Tool”选项，在手爪中会出现其坐标系，如图 11-43 所示，单击并拖动 Z 轴，将坐标系位置上移，将其调整至卡爪位置，如图 11-44 所示。在调整时可利用手动捕捉方法捕捉准确位置。

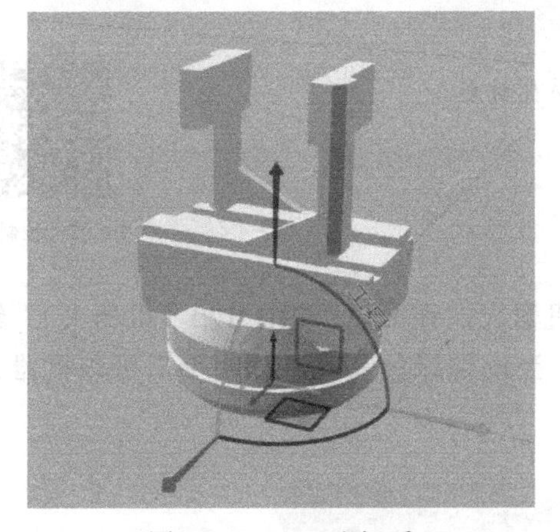

图 11-43　Tool 坐标系

图 11-44　调整坐标系位置

完成坐标系创建后，选择“组件图形”面板中的“EOAT_MountInterface”选项，在右侧的“链接属性”面板中选择“节段和字段”选项区域，将已有节段展开，如图 11-45 所示，在下方的“添加 新字段”列表框中选择“ToolExport”选项，如图 11-46 所示。

角度容差	360 °
距离容差	1000000000 mm
连接编辑名称	
接口描述	

节段和字段

▼ 节段: MountSection

名称	MountSection
节段框坐标	MountFrame

▶ Hierarchy 字段: pnp

添加 新字段

添加新节段

图 11-45　展开节段内容

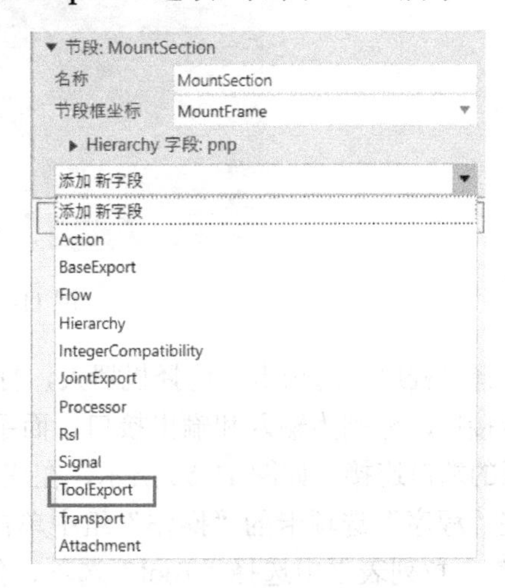

图 11-46　选择添加字段

然后在“ToolList”列表框中选择之前创建的补偿坐标系“ToolContainer”选项，如图 11-47 所示。至此，将创建的补偿坐标系成功写入模型内。

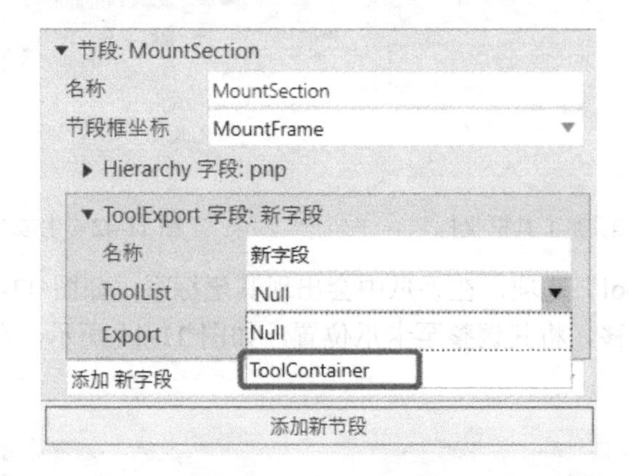

图 11-47　写入坐标系

11.5　手爪信号控制验证

手爪信号控制验证

回到“开始”选项卡，在布局中导入一个机器人，在此以“IRB_120（机器人）”组件为例，将手爪与机器人末端进行“PnP”连接，当出现绿色箭头时证明手爪可与机器人连接，接口设置无误，如图 11-48 所示。

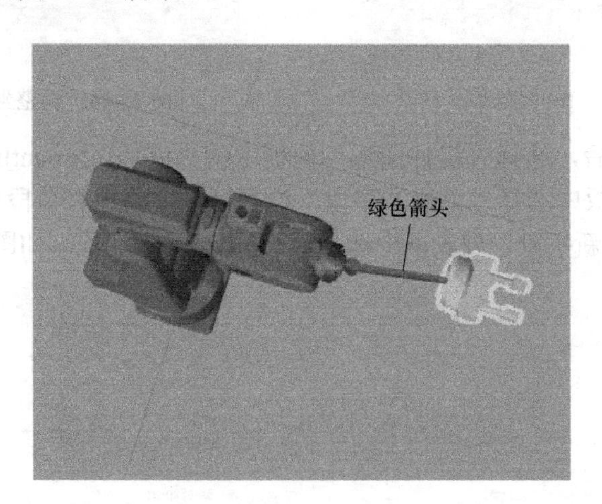

图 11-48　连接手爪

选择“程序”选项卡，选择机器人，打开接口编辑器，如图 11-49 所示，机器人出现 2 个信号接口，分别为输入和输出接口，而手爪则有对应的 3 个接口。利用信号，将机器人与手爪的端口连接，如图 11-50 所示，在连接的端口中命名信号数值。

在“程序”选项卡的“操作”组中单击“点动”按钮，在 3D 视图区选择机器人，在“工具”下拉列表框中选择“Tool”选项，如图 11-51 所示。如果在列表中显示成功，则手爪补偿坐标系已创建成功。

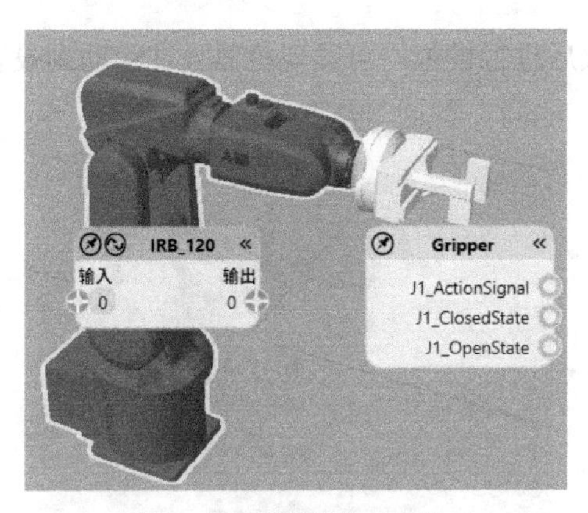

图 11-49　信号端口显示

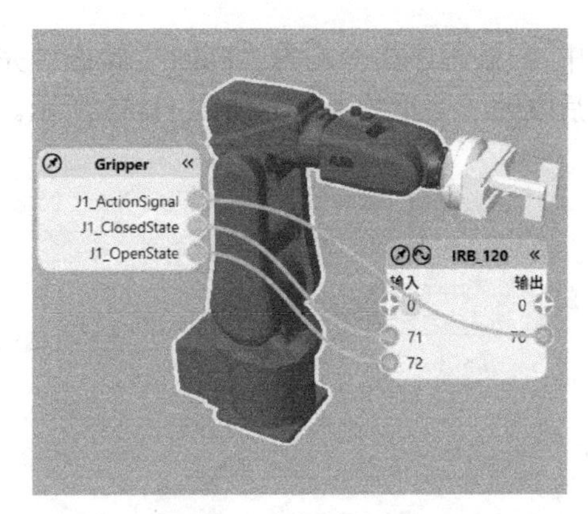

图 11-50　连接信号端口

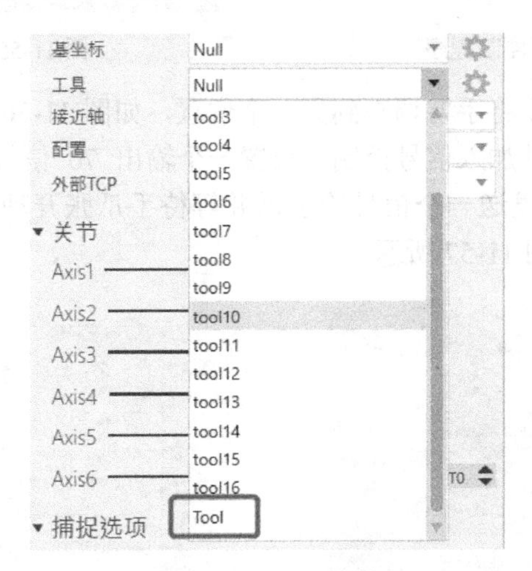

图 11-51　Tool 补偿

在 3D 视图区中单击并拖动“Tool”坐标系的原点，带动机械臂随意移动至一个位置，如图 11-52 所示，利用“点对点运动动作”按钮记录这个移动，如图 11-53 所示。

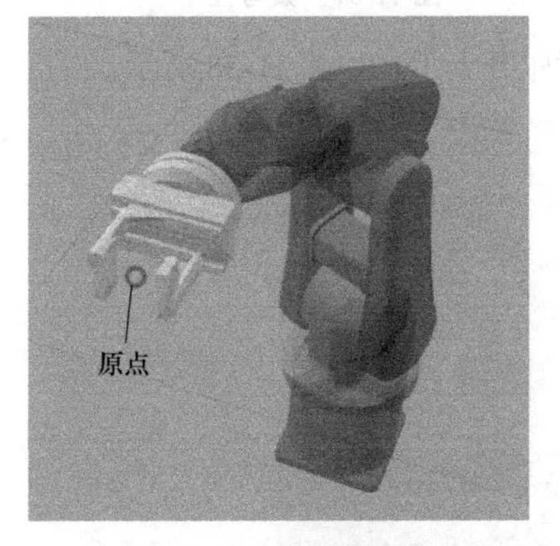

图 11-52　移动机械臂

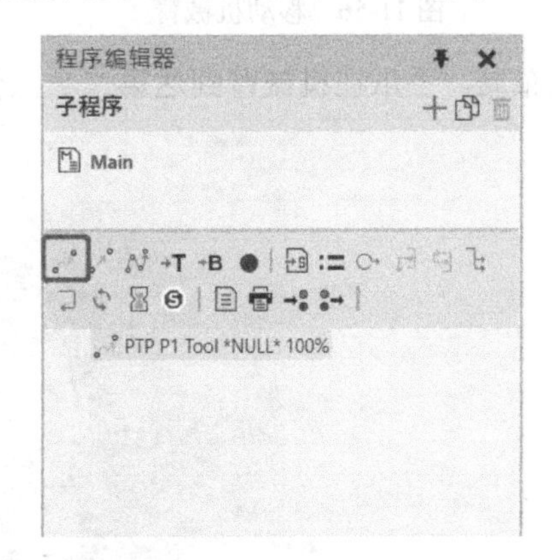

图 11-53　记录移动

根据之前连接的信号端口与定义的信号值，设置一个输出 70 信号端口的信号与接收 71 信号端口的信号，意味着机器人给手爪发送信号并等待手爪的卡爪闭合，如图 11-54 所示，信号中 2 条程序指令均为“False”状态。完成后进行模拟，可发现机器人在运动到设置的点位后收缩了手爪的卡爪，如图 11-55 所示。

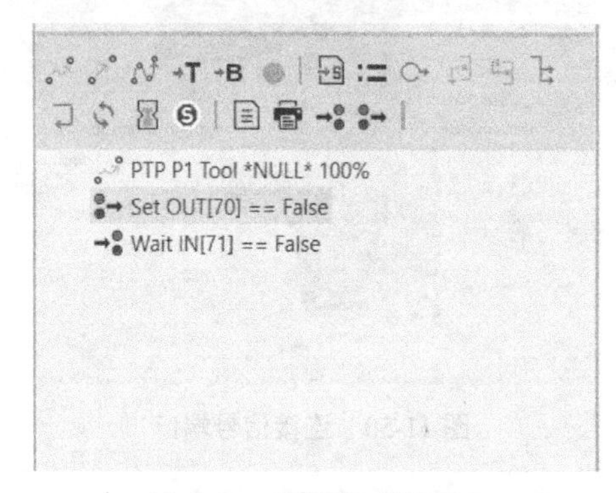

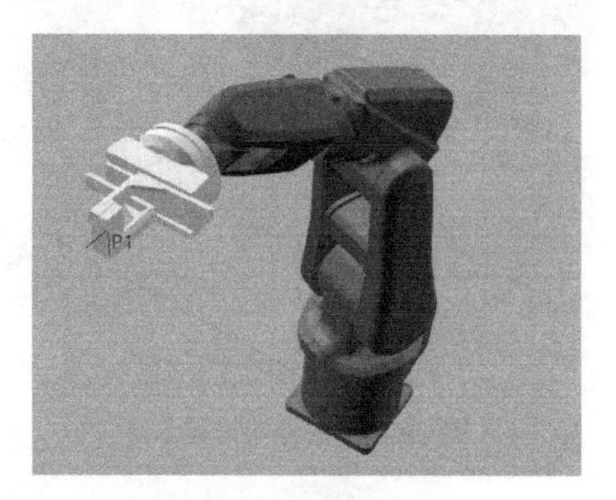

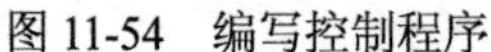
图 11-54　编写控制程序　　　　图 11-55　模拟运行

在此利用“点动”命令将手臂调整到另一个位置，如图 11-56 所示，再次利用“点对点运动动作”按钮记录位置并加入信号控制，设置一个输出 70 信号端口的信号与接收 72 信号端口的信号，则机器人发送一个信号给手爪并等待手爪张开动作反馈，信号中输出信号语句为“True”状态，如图 11-57 所示。

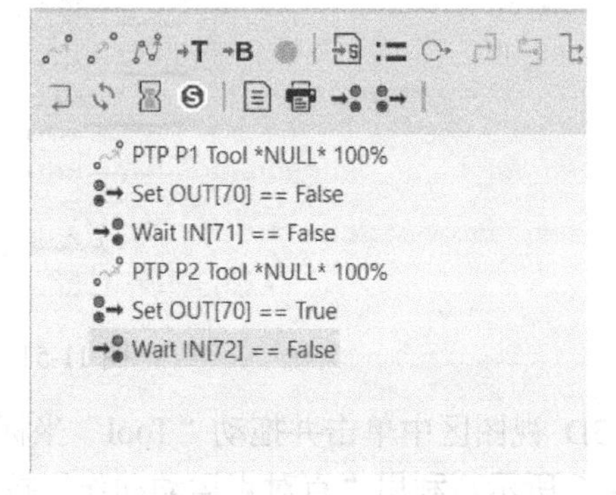

图 11-56　移动机械臂　　　　图 11-57　编写程序

模拟布局，手爪在机械臂到达第二个点位后张开卡爪，如图 11-58 所示。

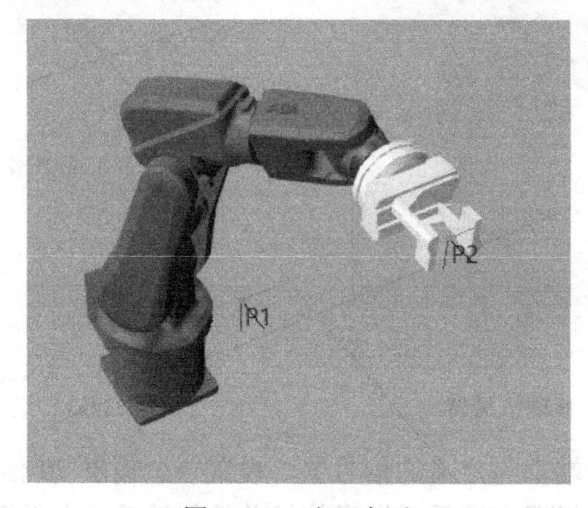

图 11-58　张开卡爪

11.6　手动控制创建

将手爪从机器人末端拆除并重新回到建模界面，在之前的设置与验证中完成了“IO”控制，接下来进行手动方式控制的布局搭建。

在现有建模设置中，将之前设置的“IO”控制删除，删除图 11-59 所示的框选内容，即布尔信号、Python 脚本与“IO”设置，删除后的剩余设置如图 11-60 所示。

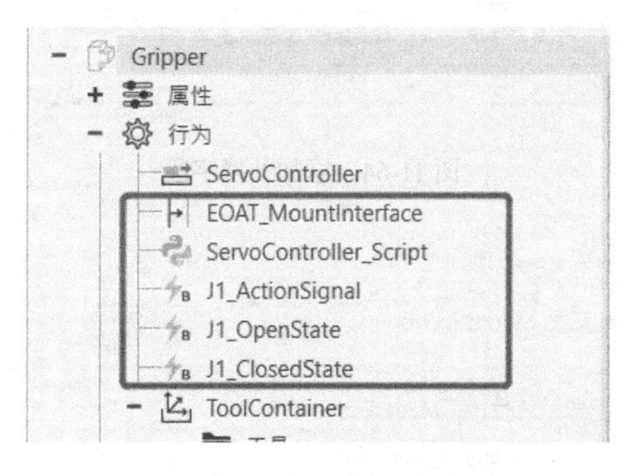

图 11-59　删除设置

图 11-60　剩余设置

删除后重新选择“向导”命令菜单中的“End Effector”命令，如图 11-61 所示。在右侧“End Effector”面板的“Controls”列表框中选择“ExternalAxis”选项，如图 11-62 所示。

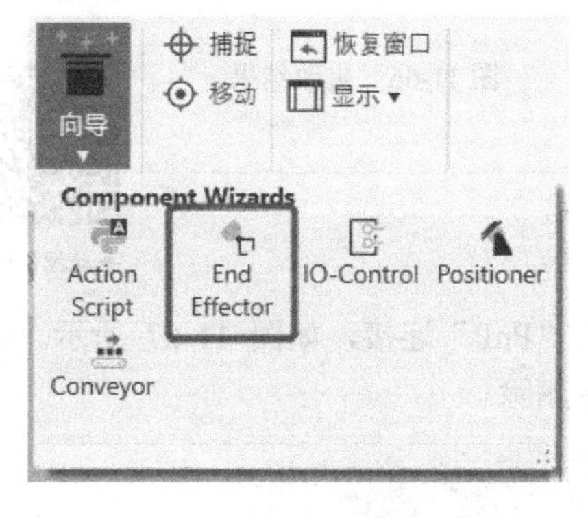

图 11-61　选择“End Effector”命令

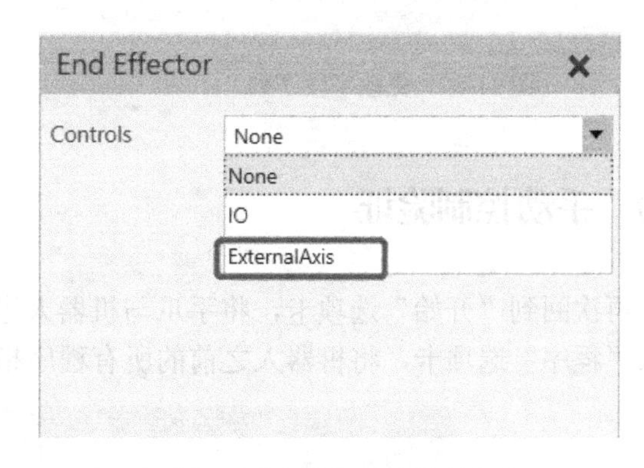

图 11-62　选择手动控制方式

单击“ApplyButton”按钮，完成创建手动控制设置。创建完成后在“组件图形”面板中会出现“EOAT_MountInterface”选项，如图 11-63 所示，相比“IO”设置，手动控制的设置相对简单一些。此时选择“EOAT_MountInterface”选项，在右侧“属性”面板的“ToolList”列表框中选择“ToolContainer”选项，如图 11-64 所示。

将光标放在新创建的字段右侧，有图 11-65 所示按钮，单击该按钮，使新创建的字段“ToolExport”排至第二位，如图 11-66 所示。这样可以使手爪的字段排序符合机器人末端接口字段排序。

图 11-63　手动控制

图 11-64　添加补偿字段

图 11-65　更改字段序列

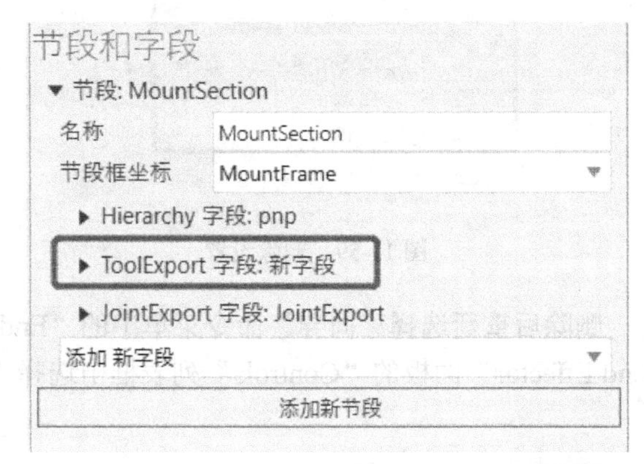

图 11-66　更改结果

手动控制验证

11.7　手动控制验证

再次回到“开始”选项卡，将手爪与机器人进行“PnP”连接，如图 11-67 所示。继续进入“程序”选项卡，将机器人之前的所有程序指令删除。

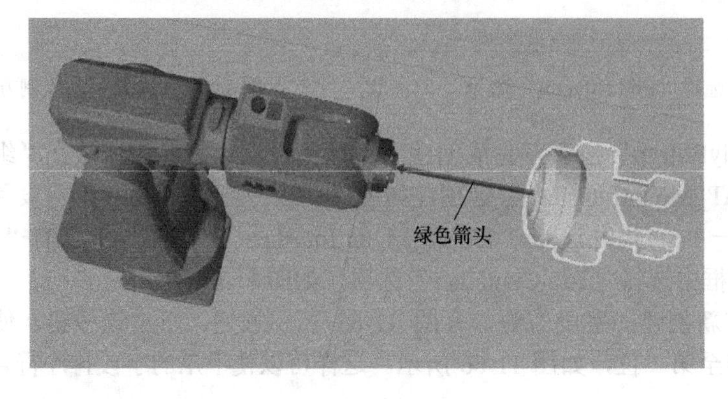

图 11-67　连接手爪

选择“程序”选项卡，在 3D 视图区选择机器人，在“工具”下拉列表框中选择“Tool”选项，如图 11-68 所示，意味着在设置中补偿坐标系创建成功。

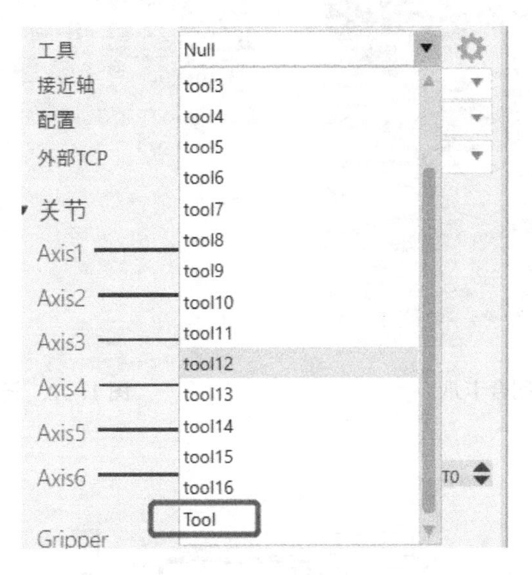

图 11-68　选择补偿坐标系

在“点动”状态下，单击并拖动手爪补偿坐标系原点，带动手臂移动，如图 11-69 所示，在“程序编辑器”面板内利用“点对点运动动作”按钮记录该移动，如图 11-70 所示。

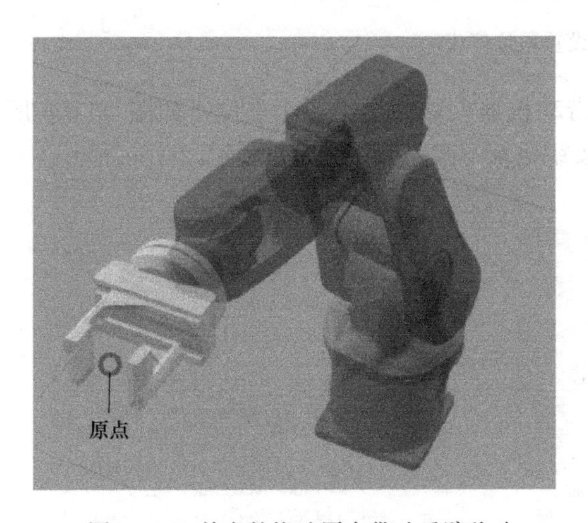

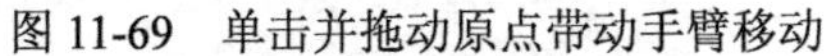
图 11-69　单击并拖动原点带动手臂移动

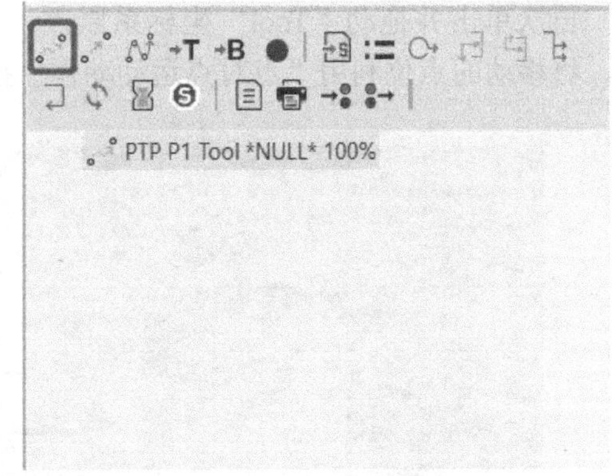

图 11-70　记录点位移动

此时利用“点动”命令，单击并拖动卡爪使卡爪闭合，如图 11-71 所示，闭合后单击“点对点运动动作”按钮记录卡爪运动，如图 11-72 所示。

在手动闭合卡爪时，若出现没有限位的情况，可以在“程序”选项卡的“限位”组中勾选“限位停止”复选框，如图 11-73 所示。

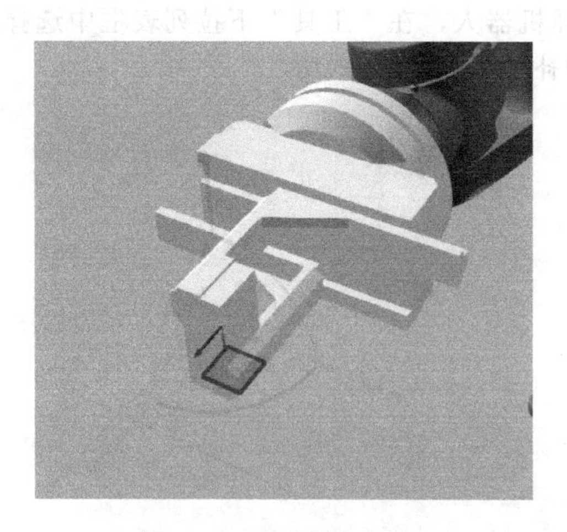

图 11-71　手动闭合卡爪

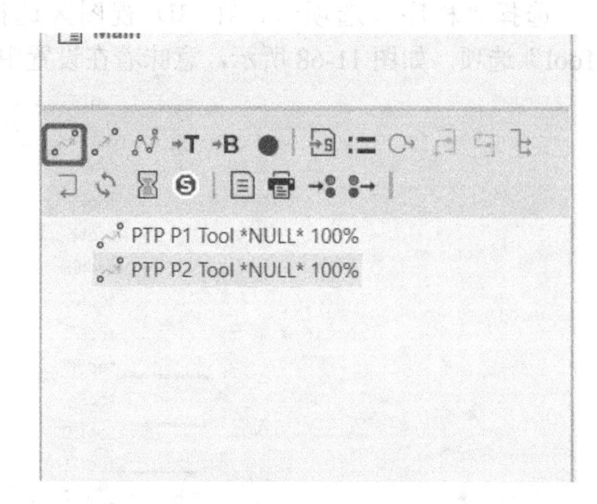

图 11-72　记录卡爪运动

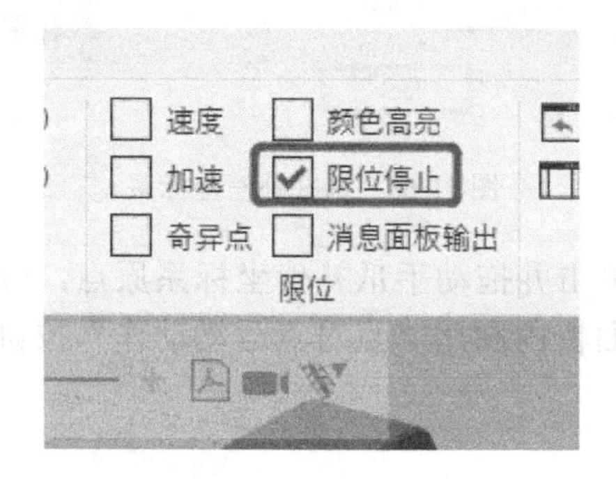

图 11-73　设置限位停止

再次单击并拖动“Tool”坐标系原点，带动机器人移动至第二个点位，如图 11-74 所示，将移动的点位利用“点对点运动动作”按钮记录下来，如图 11-75 所示。

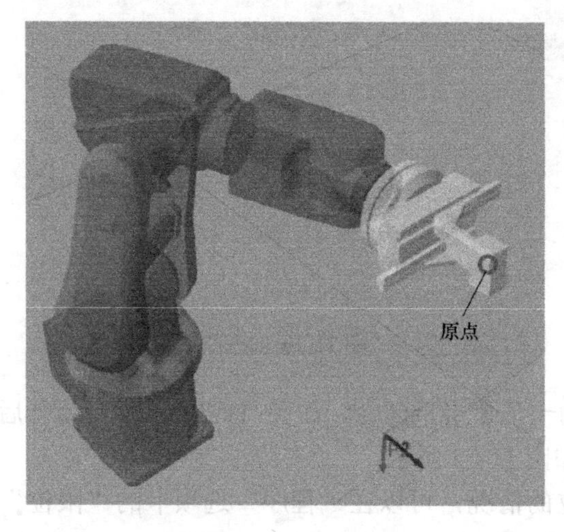

图 11-74　移动点位

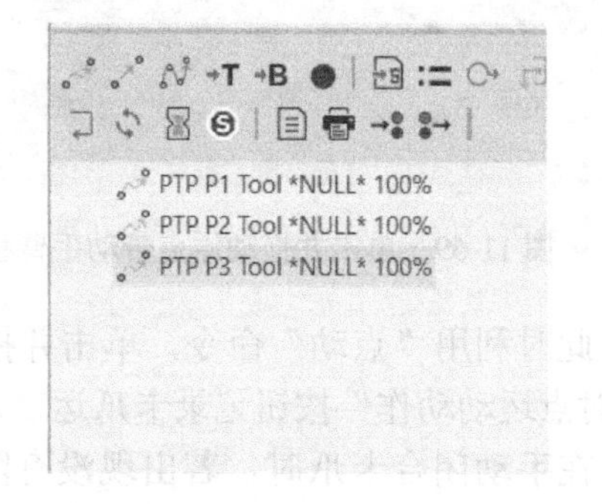

图 11-75　记录点位移动

再次利用手动控制方式张开卡爪，如图 11-76 所示。利用“点对点运动动作”按钮记录卡爪运动。完成后重置并模拟验证。

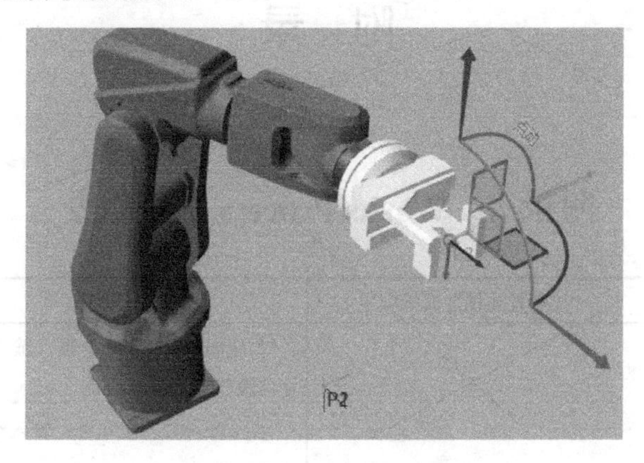

图 11-76　手动张开手爪

附　录

附录 A　Works Process 常用指令

指令名称	中文名称	“组件属性”面板	对应参数	使用说明
ChangeID	修改名称	Task: ChangeID SingleProdID NewProdID	“SingleProdID”文本框：输入组件在修改名称前的名称 “NewProdID”文本框：输入组件新的名称	在布局模拟中为了避免名称冲突，会在进行动作指令前修改名称
Create	产生组件	Task: Create ListOfProdID NewProdID	“ListOfProdID”文本框：输入指定所产生组件的名称 “NewProdID”文本框：输入一个新的名称，用于指令执行后所产生的零件	用于零件的生成，在模拟中会将组件在指定的“Works Process”上生成，一般用于产品线的零件供给
ChangeProduct Material	修改组件颜色	Task: ChangeProductMaterial SingleProdID MaterialName	“SingleProdID”文本框：输入组件名称 “MaterialName”文本框：输入颜色	将指定颜色属性应用于指定组件属性中
ChangePrduct Property	执行单位拾取组件	Task: ChangeProductProperty SingleProdID PropertyName PropertyValue	“SingleProdID”文本框：输入组件名称 “PropertyName”文本框：输入需要修改的属性名称 “PropertyValue”文本框：与“PropertyName”文本框对应，用于输入针对“PropertyName”文本框所定义属性的值	一般用于产品线中针对组件的属性内容进行的修改，以达到组件外观及对应所需属性的调整要求
CreateCustom Pattern	阵列产生组件	Task: CreateCustomPattern SingleCompN... PatternName StartRange: 1 EndRange: 999999	“SingleCompName”文本框：输入组件名称 “PatternName”文本框：输入所调用的表格名称 “StartRange”文本框：设置起始范围，模拟时以输入的数字为基数放置零件，一般默认输入 1 “EndRange”文本框：设置结束范围，模拟时的截止数量，一般默认输入 999999	手动自定义阵列组件的坐标位置，形成一个表格，通过指令调用表格中的内容，产生对应位置及数量的零件

（续）

指令名称	中文名称	“组件属性”面板	对应参数	使用说明
CreatePattern	阵列产生组件	Task: CreatePattern SingleCompN... AmountX: 2 AmountY: 2 AmountZ: 1 StepX: 100 StepY: 100 StepZ: 100 StartRange: 1 EndRange: 999999	“SingleCompName”文本框：输入组件名称 “AmountX”“AmountY”“AmountZ”文本框：输入对应三个坐标轴方向的阵列数量 “StepX”“StepY”“StepZ”文本框：输入对应三个坐标轴方向的阵列零件的间距 “StartRange”文本框：设置起始范围，模拟时以输入的数字为基数放置零件，一般默认输入1 “EndRange”文本框：设置结束范围，模拟时的截止数量，一般默认输入999999	自定义横向、纵向、层的数量，以“矩形阵列”的方式产生并阵列零件
Delay	停滞/等待	Task: Delay DelayTime: 5	“DelayTime”文本框：输入等待的时间	指定需要等待/停滞的时间
Feed	拾取零件	Task: Feed ListOfProdID TaskName: human ToolName TCPName All: ☑	“ListOfProdID”文本框：输入拾取的零件名称 “TaskName”文本框：自定义输入任务名称，名称字符只能是数字或字母或两者组合，用于对接执行单位 “ToolName”文本框：输入执行单位所持工具名称，一般为机器人末端执行器	通过指派执行单位拾取零件
HumanProcess	人工任务动作	Task: HumanProcess ProcessTime: 5 TaskName: human ToolName	“ProcessTime”文本框：输入工作时间，单位为s “TaskName”文本框：自定义输入任务名称，名称字符只能是数字或字母或两者组合，用于对接执行单位 “ToolName”文本框：输入工具名称，一般为人工任务操作时手持工具名称	指派人工进行任务操作，用于模拟人工工作时的动作显示
MachineProcess	指定组件工作运动	Task: MachineProcess SingleCompN... ProcessTime MachineCom...	“SingleCompName”文本框：输入所控制组件的名称 “ProcessTime”文本框：输入时间，用于控制组件的运作时间 “MachineCommand”文本框：输入机器指令	指定一个组件进行组件自身的运作模拟（一般用于指定机床进行加工模拟）

（续）

指令名称	中文名称	“组件属性”面板	对应参数	使用说明
Merge	合并组件	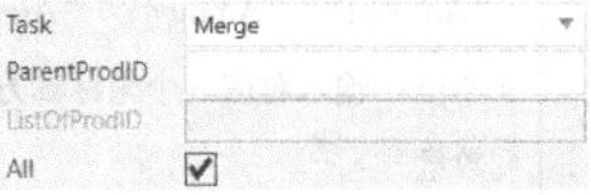 Task: Merge ParentProdID ListOfProdID All: ☑	“ParentProdID”文本框：输入主体组件名称（同样也是合并后的组件名称） “ListOfProdID”文本框：输入需要合并的零件名称 “All”复选框：勾选该复选框，将所有组件进行合并；取消勾选该复选框，将根据“ListOfProdID”文本框中的内容进行合并	将多个组件合并为一个单位
Need	放置组件	 Task: Need ListOfProdID	“ListOfProdID”文本框：输入需要放置的组件名称	与 Feed 指令相对应，将 Feed 拾取的组件放置在 Need 指令设置的位置中
NeedCustomPattern	阵列放置组件	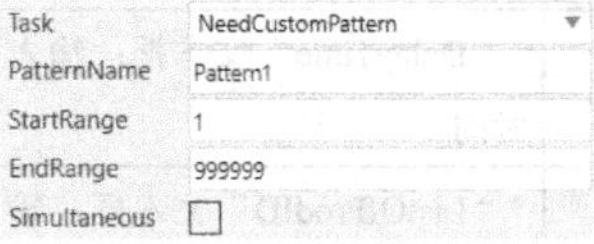 Task: NeedCustomPattern PatternName: Pattern1 StartRange: 1 EndRange: 999999 Simultaneous: ☐	“PatternName”文本框：输入执行表格的名称 “StartRange”文本框：设置起始范围，模拟时以输入的数字为基数放置零件，一般默认输入 1 “EndRange”文本框：设置结束范围，模拟时的截止数量，一般默认输入 999999 “Simultaneous”复选框：选中该复选框，即可同时执行	调用已编写的表格，按照表格内容进行阵列，需要与 Feed 指令配合使用
NeedPattern	阵列放置组件	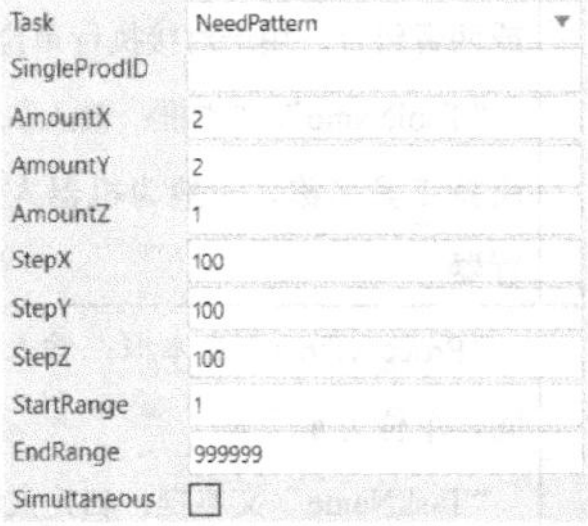 Task: NeedPattern SingleProdID AmountX: 2 AmountY: 2 AmountZ: 1 StepX: 100 StepY: 100 StepZ: 100 StartRange: 1 EndRange: 999999 Simultaneous: ☐	同 CreatePattern	自定义横向、纵向、层的数量，以“矩形阵列”的方式阵列放置零件，需要与 Feed 指令配合使用
Pick	拾取组件	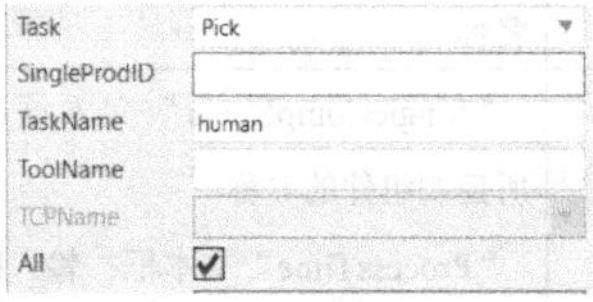 Task: Pick SingleProdID TaskName: human ToolName TCPName All: ☑	“SingleProdID”文本框：输入拾取的零件名称 “TaskName”文本框：自定义输入任务名称，名称字符只能是数字或字母或两者组合，用于对接执行单位 “ToolName”文本框：输入执行单位所持工具名称，一般为机器人末端执行器 “TCPName”文本框：输入执行单位所持工具的坐标补偿 “All”复选框：勾选该复选框，拾取接收到的所有组件；取消勾选该复选框，将按照“SingleProdID”文本框输入的名称进行抓取	通过指派执行单位拾取零件（注：区别于 Feed 指令，Pick 的方式为“一对一”的执行方式，而 Feed 指令是“多对一”的执行方式）

（续）

指令名称	中文名称	“组件属性”面板	对应参数	使用说明
Place	放置组件	Task: Place SingleProdID TaskName: human ToolName TCPName	“SingleProdID”文本框：输入放置的零件名称 “TaskName”文本框：自定义输入任务名称，名称字符只能是数字或字母或两者组合，用于对接执行单位 “ToolName”文本框：输入执行单位所持工具名称，一般为机器人末端执行器 “TCPName”文本框：输入执行单位所持工具的坐标补偿	与 Pick 指令相对应，将 Pick 指令所拾取的组件放置在 Place 指令设置的位置中
PlacePattern	阵列放置组件	Task: PlacePattern SingleProdID AmountX: 2 AmountY: 2 AmountZ: 1 StepX: 100 StepY: 100 StepZ: 100 StartRange: 1 EndRange: 999999 TaskName: human ToolName TCPName	“SingleProdID”文本框：输入放置的组件名称 “AmountX”“AmountY”“AmountZ”文本框：输入对应三个坐标轴方向的阵列数量 “StepX”“StepY”“StepZ”文本框：输入对应三个坐标轴方向的阵列零件的间距 “StartRange”文本框：设置起始范围，模拟时以输入的数字为基数放置零件，一般默认输入 1 “EndRange”文本框：设置结束范围，模拟时的截止数量，一般默认输入 999999 “TaskName”文本框：自定义输入任务名称，名称字符只能是数字或字母或两者组合，用于对接执行单位 “ToolName”文本框：输入执行单位所持工具名称，一般为机器人末端执行器 “TCPName”文本框：输入执行单位所持工具的坐标补偿	自定义横向、纵向、层的数量，以“矩形阵列”的方式阵列放置零件，需要与 Pick 指令配合使用
Remove	删除组件	Task: Remove ListOfProdID All: ☑	“ListOfProdID”文本框：输入所删除组件的名称 “All”复选框：勾选该复选框，将删除所有接收到的组件；取消勾选该复选框，将根据“ListOfProdID”文本框中的内容有针对性地删除	在运行中删除指定的组件
Split	拆分组件	Task: Split ListOfProdID	“ListOfProdID”文本框：输入需要拆分的子项零件名称	拆分已合并的组件

（续）

指令名称	中文名称	“组件属性”面板	对应参数	使用说明
TransportIn	接收组件	Task TransportIn ListOfProdID Any ☑	“ListOfProdID”文本框：输入需要接收的组件名称 “Any”复选框：勾选该复选框，将接收所有接收到的组件；取消勾选该复选框，将根据“ListOfProdID”文本框中的内容有针对性地接收	接收外来组件（停留）；一般用于连接传送带，将传送带运送的零件停滞在命令区域
TransportIn Pattern	接收并阵列组件	Task TransportInPattern SingleProdID AmountX 2 AmountY 2 AmountZ 1 StepX 100 StepY 100 StepZ 100 StartRange 1	“SingleProdID”文本框：输入放置的组件名称 “AmountX”“AmountY”“AmountZ”文本框：输入对应三个坐标轴方向的阵列数量 “StepX”“StepY”“StepZ”文本框：输入对应三个坐标轴方向的阵列零件的间距 “StartRange”文本框：设置起始范围，模拟时以输入的数字为基数放置零件，一般默认输入 1	将外来组件按照设定的阵列数量进行接收
TransportOut	输出组件	Task TransportOut ListOfProdID Any ☑	“ListOfProdID”文本框：输入需要接收的组件名称 “Any”复选框：勾选该复选框，将输出所有接收到的组件；取消勾选该复选框，将根据“ListOfProdID”文本框中的内容有针对性地输出	向外输出组件；一般用于连接传送带，向传送带输送零件
WaitSignal	等待/接收信号	Task WaitSignal SingleCompN... SignalName SignalValue WaitTrigger ☑	“SingleCompName”文本框：输入输出信号的组件名称 “SignalName”文本框：输入信号端口名称 “SignalValue”文本框：输入信号值 “WaitTrigger”复选框：等待触发开关	等待/接收外部信号
WarmUp	终止循环	Task WarmUp		WarmUp 作为已创建指令的分界线，在已创建指令列表中其前面的指令不做重复运行，其后面的指令重复运行
WriteSignal	发送信号	Task WriteSignal SingleCompN... SignalName SignalValue	“SingleCompName”文本框：输入输出信号的组件名称 “SignalName”文本框：输入信号端口名称 “SignalValue”文本框：输入信号值	向外界发送指定信号

附录B 命令详解

表B-1 “开始”选项卡中的命令详解

<table>
<tr><th>组名</th><th>命令名称</th><th>说明</th></tr>
<tr><td rowspan="3">剪贴板</td><td>复制</td><td>复制当前选择至剪贴板</td></tr>
<tr><td>粘贴</td><td>粘贴剪贴板的内容到有效区域或某一数据类型的工作空间字段中</td></tr>
<tr><td>删除</td><td>永久删除当前选择</td></tr>
<tr><td rowspan="4">操作</td><td>选择</td><td>允许在3D视图区中使用的四种命令之一，可直接或间接选择组件
• 长方形框选：通过绘制一个矩形框选择组件
• 自由形状选择：通过绘制一个随意路径以形成一个闭环进行选择
• 全选：选择所有组件
• 反选：反转当前的选定内容，将未被选中的组件形成一个新的选择集</td></tr>
<tr><td>移动</td><td>可以使用坐标系将所选组件沿一个轴或平面移动，围绕一个轴旋转，以及捕捉3D视图区中的一个点并与之对齐</td></tr>
<tr><td>PnP
（即插即用）</td><td>允许将选中的组件拖动到其他组件上对接，以形成物理连接
注意：选中的组件必须具有一个物理接口；否则无法与任何组件连接。其他组件必须具有对应的接口；否则选中的组件将无法与其组件连接，已经互相连接的组件也许不能再与其他组件连接</td></tr>
<tr><td>交互</td><td>在3D视图区将光标指向组件上的可活动部件，当光标变成手形样式时，可拖动活动部件移动或转动</td></tr>
<tr><td rowspan="3">网格捕捉</td><td>尺寸</td><td>使用坐标系沿轴或平面捕捉一个选中的组件时，定义其网格捕捉的间距</td></tr>
<tr><td>自动尺寸</td><td>使用坐标系沿轴或平面捕捉一个选中的组件时，开启/关闭自动计算其网格捕捉间距的功能</td></tr>
<tr><td>始终捕捉</td><td>开启或关闭使用坐标系沿轴或平面捕捉一个选中的组件时的自动捕捉功能</td></tr>
<tr><td rowspan="3">工具</td><td>测量</td><td>测量3D视图区中两点之间的距离和/或角度，附加选项显示在“测量”面板中
• 模式：测量距离或角度或两者都测量
• 设置：定义如何显示测量值，以及基于哪个坐标系获得测量值
• 捕捉类型：定义在3D视图区中要捕捉的目标类型
提示：测量的结果将发送至“输出”面板</td></tr>
<tr><td>捕捉</td><td>通过捕捉3D视图区中的1～3个点来指定一个目标位置，使选中的组件移动到该位置，附加选项显示在“组件捕捉”面板中
• 模式：捕捉一个点、两点连线的中点或三点圆弧中心
• 设置：对齐位置或方向，或者两者都对齐，以及对齐某个轴
• 捕捉类型：定义在3D视图区中要捕捉的目标类型</td></tr>
<tr><td>对齐</td><td>使用两点对齐选中组件，附加选项显示在“对齐”面板中
• 设置：对齐位置或方向或两者都对齐
• 捕捉类型：定义在3D视图区中要捕捉的目标类型</td></tr>
<tr><td rowspan="2">连接</td><td>接口</td><td>开启或关闭“连接编辑器”的可见性，该编辑器可将选中的组件与其他组件远程连接
提示：所选的组件必须有一个抽象接口；否则，将不会在3D视图区中显示其编辑器；其他组件必须具有兼容接口，以使其编辑器显示在3D视图区中</td></tr>
<tr><td>信号</td><td>开启或关闭“信号I/O端口”的可见性，可通过该端口将选中组件的信号线远程连接至其他组件
提示：选中的机器人必须具有一个数字（布尔）信号接口；否则，将不会在3D视图区中显示其I/O端口；其他组件也必须具有数字（布尔）信号接口，以使其I/O端口显示在3D视图区中</td></tr>
</table>

（续）

组名	命令名称	说明
层级	附加	将一个选中的组件附加到另一个组件的节点上，在布局中形成一个新的父子层级关系
	分离	将一个选中的组件从另一个组件的节点上分离出来，在布局中取消一个原有的父子层级关系
导入	几何元	导入支持文件的几何元，附加选项显示在“导入模型”面板中 • Uri：文件的位置 • 镶嵌品质（导入质量）：定义使用三角形表现几何元的精确程度 • 包含：定义几何元应包含的内容 • 特征树：定义几何元使用的层级关系 • 整理几何元：定义如何为几何元分组 • 向上轴：定义对齐几何元顶端和底端的轴 • 恢复容差：在一个容差范围内连接几何元的点、线和边，以清除错误 • 单位：基于当前设置的单位制，转换导入文件的单位
导出	几何元	导出所有或选中组件的几何元为一个可支持格式的新文件
	图像	允许捕获在一个边框内的 3D 视图，导出一个图片格式的文件或复制至剪贴板，附加选项显示在“导出图像”面板中 • 分辨率：定义边框内的 3D 视图区中图像的分辨率和尺寸 • 文件格式：选择导出图像的文件格式或复制至剪贴板 • 渲染模式：调节 3D 视图的渲染模式 • 导出：将被捕获区域的 3D 视图导出为指定格式的文件
	视频	将仿真录制为视频，附加选项显示在“导出至视频”面板中
	PDF	将仿真录制为 3D PDF，附加选项显示在“导出至 PDF”面板中
原点	捕捉	通过捕捉 3D 视图区中的 1～3 个点来指定一个目标位置，使选中组件的原点移动到该位置，附加选项显示在“设定原点”面板中 • 模式：捕捉一个点、两点连线的中点或三点圆弧中心 • 设置：对齐位置或方向或两者都对齐，以及对齐某个轴 • 捕捉类型：定义在 3D 视图区中要捕捉的目标类型 • 应用：保存新位置和/或原点方向
	移动	使用坐标系在 3D 视图区中移动所选组件的原点位置，附加选项显示在“移动原点”面板中 • 应用：保存新位置和原点方向
窗口	恢复窗口	将当前视图的工作空间恢复至默认设置
	显示	展开在当前工作空间中可显示或隐藏的面板列表，用于控制相关面板的显示与隐藏

表 B-2 “建模”选项卡中的命令详解

组名	命令名称	说明
剪贴板	复制	复制当前选择至剪贴板
	粘贴	粘贴剪贴板的内容到有效区域或某一数据类型的工作空间字段中
	删除	永久删除当前选择
操作	选择	允许在 3D 视图区中使用的四种命令之一，可直接或间接选择组件 • 长方形框选：通过绘制一个矩形框选择组件 • 自由形状选择：通过绘制一个随意路径以形成一个闭环进行选择 • 全选：选择活跃组件中的所有特征 • 反选：反转当前的选定内容，将未被选中的特征形成一个新的选择集

（续）

组名	命令名称	说明
操作	移动	可以使用坐标系将所选对象沿一个轴或平面移动，围绕一个轴旋转，以及捕捉 3D 视图区中的一个点并与之对齐
	交互	在 3D 视图区将光标指向组件上的可活动部件，当光标变成手形样式时，可拖动活动部件移动或转动
网格捕捉	尺寸	使用坐标系沿轴或平面捕捉一个选中的组件时，定义其网格捕捉的间距
	自动尺寸	使用坐标系沿轴或平面捕捉一个选中的组件时，开启或关闭自动计算其网格捕捉间距的功能
	始终捕捉	开启或关闭使用坐标系沿轴或平面捕捉一个选中的组件时的自动捕捉功能
工具	测量	测量 3D 视图区中两点之间的距离和/或角度，附加选项显示在"测量"面板中 • 模式：测量距离或角度，或者两者都测量 • 设置：定义如何显示测量值，以及基于哪个坐标系获得测量值 • 捕捉类型：定义在 3D 视图区中要捕捉的目标类型 提示：测量的结果将发送至"输出"面板
	捕捉	通过捕捉 3D 视图区中的 1～3 个点来指定一个目标位置，使选中的物体移动到该位置，附加选项显示在"组件捕捉"面板中 • 模式：捕捉一个点、两点连线的中点，三点圆弧中心 • 设置：对齐位置或方向或两者都对齐，以及对齐某个轴 • 捕捉类型：定义在 3D 视图区中要捕捉的目标类型
	对齐	使用两点对齐选中组件，附加选项显示在"对齐"面板中 • 设置：对齐位置或方向或两都对齐 • 捕捉类型：定义在 3D 视图区中要捕捉的目标类型
连接	接口	开启或关闭"连接编辑器"的可见性，该编辑器可将选中的组件与其他组件远程连接。对于选中的机器人，该编辑器可用于连接外部组件的活动部件 提示：所选的组件必须具有一个抽象接口；否则，将不会在 3D 视图区中显示其编辑器；其他组件必须具有兼容接口以使其编辑器显示在 3D 视图区中
	信号	开启或关闭信号 I/O 端口的可见性，可通过该端口将选中组件的信号线远程连接至其他组件 提示：选中机器人必须具有一个数字（布尔）信号接口；否则，将不会在 3D 视图区中显示其 I/O 端口；其他组件也必须具有数字（布尔）信号接口，以使其 I/O 端口显示在 3D 视图区中
移动模式	层级	允许在使用坐标系时将一个选中物体及其子系一起移动
	选中的	允许在使用坐标系移动一个选中物体时，不影响其子系的状态
导入	几何元	导入支持文件的几何元，附加选项显示在"导入模型"面板中 • Uri：文件的位置 • 镶嵌品质（导入质量）：定义使用三角形表现几何元的精确程度 • 包含：定义几何元应包含的内容 • 特征树：定义为几何元使用的层级关系 • 整理几何元：定义如何为几何元分组 • 向上轴：定义对齐几何元顶端和底端的轴 • 恢复容差：在一个容差范围内连接几何元的点、线和边，以清除错误 • 单位：基于当前设置的单位制转换导入文件的单位
组件	新的	在 3D 视图中创建一个新组件
	保存	保存选中的组件至一个已存在的组件文件或至一个新组件文件
	另存为	保存选中的组件至一个新组件文件

（续）

组名	命令名称	说明
结构	创建链接	在选中节点中创建一个新的子节点
	显示	在 3D 视图区开启或关闭选中的组件节点结构的显示，包括关节偏移和自由度
几何元	特征	显示一系列可在选中的节点中创建的特征，单击可添加相应的特征
	工具	显示一系列工具用于编辑节点、特征和几何元，单击可使用相应的工具 • 分开：在 3D 视图区将选中的节点中的几何元移至一个新几何元特征。选择的可以是几何元集、面，并且必须包含在几何元特征中 • 反转：在 3D 视图区将选中的节点中的几何元并反转，以面向一个不同的方向。选择的可以是几何元集、面，并且必须包含在几何元特征中 • 合并：合并选中的特征树，移动节点中选中的几何元至一个新特征。选择必须包含在几何元特征中，首个选中的几何元特征将与其他选中特征合并，其他特征将被删除 • 合并面：合并选中面中的点 • 重叠：将选中特征及其层级重叠到一个新几何元特征中 • 切片：允许使用一个平面将选中特征中的几何元切分成一个新几何元特征。在切片时，会在 3D 视图区挑选一个点，然后使用由该点定义的一个平面。平面与选中特征的几何元的交界线由红色粗线表示 • 选择完全相同的：允许在 3D 视图区选中几何元，并且自动查找和选择完全相同的几何元 • 移除孔洞：允许在 3D 视图区选择几何元，根据导入表面的一个条件自动移除孔洞和间隙 • 组件：从选中的组件中提取一个选中的节点或特征及其层级，形成一个新组件。选中的节点将成为新组件的子节点，而选中的特征将包含在新组件的根节点中 • 链接：从选中的组件中提取一个选中的特征及其层级，形成一个新节点。若特征包含在相同的节点中，则会在节点层级中的该等级形成一个新节点或作为根节点的一个子节点。若特征包含在不同的节点中，则会在节点层级中的最顶端等级形成一个新节点或作为根节点的一个子节点 • 十分之一：根据一个标准，通过合并和移动顶点，减少选中特征的数据计数。这是一项清理操作，会尝试保存几何元的拓扑、消除冗余顶点，通过形成新面修补间隙和裂缝 • 柱化：将选中几何元转换成简单的圆柱体 • 块化：将选中几何元转换成简单的块体 • 指定：设置或清除或检查特征的材料
行为	行为	显示一系列可在选中的节点中创建的行为，单击可添加相应的行为
属性	属性	显示一系列可在选中组件的根节点中创建的属性，单击可添加属性
额外	向导	显示一系列的向导，用于执行自动操作 • Action Script（动作脚本）：建立一个选中组件的模型，以支持使用 I/O 发出动作信息。在一个标记为 Python 脚本的动作脚本中，定义了 I/O 信号动作的逻辑，可在“组件属性”面板中列出的动作配置部分对选中组件进行配置 • End Effector（末端执行器）：将选中的组件塑造成一个手臂末端工具（EOAT）或外部轴，可使用信号和接口物理连接或远程连接至机器人 • IO-Control（IO 控制）：建立选中组件的关节模型，这个模型将指定给一个控制器，以使用信号事件驱动至一个设定值。将为各节点创建三个实际属性，以定义其开启、关闭和当前值。将创建三个布尔信号，以触发和定义关节应由其控制器驱动的值，标记为 [Joint_Name]ActionSignal 的信号充当所创建并且与控制器配对的 Python 脚本的一个触发条件。当关节动作信号设置为 0 或 1 时，脚本会通知其配对控制器将该关节移动至其打开（0）或关闭（1）值。例如：卡爪和夹钳的张开和关闭动作。在一个流程中可以使用互相不依赖的多个控制器和脚本移动关节。为一个关节创建的其他两个信号指明关节是打开还是关闭状态

（续）

组名	命令名称	说明
额外	向导	• Positioner（定位器）：创建一个选中组件的模型，将至少一个关节指定给一个控制器充当工件或机器人定位器。工件定位器会支持组件的物理连接以及其关节值的导出，用于远程连接。机器人定位器会支持机器人的物理连接以及其关节值的导出 • Conveyor（传送带）：将一个选中组件塑造为一条传送带，用于沿一条路径移动组件。可使用已有坐标框特征定义路径或沿组件界限框的顶面自动生成。可自动生成接口以支持组件与其他组件之间的物理传输。路径的输入端口和输出端口可由已有的输送行为定义。另一个选项是在路径开头能自动生成一个组件创建器，并将其输出连接至路径的输入
原点	捕捉	通过捕捉 3D 视图区中的 1～3 个点来指定一个目标位置，使选中组件的原点移动到该位置。附加选项显示在“设定原点”面板中 • 模式：捕捉一个点、两点连线的中点、三点圆弧中心 • 设置：对齐位置或方向或两者都对齐，以及对齐某个轴 • 捕捉类型：定义在 3D 视图区中要捕捉的目标类型 • 应用：保存新位置和/或原点方向
	移动	使用坐标系在 3D 视图区中移动所选组件的原点位置，附加选项显示在“移动原点”面板中 • 应用：保存新位置和原点方向
窗口	恢复窗口	将当前视图的工作空间恢复至默认设置
	显示	展开在当前工作空间中可显示或隐藏的面板列表，用于控制相关面板的显示与隐藏

表 B-3 “程序”选项卡中的命令详解

组名	命令名称	说明
剪贴板	复制	复制当前选择至剪贴板
	粘贴	粘贴剪贴板的内容
	删除	永久删除当前选择
操作	选择	允许在 3D 视图区中使用的四种命令之一，可直接或间接选择机器人动作位置点及其程序语句 • 长方形框选：通过绘制一个矩形框选择组件 • 自由形状选择：通过绘制一个随意路径以形成一个闭环进行选择 • 全选：选择机器人的所有位置点 • 反选：反转当前的选定内容，将未被选中的机器人位置点形成一个新的选择集
	移动	可以使用坐标系将所选对象沿一个轴或平面移动，围绕一个轴旋转，以及捕捉 3D 视图区中的一个点并与之对齐
	点动	允许在 3D 视图区中与机器人和其他组件的关节交互，以及直接选择一个机器人，然后使用坐标系示教该机器人 提示：坐标系的原点取决于“点动”面板中的机器人配置。例如，若机器人工具坐标框用作一个可移动的 TCP，则坐标系将位于工具坐标框的原点，工具坐标框将与坐标系一同移动，而工具坐标框的位置将被引用为定义相对于机器人或基坐标系的机器人位置的点和方向
网格捕捉	尺寸	使用坐标系沿轴或平面捕捉一个选中物体时，定义其网格捕捉的间距
	自动尺寸	使用坐标系沿轴或平面捕捉一个选中物体时，开启或关闭自动计算其网格捕捉间距的功能
	始终捕捉	开启或关闭使用坐标系沿轴或平面捕捉一个选中物体时的自动捕捉功能

（续）

组名	命令名称	说明
工具	测量	测量 3D 视图区中两点之间的距离和/或角度，附加选项显示在“测量”面板中 • 模式：测量距离或角度或两者都测量 • 设置：定义如何显示测量值，以及基于哪个坐标系获得测量值 • 捕捉类型：定义在 3D 视图区中要捕捉的目标类型 提示：测量的结果将发送至“输出”面板
	捕捉	通过捕捉 3D 视图区中的 1～3 个点来指定一个目标位置，使选中对象或选中机器人的手臂或 TCP 移动到该位置，附加选项显示在“组件捕捉”面板中 • 模式：捕捉一个点、两点连线的中点、三点圆弧中心 • 设置：对齐位置或方向或两者都对齐，以及对齐某个轴 • 捕捉类型：定义在 3D 视图区中要捕捉的目标类型
	对齐	使用两点对齐选中对象，附加选项显示在“对齐”面板中 • 设置：对齐位置或方向或两者都对齐，以及对齐某个轴 • 捕捉类型：定义在 3D 视图区中要捕捉的目标类型
	更换机器人	使用另一个机器人更换选中的机器人，实现机器人互换位置、程序、工具、基坐标配置，以及所有接口连接，其他选项显示在“更换机器人”面板中 • 应用：单击选中机器人以绿色突出显示，与原本指定的机器人进行交换
	移动机器人世界框	允许在 3D 视图区中平移或旋转选中机器人的世界坐标系
显示	连接线	开启或关闭 3D 视图区中的线条显示，该线条表示所选机器人在执行其主程序（包括调用子程序）时要顺序到达各位置点的轨迹
	跟踪	开启或关闭 3D 视图区中选中机器人的运动路径轨迹的可见性
连接	接口	开启或关闭“连接编辑器”的可见性，该编辑器可将选中的组件与其他组件远程连接。对于选中的机器人，该编辑器可用于连接外部组件的活动部件 提示：所选的组件必须具有一个抽象接口；否则，将不会在 3D 视图区中显示其编辑器；其他组件必须具有兼容接口以使其编辑器显示在 3D 视图区中
	信号	开启或关闭信号 I/O 端口的可见性，可通过该端口将选中组件的信号线远程连接至其他组件 提示：选中机器人必须具有一个数字（布尔）信号接口；否则，将不会在 3D 视图区中显示其 I/O 端口；其他组件也必须具有数字（布尔）信号接口，以使其 I/O 端口显示在 3D 视图区中
碰撞检测	检测器活跃	开启或关闭仿真碰撞测试中的所有检测器
	碰撞时停止	当检测到碰撞时，停止一个运行中的仿真
	检测器	显示用于管理碰撞测试的一系列选项和工具 • 检测碰撞：检测首次碰撞或所有碰撞 • 碰撞误差：检测冲击或在一定距离误差时的碰撞 • 显示最小距离：若使用碰撞误差，则显示或隐藏在碰撞检测中物体之间的最短距离 • Selection vs World（所选组件在空间中的碰撞性检测）：检测选中组件是否与 3D 空间中的任何其他组件发生碰撞 • 创建检测器：创建一个新的碰撞检测器。可通过单击一个列出的检测器，访问在面板中显示的其他选项。单击 3D 视图区中的一个组件，使用迷你工具栏或面板将组件添加至检测器中的列表 A 或列表 B。在面板中，使用 A 和 B 选项卡及节点复选框，包含或排除来自检测器的节点 提示：勾选“检测器”复选框，才能在碰撞测试中使用检测器

（续）

组名	命令名称	说明
锁定位置	至参考（坐标）	将机器人位置锁定在参考坐标系，使其位置随3D视图区中的机器人父系坐标系移动
	至世界（坐标）	将机器人位置在3D空间中锁定，使其位置不会随机器人父系坐标系移动
限位	速度	开启或关闭3D视图区中机器人和其他组件的速度限制检测
	加速	开启或关闭3D视图区中机器人和其他组件的加速度限制检测
	奇异点	开启或关闭3D视图区中机器人和其他组件的奇异点限制检测
	颜色高亮	突出显示3D视图区中超出限制的节点
	限位停止	当检测到超出限制时，停止一个运行中的仿真
	消息面板输出	将超出限制的信息发送至“输出”面板
窗口	恢复窗口	将当前视图的工作空间恢复至默认设置